アルゴリズムをめぐる冒険

**勇敢な初学者のための
Python アドベンチャー**

Bradford Tuckfield 著　株式会社ホクソエム 監訳　武川文則・川上悦子・高柳慎一 訳

共立出版

Dive Into Algorithms:

A Pythonic Adventure for the Intrepid Beginner

by Bradford Tuckfield

訳者まえがき

　性能の良いシステムを開発するためには，相応の金銭的・時間的なコストを支払う必要があるが，世界を跨いだ協業の成果物と言える OSS（open source software）の力により，このコストは着実に下がってきている．OSS が実際に研究課題・開発課題・ビジネス課題を解決するために十分な機能を提供していることは，OSS の応用実績を見れば自明だ．実際，OSS の応用は広く社会に行き渡っている．一方，その OSS を裏側で支えている "アルゴリズム" の理解についても同様に行き渡っているかというと，そうではない．

　本書はそれらのアルゴリズムを理解するための平易な入門書である，Bradford Tuckfield 氏による *Dive Into Algorithms — A Pythonic Adventure for the Intrepid Beginner* の日本語訳である．この原著タイトルは 2021 年に変更されており，もとの題名は *Algorithms for the Adventurous — Creative Solutions to Computational (and Human) Problems* だった．どちらのタイトルも「アルゴリズム」が強調されているが，内容的には，各章の話題ごとに Python コードとその詳しい説明が付属しており，自分でコードを動かし，アルゴリズムがもたらす結果を目で見て確認できるようになっている．つまり，付属のコードを通じ，アルゴリズム自体だけではなく，そのアルゴリズムがどのように動くか，また，そのためにはどのようなコードを書けばよいのかを学ぶことができるのだ．

　本書は，パフェ作りのレシピや所得税額の計算手順の例によりアルゴリズムを紹介するイントロダクションから始まり，ボールをキャッチするアルゴリズムの設計，和算を含むアルゴリズムの歴史など，興味深い例を通じて，アルゴリズムとは何かを読者に問いかけていく．読者は，ある時は総理大臣に，またある時は郵政長官になり，直面する問題をアルゴリズム的に解決するにはどうすればよいかを学んでいく．勾配上昇法・降下法をはじめとするアルゴリズムに頻出する手法や，アルゴリズムの効率性を測る方法，ランダム性などアルゴリズムの基礎となる概念を，具体例を用いて理解できるように工夫されている．本書で基本的なアルゴリズムについて学ぶと，日常の至るところに潜んでいるアルゴリズムに親しみが湧き，さらには，アルゴリズム自身が持つ強力な力を理解できるようになる．

　より高度なアルゴリズムについても，巡回セールスマン問題によって学ぶシミュレーテッドアニーリングや，決定木，ミニマックス法，テキストのベクトル化などを，事例とともに紹介している．現存するすべてのアルゴリズムを網羅的にカバーすることはもちろん不可能だが，専門家が毎日使用している人気のアルゴリズムをたくさん学ぶことができる．これらの学習を通

じて，どのようなアルゴリズムがOSS，ひいてはわれわれの社会を支えているのかを理解できるようになるのだ．

　書題をはじめとして，本書のさまざまな場面で「冒険」という言葉が出てくる．訳者の勝手な推測ではあるが，これはこの本が，奥深く，そして豊かなアルゴリズムの世界を旅する第一歩になるように，という著者の願いの表れだろう．実り多き冒険となるよう，アルゴリズムをどう設計するのか，その良し悪しをどう判断するか，そもそもアルゴリズムを利用すべきではない状況とはどんなものなのかなど，実際にアルゴリズムを用いる際のアドバイスが随所に見受けられる．データサイエンスの会社を経営しながらオンライン小説サイトを運営するTuckfield氏らしく，原著は至るところに著者のユーモアが溢れているが，訳者の力不足により，原文の魅力をすべて伝えきれているかはわからない．それでも，この邦訳書を通じて，一人でも多くの読者がアルゴリズムの世界に興味を持ち，さらなる冒険に飛び出してくれたら，訳者としてこれ以上の喜びはない．

　翻訳では，イントロダクションと1〜5章を川上，6章を高柳，7〜11章を武川が分担している．本書の翻訳・出版にあたり，全体を通じてサポートいただいた共立出版の山内千尋氏に，ここに記して謝意を表したい．この場をお借りして改めて心より感謝申し上げる．最後に，日夜本書の翻訳に没頭し，また暇を見つけては不動産投資に関わる他愛もない相談と美術品鑑賞にばかり時間を割いてしまう私に愛想を尽かすことなく，生活をともにし続けてくれる愛する妻に感謝を記し，訳者まえがきとしたい．

2022年6月　　　　　　　　　　　　　　　　　　　　　訳者を代表して　武川文則

私を信じてくれた，
そしてラ・ピポピペットを教えてくれた両親，
David と Becky へ捧げる．

イントロダクション

　アルゴリズムはどこにでも存在する．実際，あなたも今日すでにいくつかのアルゴリズムを意識せずとも実行しているはずだ．この本で，あなたはたくさんのアルゴリズムを知ることになる．それらは単純なものから複雑なものまで，また，有名なものからあまり知られていないものまでさまざまであるが，すべて興味深く，そしてすべて学ぶ価値のあるものだ．

　この本で紹介する最初のアルゴリズムは，最も美味しいアルゴリズムでもある．それはベリーグラノーラパフェを作るアルゴリズムで，図1に全体が説明されている．このタイプのアルゴリズムは，あなたにとっては「レシピ」と呼んだほうがしっくり来るかもしれない．しかし，これはドナルド・クヌース（Donald Knuth）による「アルゴリズム」の定義「特定の問題を解決するための一連の操作を与える，有限のルールの集合」に当てはまる．

ベリーグラノーラパフェ
作り方

1. 大きなグラスに 1/6 カップのブルーベリーを入れる
2. 1/2 カップのプレーンヨーグルトをブルーベリーの上にかける
3. 1/3 カップのグラノーラをヨーグルトの上にのせる
4. 1/2 カップのプレーンヨーグルトをグラノーラの上にかける
5. その上にイチゴをのせる
6. お好きなホイップクリームをトッピングしてでき上がり

図1　アルゴリズム：特定の問題を解決するための一連の操作を与える，有限のルールの集合

　パフェ作り以外にも，アルゴリズムに支配される身近な例がある．毎年，アメリカ政府はすべての成人の市民にとあるアルゴリズムを実行させ，正しくできなかった者を刑務所送りにしようと躍起になる．2017年には，何百万ものアメリカ人が図2に書かれているアルゴリズムを実行する務めを果たした．これは1040-EZと呼ばれている用紙から取ってきたものである．

　どうして税金とパフェが同じだと言えるのだろうか？　税金は義務的だし，数字が出てくるし，骨が折れる．そして世界中で嫌われている．パフェはたまに好みで作るもので，芸術的であり，簡単である．そして例外なく愛されている．唯一の共通点は，両方ともアルゴリズムに

所得税額の計算

	計 算 手 順	記入欄
1	賃金，給料，およびチップの合計額．これらはフォーム W-2（源泉徴収票）の項目 1 に記載されている．W-2 は添付のこと．	
2	課税利子所得．合計が $1,500 以上の場合は，1040-EZ 申告書は利用できない．	
3	失業補償とアラスカ永久基金の配当（説明書を参照）．	
4	1, 2, 3 行を合算せよ．これが調整後総所得となる．	
5	もし，あなた（合算申告の場合はあなたの配偶者も含む）を扶養家族として申告する者がいるなら，下記の該当する項目にチェックを入れ，裏面のワークシートの総額を記入せよ． 　　　□ あなた　　　□ 配偶者 もし誰もあなた（合算申告の場合はあなたの配偶者も含む）を扶養家族として申告しないなら，独身者の場合は $10,400 を，夫婦合算申告の場合は $20,800 を記入せよ．説明は裏面を参照．	
6	第 4 行から第 5 行を減算せよ．もし第 5 行の額が第 4 行より多ければ 0 とする．この額があなたの課税所得である．	
7	フォーム W-2 とフォーム 1099 に記載された連邦所得税の源泉徴収額．	
8a	勤労所得税額控除（EIC）（説明書を参照）．	
8b	非課税実戦手当に該当 □	——
9	第 7 行と第 8a 行を合計せよ．この額があなたの税額控除分を加えた納付済み税額である．	
10	税額．第 6 行の課税所得に対する税額を，説明書にある税額表から調べ，記入せよ．	
11	医療保険：国民の責任（説明書を参照）　　　1 年間維持 □	
12	第 10 行と第 11 行の金額を合計せよ．この額があなたの合計税額となる．	

図 2　所得税額の計算手順はアルゴリズムの定義に当てはまる[1]

よって支配される点である．

　偉大なコンピューター科学者のドナルド・クヌースは，アルゴリズムを定義するだけではなく，それが「レシピ」「手続き」「回りくどい長々とした説明」とほぼ同じ意味であると述べた．1040-EZ フォームによる申告の場合，この手続きは 12 個のステップ（有限のリスト）からなり，これらのステップは 1 つ 1 つが操作（例えばステップ 4 の足し算や，ステップ 6 の引き算など）を指示する．これによって，ある特定のタイプの問題を解決するのだ．つまり，脱税によって投獄されるのを避けることである．パフェ作りの場合には，それぞれ操作を指示する 6 個のステップ（ステップ 1 でブルーベリーを入れる，ステップ 2 でヨーグルトをかけるなど）からなる．これらもまた，ある特定のタイプの問題を解決するための操作である．つまり，パフェを作る（もしくは食べる）ことである．

---

[1] 訳注：この表はオリジナルを便宜上簡略化して訳したものである．

アルゴリズムをより深く知るにつれて，あなたもアルゴリズムがどこにでも存在することに気づき，それがいかに強力になりうるかを理解するようになるだろう．第1章では，ボールをキャッチするという人間が持つ驚くべき能力について説明し，その能力を可能にする人間の潜在意識に存在するアルゴリズムについて詳しく調べていく．その後，コードのデバッグ，バイキングでどのくらい食べるべきか，収益の最大化，リストのソート，タスクのスケジューリング，テキストの校正，チェスや数独で勝つためのアルゴリズムについて説明する．これらを通じて，いくつかの重要とされる属性に基づいてアルゴリズムの良し悪しを判断することを学んでいく．あなたは次第に，職人技とも呼べるような感覚や，さらにはアルゴリズムの芸術性を理解し始めるだろう．これによって，定量的な面が重要視され，正確性が求められがちな作業に，創造性や個性を持たせることができるのだ．

誰のための本か？

この本は，アルゴリズムを学ぶための，Python コード付きのわかりやすい入門書である．以下のような経験や知識があれば，この本の内容を最大限理解できるだろう．

プログラミング/コーディング　この本の主要な例は，Python コードによって書かれている．1つ1つのコードは，Python 未経験者やあまりプログラミングの経験がない読者でも理解できるように，最大限丁寧に説明している．とはいえ，少なくともプログラミングの初歩（例えば変数の割り当てや，`for` ループ，`if/then` 文，関数の呼び出しなど）をある程度理解している必要がある[2]．

高校数学　アルゴリズムは，方程式を解く，あるいは最適化や代数計算を行うといったように，数学と同様のゴールを持つことが多い．また，アルゴリズムは，論理や厳密な定義を必要とするという観点から，数学的な思考に関連した多数の原理原則を重んじる．本書での議論のうちいくつかは，代数，ピタゴラスの定理，円周率，そしてほんのわずかな基礎的な微積分など，数学領域に足を踏み入れる．しかし，内容が難解になりすぎないように配慮しているため，高校で学ぶ以上の数学は，本書では必要ない．

以上の前提知識を持っている読者であれば，本書の内容をすべて理解することができるだろう．本書は以下のような読者を想定して書かれている．

学生　本書の内容は，高校や学部生レベルにおけるアルゴリズム，コンピューターサイエンス，プログラミングの入門クラスに適している．

---

[2] 訳注：ここで述べられているトピックに加え，`while` ループやリストなども使用されている．これらのトピックや，Python の実行方法（スクリプトやコマンドプロンプト，または notebook など）にあまり馴染みがない場合には，Python の入門テキストを適宜参照しながら読み進められたい．numpy や pandas などのサードパーティーモジュールも使用されているので，後の「環境の構築」節の訳注も参照のこと．

開発者・エンジニア　すでにこれらの職に就いている人でも，Python を使えるようになりたい人や，コンピューターサイエンスの基礎を学びたい人，アルゴリズム的思考を使ってコーディングをより良くする方法について知りたい人は，この本から役に立つスキルを学べることだろう．

アマチュア愛好家　この本の真のターゲットはアマチュア愛好家である．アルゴリズムは人生のあらゆる場面に関わるので，誰もが自分の身の回りの世界をより良く知るためのヒントを何かしらこの本の中に見つけることができる．

本書の構成

　この本はすべてのアルゴリズムのあらゆる側面をカバーしているわけではない．本書は入門書である．この本を読んだあと，あなたはアルゴリズムとは何かについて確かな感触を得るはずだ．例えば，重要なアルゴリズムをどう実装するかや，アルゴリズムの良し悪しを判断し，アルゴリズムのパフォーマンスを最適化するにはどうすればよいかがわかるようになる．さらには，プロフェッショナルが今最もよく使う数多のアルゴリズムに詳しくなれるだろう．本書は以下の章からなる．

第1章：アルゴリズムで問題解決　この章では，人間がどのようにボールをキャッチするかについて考える．人間の行動を支配する潜在意識に埋め込まれたアルゴリズムが存在している証拠を見つけ，それを通じてアルゴリズムの有用性や，どのようにアルゴリズムを設計すればよいかを学んでいく．

第2章：歴史上のアルゴリズム　時空を旅しながら，古代エジプト人やロシアの農民がどのように掛け算をしていたか，古代ギリシア人がどのようにして最大公約数を見つけたかを学び，中世の日本の数学者から魔方陣を作る方法を教わる．

第3章：関数の丘と谷——最大化と最小化　勾配上昇法と勾配降下法を紹介する．これらは関数の最大値や最小値を見つけるシンプルな方法であり，最適化という多くのアルゴリズムにとって重要な目的のために使われる．

第4章：アルゴリズムを測る——ソートと探索　リストをソートし，リスト中にある要素を探索するための基礎的なアルゴリズムを紹介し，それらのアルゴリズムの効率性や計算速度を測る方法についても学ぶ．

第5章：数学に現れるアルゴリズム　連分数の作成や，平方根の計算，擬似乱数の生成といった数学に関連したアルゴリズムについて考える．

第6章：高度な最適化　最適解を見つけるための高度な手法であるシミュレーテッドアニーリングについて学ぶ．さらに，最適化問題の典型例である巡回セールスマン問題に取り組む．

第 7 章：幾何学　　さまざまな幾何学的応用に役立つボロノイ図の作り方を学ぶ.

第 8 章：言語　　単語間のスペースが欠落している英文を修正する方法と，あるフレーズの次に来る単語を予測して，フレーズを補完する方法について学ぶ.

第 9 章：機械学習　　基礎的な機械学習手法である決定木について学ぶ.

第 10 章：人工知能　　野心的なプロジェクトに取り組む. それは，進行中のボードゲームのプレイヤーに最強の指し手を教えるためのアルゴリズムを実装するプロジェクトである. 攻略するボードゲームは「ドットアンドボックス」と呼ばれる有名なゲームである.

第 11 章：さらに冒険を続ける勇者へ　　アルゴリズムに関連するさらに高度なトピックを取り上げる. アルゴリズムに関する質問に対して本書の適切な章を案内するチャットボットを作るところから，うまくいけば 100 万ドルの懸賞金を獲得できる, 数独にも関わる難問の話題まで，アルゴリズムの冒険を続ける勇者に向けたトピックで本書を締めくくる.

環境の構築

本書で紹介するアルゴリズムは Python を使って実装している. Python は無料のオープンソースのプログラミング言語であり，主要なプラットフォームで動かすことができる. 以下では，Windows, macOS, Linux 上に Python をインストールする方法について説明する[3].

Windows への Python のインストール

Windows へのインストール方法を説明する.

1. Windows 用の最新バージョンの Python のページ（https://www.python.org/downloads/windows/）を開く（最後のスラッシュを忘れないように注意）.

2. ダウンロードしたい Python リリースをクリックする. 最新のリリースをダウンロードするには，[Latest Python 3 Release - 3.X.Y]と書かれているリンクをクリックすればよい. ここで，"3.X.Y" は最新のバージョン番号（例えば 3.8.3 など）である[4]. 本書のコードは Python 3.6 と Python 3.8 で動作確認を行っている. 古いバージョンをダウンロードしたい場合は，[Stable Releases]セクションをスクロールし，ダウンロードしたいバージョンを選択する.

---

[3] 訳注：ここでは公式サイトからの Python のインストール方法が紹介されている. 情報が古くなっている可能性があるので，必要に応じて最新の情報を確認するとよい. 2020 年後半以降に発売された Apple シリコン搭載の Mac では，後述のサードパーティーモジュールのインストールとあわせて環境構築が簡単ではないケースがあったようなので，最新の関連情報を確認されたい. モジュールのインストールも含め，環境構築が難しい場合には，Google Colaboratory（https://colab.research.google.com/notebooks/welcome.ipynb?hl=ja）のようなブラウザーベースのサービスを利用して，本書のコードを試すこともできる.

[4] 訳注：2022 年 3 月現在，最新は 3.10.2 となっている.

3. ステップ 2 でリンクをクリックすると選択したリリースのページが開く．このページの ［Files］セクションにある ［Windows x86-64 executable installer］5)をクリックする．

4. ステップ 3 でインストーラのリンクをクリックすると，".exe" ファイルがコンピューターにダウンロードされる．このインストーラファイルをダブルクリックして開くと，インストールが自動的に始まる．［Add Python 3.X to PATH］（X は "8" などあなたがインストールしたリリースの数字）ボックスにチェックを入れ，［Install Now］をクリックし，デフォルトのオプションを選択する．

5. ［Setup was successful］が表示されたら ［Close］をクリックし，インストール完了である．

　インストールが完了すると，コンピューター上に新しいアプリケーションが作られる．新しいアプリケーションの名前は Python 3.X（X は今インストールしたバージョン）である．Windows の検索ボックスに "Python" と入力してアプリケーションを検索し，クリックすると，Python のコンソールが開く．このコンソールに Python コマンドを入力すると，コマンドが実行される．

macOS への Python のインストール

　macOS へのインストール方法を説明する．

1. macOS 用の最新バージョンの Python のページ（https://www.python.org/downloads/mac-osx/）を開く（最後のスラッシュを忘れないように注意）．

2. ダウンロードしたい Python リリースをクリックする．最新のリリースをダウンロードするには，［Latest Python 3 Release - 3.X.Y］と書かれているリンクをクリックすればよい．ここで，"3.X.Y" は最新のバージョン番号（例えば 3.8.3 など）である6)．本書のコードは Python 3.6 と Python 3.8 で動作確認を行っている．古いバージョンをダウンロードしたい場合は，［Stable Releases］セクションをスクロールし，ダウンロードしたいバージョンを選択する．

3. ステップ 2 でリンクをクリックすると，選択したリリースのページが開く．このページの ［Files］セクションにある ［macOS 64-bit installer］7)をクリックする．

4. ステップ 3 のインストーラのリンクをクリックすると，".pkg" ファイルがコンピューターにダウンロードされる．このインストーラファイルをダブルクリックして開くと，

---

5) 訳注：リリースによっては，64 ビットマシン用のリンク名が「Windows installer（64-bit）」などへ変更されている．

6) 訳注：2022 年 3 月現在，最新は 3.10.2 となっている．

7) 訳注：リリースによってはリンク名の変更やマシンに合わせたインストーラを選ぶ必要があり，3.10.2 では "macOS 64-bit universal2 installer" が存在する．

インストールが自動的に始まる. デフォルトのオプションを選択する.

インストーラによって, コンピューター上に "Python 3.X"（X は今インストールしたバージョン）という名前のフォルダーが作成される. このフォルダー内の IDLE という名前のアイコンをダブルクリックすると, Python 3.X.Y シェルが開く. これが Python コンソールであり, ここで Python コマンドを自由に実行できる.

Linux への Python のインストール

Linux へのインストール方法を説明する.

1. 使用する Linux のバージョンが使用するパッケージマネージャーを決める. 一般的なパッケージマネージャーの例として, yum や apt-get などがある.
2. Linux コンソール（ターミナルとも呼ばれる）を開き, 次の 2 つのコマンドを実行する.

```
> sudo apt-get update
> sudo apt-get install python3.8
```

もし yum やその他のパッケージマネージャーを利用しているなら, 上記のコマンドの "apt-get" を "yum" など該当するものに置き換える. 同様に, 古いバージョンの Python をインストールしたい場合には, "3.8"（本書執筆時点での最新のバージョン番号）を, 本書のテストに使用したバージョンの 1 つである 3.6 などの他のリリース番号に置き換える. 逆に, 最新のバージョンにしたい場合は, まず最新のバージョン番号を確認するために https://www.python.org/downloads/source/ を開く. そのページに［Latest Python 3 Release - Python 3.X.Y］（3.X.Y がリリース番号）のようなリンクが表示されており, その最初の 2 つの数字（3.X）が最新のバージョンである. これを上記のコマンドで利用する.

以下のコマンドを Linux コンソールで実行すると, Python が起動する.

```
python3
```

Python コンソールが Linux コンソールウィンドウで開き, Python コマンドを入力できる.

サードパーティーモジュールのインストール

本書のコードのいくつかは, Python 公式サイトからダウンロードしたコア Python に含まれない Python モジュールを利用している. これらのサードパーティーモジュールをコンピュー

ターにインストールするには，http://automatetheboringstuff.com/2e/appendixa/ の説明を参照されたい[8]．

まとめ

本書でアルゴリズムを学ぶことを通じて，世界中を旅し，歴史を何世紀も遡る．古代エジプト，バビロン，ペリクレスのアテネ，バグダッド，中世ヨーロッパ，日本の江戸，そして英領インド帝国で用いられた技術から，現代の息を呑むような技術に至るアルゴリズムの革新について探求していく．その際，われわれはいきなりは解けない問題や困難な制約を乗り越える新たな方法を見つけるよう迫られる．それらを通じて，古代科学の先駆者たちだけではなく，コンピューターを使ったりボールをキャッチしたりする現代の人々と，さらには，われわれの遺産を受け継ぎ発展させる未来のアルゴリズムユーザーやクリエーターと繋がっていくのだ．この本は，そうしたアルゴリズムとの冒険にあなたを導く．

---

[8] 訳注：リンク先のページは英語である．主に Python モジュールを管理するシステムである pip を用いてインストールを行う方法が説明されている．

目　次

第 6 章　高度な最適化 112

第 7 章　幾何学 140

第 8 章　言　語 164

第 9 章　機械学習 183

1

アルゴリズムで問題解決

　ボールをキャッチする際には，考えなければならないことが驚くほどたくさんある．

　ボールは地上のごく小さな点にしか見えないくらい遠くから現れることだってありうるし，ほんの数秒かそれより短い間しか空中にいないかもしれない．ボールは放物線状の弧のような軌道を描きながら空気抵抗，風，そしてもちろん重力の影響を受ける．その上，ボールが放たれる力，角度，条件，環境は毎回異なるのだ．それなのに，例えば打者がボールを打ったまさにその瞬間に，300 フィート離れたところにいる外野手が，どこへ走ればボールが地面に着く前にキャッチできるかを知っているように動くのはなぜなのだろうか？

　この疑問は**外野手問題**と呼ばれ，今日まで学術雑誌での議論が続いている．この外野手問題から議論を始めよう．なぜなら，この問題には解析的解法とアルゴリズム的解法という 2 つのまったく異なる解法があるからだ．これらの解法を比較することで，アルゴリズムとは何か，そしてそれが他の問題解決アプローチとどのように違うのかを鮮明に示すことができる．さらに，外野手問題は時に抽象的になってしまう議論を視覚化するのに役立つ．あなたも，おそらく何かを投げたりキャッチしたりしたことがあるだろう．その経験が，実践の背後にある理論を理解する助けになるのだ．

　ボールが着地する場所を人間が正確に知る方法を真に理解するために，機械が同じ問題にど

うやって対処するのかを理解しよう．まず，外野手問題への解析的解法について考えることから始める．この解法は数学的に正確で，コンピューターにとってはたやすく，即時に実行できる．この解法に似たものは，通常物理学の入門クラスで教えられている．十分に機敏なロボットであれば，この解法によって野球チームの外野手の役目を果たすことができる．

　しかし，人間は頭の中で方程式を簡単には解けないし，解けたとしてもコンピューター並みのスピードは不可能である．人間の脳にもっと向いている解法は，アルゴリズム的解法である．この解法を例にして，アルゴリズムとは何なのか，そして他の問題解決手法と比較して何が強みなのかを見ていこう．さらに，このアルゴリズム的解法によって，アルゴリズムは人間の思考プロセスにとって自然なものであり，恐れる必要はないことがわかるだろう．ここでは，問題を解くための新しい方法，つまりアルゴリズム的アプローチを導入することをゴールに，外野手問題について考えていこう．

解析的アプローチ

　この問題を解析的に解くには，数世紀を遡って運動についての初期モデルを考慮する必要がある．

ガリレイモデル

　ボールの運動をモデル化するための最もよく使われる方程式は，数世紀前のガリレオ・ガリレイまで遡る．彼は加速度，速度，距離についての関係を，多項式を使って公式化した．ガリレイモデルによれば，風と空気抵抗がないと仮定し，ボールが地面から放たれたとき，このボールの時刻 t における水平方向の位置 x は，以下の公式で与えられる．

$$x = v_1 t$$

　ここで，v_1 は x 方向（水平方向）の初速度である．さらに，ガリレイモデルは時刻 t のボールの高さ y を以下のように与える．

$$y = v_2 t + \frac{at^2}{2}$$

　ここで，v_2 は y 方向（垂直方向）の初速度であり，a は下方向への重力による一定の加速度（メートル単位の場合はおよそ $-9.81\,\mathrm{m/s^2}$）を表す．1 番目の方程式を 2 番目に代入すると，ボールの高さ y と水平方向の位置 x の関係を，以下のような方程式で表すことができる．

$$y = \frac{v_2}{v_1}x + \frac{ax^2}{2v_1^2}$$

　ガリレイの方程式とリスト 1.1 内の関数を使って，仮想のボールの軌道をモデル化することができる．

```
def ball_trajectory(x):
    location = 10*x - 5*(x**2)
    return(location)
```

　リスト 1.1 内の多項式は，初速度が水平方向に 0.99 m/s，垂直方向に 9.9 m/s のときのものである．v_1, v_2 に他の値を代入することで，さまざまな初速度での軌道をモデル化できる．

　リスト 1.1 の関数を Python でプロットして，ボールの軌道（空気抵抗や他の無視できる影響を除外した場合）がおおよそどのようなものになるのかを見てみよう．リスト 1.2 に示すように，まず，1 行目で matplotlib と呼ばれるモジュールからプロット機能をインポートする．matplotlib モジュールは，この本でインポートするたくさんのサードパーティーモジュールの 1 つである．サードパーティーモジュールは，使う前にインストールする必要がある．matplotlib や他のサードパーティーモジュールをインストールするには，http://automatetheboringstuff.com/2e/appendixa/ を参考にするとよい．

リスト 1.2　地面から放たれた瞬間（$x = 0$）から再び地面に戻る（$x = 2$）までの仮想のボールの軌道をプロットする

```
import matplotlib.pyplot as plt
xs = [x/100 for x in list(range(201))]
ys = [ball_trajectory(x) for x in xs]
plt.plot(xs,ys)
plt.title('The Trajectory of a Thrown Ball')
```

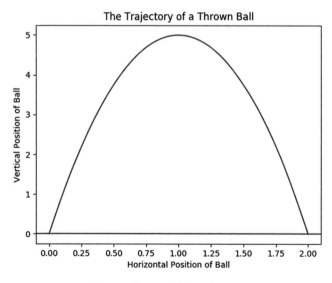

図 1.1　ボールの軌道のプロット

```
plt.xlabel('Horizontal Position of Ball')
plt.ylabel('Vertical Position of Ball')
plt.axhline(y = 0)
plt.show()
```

出力（図 1.1）は，仮想のボールが通ると予測される経路を正確に描いている．このかなりカーブした経路は，重力下における飛行体が共通して通る経路と似ている．そして，この経路こそ，小説家のトマス・ピンチョンによって「重力の虹」と詩的に表現されたものなのだ．これはボールがとりうる経路の 1 つであり，すべてのボールがこの経路とまったく同じところを通るわけではない．ボールは 0 から出発し，上にあがったあと，下へ落ちてくる．これは普段見慣れている，ボールが視野の左から右へ，上にあがって下へ落ちてくる光景とまったく同じものだ．

x を解く戦略

さて，ボールの位置を求める方程式がわかったので，これを使ってボールの運動に関して何でも調べることができる．例えば，ボールが最も高く上がる位置や，ボールが再び地面に着地する位置だ．外野手がボールをキャッチするには，これがどこかを知っていなくてはならない．世界中の物理学クラスの学生は，これらの位置を方程式から得る方法を習う．そして，ロボットに外野手をやらせるためにこれらの方程式を教えることは，ごく自然な発想だ．ボールが着地する位置を求めるには，単純に `ball_trajectory()` 関数の出力を 0 とすればよい．

$$0 = 10x - 5x^2$$

そして，世界中の 10 代の若者が習う 2 次方程式の解の公式を使えば，この等式を x について解くことができる．

$$x = \frac{-b \pm \sqrt{b^2 - 4ac}}{2a}$$

ここでは $x = 0$ と $x = 2$ が解である．初めの解 $x = 0$ はボールの出発点（投手が投げたか打者が打った位置）だ．そして，2 番目の解 $x = 2$ が，ボールが飛んだ後に再び地面に着地する位置である．

ここで使った戦略は，比較的シンプルなものだ．これを「x を解く戦略」と呼ぼう．状況を記述する方程式を作り，求めたい変数について解く．x を解く戦略は，高校や大学レベルの科学分野で非常によく使われる．学生はボールの予想着地点や，経済的生産の理想的なレベル，実験で必要な化学物質の割合，その他多くの変数について方程式を解くように求められる．

x を解く戦略は，非常に強力である．例えば，敵軍による武器（ミサイルなど）の発射を検知したとする．軍隊はガリレイの方程式を直ちに計算機に入力し，リアルタイムでミサイルの予想着弾点を計算することによって，ミサイルを回避したり，状況に応じて迎撃したりできるの

だ．そしてそれは手もとのノート PC で Python を使って無料で実行することができる．野球の外野手としてプレーしているロボットがいるなら，同様の捕球を難なく実行できるだろう．

　この場合，x を解く戦略は非常に簡単である．なぜなら，解かなくてはならない方程式と，解く方法をすでに知っているからだ．前に述べたように，ボールの方程式を知っているのはガリレイのおかげだ．そして，2 次方程式の解の公式を知っているのは偉大なアル＝フワーリズミー（Muhammad ibn Musa al-Khwarizmi）のおかげだ．彼は 2 次方程式の完全に一般的な解について初めて述べた人物である．

　アル＝フワーリズミーは 9 世紀の博学者で，「代数」という言葉とその手法を教えてくれただけではなく，天文学や地図作成法，三角法にも貢献した．本書で取り扱っているアルゴリズムを巡る冒険を可能にしてくれた重要な人物の 1 人だ．われわれはガリレイやアル＝フワーリズミーなどの巨人よりあとの時代に生きているおかげで，方程式を導出するという難しい作業で苦労することはない．単にそれらを覚えて正しく使うだけでよいのだ．

内なる物理学者

　高度な機械は，ガリレイの方程式とアル＝フワーリズミーの方程式，そして x を解く戦略を使って，ボールをキャッチしたりミサイルを迎撃したりすることができる．しかし，ほとんどの野球選手は，ボールが空中に飛び出した瞬間に方程式を立てたりはしないだろう．信頼できる情報によると，プロ野球の春季トレーニングは，ランニングや野球のプレーにかなりの時間を割いており，ホワイトボードの周りに集まってナビエ–ストークス方程式を導出する時間はほとんど作れないらしい．そうしたことからも，ボールがどこに落ちるかを方程式で求めるアプローチは，外野手問題に明確な答えを与えることはできないことがわかる．外野手問題は，なぜ人間は本能的に（コンピュータープログラムを使うことなく）ボールがどこに落ちるかがわかるのか？という問題なのだ．

　いや，もしかしたら答えを与えているのかもしれない．外野手問題に対する最も手っ取り早く考えうる答えは，コンピューターがガリレイの 2 次方程式を解いてボールの着地点を計算するのと同じやり方で，人間も着地点を求めている，と主張することだ．この解決策を「内なる物理学者理論」と呼ぶことにしよう．この理論によると，われわれの「ウェットウェア」[1] としての脳は，2 次方程式を設定して解くことができるか，もしくは軌跡をプロットし，推測によってそれらの線を地面と交わるまで延長することで解を求めることができる．これらはすべてわれわれの意識が感知できない，意識レベルよりはるかに下のレベルで行われるというのだ．言い換えれば，われわれ 1 人 1 人の脳の奥底には「内なる物理学者」がいて，数学の難問の正確な解を一瞬で計算し，その解を筋肉に届けることでボールへの道筋を見つけ，体とグローブを

---

[1] 訳注：人間の脳をはじめとする，生物の要素をソフトウェアやハードウェアなどのコンピューターの機能になぞらえたもの．

それに沿って動かしているのだ．物理学の授業を受けたり，xについて解いたことがなかったとしても，われわれは無意識のうちにこれらを実行できるのである．

内なる物理学者には，その支持者が存在する．特に，有名な数学者のキース・デブリンは2006年に，『数学する本能　イセエビや，鳥やネコや犬と並んで，あなたが数学の天才である理由』という本を出版した．この本の表紙には，フリスビーをキャッチしようとジャンプする犬が載っており，さらに，犬とフリスビーの軌道ベクトルを示す矢印が描かれている[2]．この描写は，これらのベクトルを繋げるために必要となる複雑な計算を犬が実行できることを暗示しているのだ．

犬がフリスビーをキャッチしたり，人間が野球のボールをキャッチしたりする能力は，内なる物理学者理論を支持しているように見える．脳の無意識のレベルは神秘的で強力な力を持っており，その深さはまだ完全に理解されてはいない．もしこの理論が正しいなら，なぜわれわれは最初，高校レベルの方程式を無意識のうちに解けなかったのだろうか？より重要な指摘として，内なる物理学者理論は反論するのが難しい．なぜなら，それに代わる理論を提示するのは困難だからだ．もし犬が偏微分方程式を解けないとするなら，どうやって犬はフリスビーをキャッチしていると説明するのだろうか．犬は空中に大きくジャンプして，不規則に動くフリスビーを口でたやすく捕まえる．もし彼らが脳内で物理の問題を解いていないとしたら，ほかにどのようにして彼らは（そしてわれわれは）飛んでいる物を正確に捕らえることができるというのだろうか．

さほど昔ではない1967年までは，誰もこの問いに対する適切な答えを持っていなかった．その年，エンジニアのヴァネヴァー・ブッシュ（Vannevar Bush）は，自身の著書で彼が野球の科学的側面として理解している事柄について説明した．しかし，外野手がフライを捕るために走るべき先をどのように知るのかについては，説明することができなかった．幸運なことに，ブッシュの本に触発された物理学者セヴィル・チャップマン（Seville Chapman）が，翌年に彼自身の理論を提案した．

アルゴリズム的アプローチ

真の科学者であったチャップマンは，人間の無意識に対して検証もせず謎めいた信頼を持つことに納得しておらず，外野手の能力のより具体的な説明を求めたのだ．そして，以下に述べることを彼は発見した．

---

[2] 訳注：邦訳書の表紙にはない．"The Math Instinct" を検索すると原書が見つかる．

自分の首で考える

　チャップマンは，ボールをキャッチしようとする人が持っている情報に注目して，外野手問題に取り組んだ．人間が放物線状の弧を描くボールの速度や軌道を正確に推定することは難しいが，角度の観測はしやすいと考えたのだ．地面に傾斜がなく平らであれば，地上から投げられたり打たれたりしたボールは，外野手にとって自分の目の高さに近いところから放たれたように見えるだろう．2本の線がなす角度を想像してみよう．1つは地面の線，もう1つは外野手の目とボールを結ぶ線だ．ボールが放たれた瞬間，この角度はおおよそ0度である．ボールは少し飛ぶと地面より高くなるので，地面と外野手のボールへの視線がなす角度は増えているだろう．たとえ外野手が幾何学を勉強していなかったとしても，この角度を「感じる」ことはできる．例えば，ボールを見るために自分の首をどのくらい後ろに傾ける必要があるのかを感じるのだ．

　仮に外野手がすでにボールの着地点（$x = 2$）に立っているとしよう．ボールの軌道への視線を早い段階からプロットしていくことで，外野手の視線と地面がなす角度がどのように増加していくかを知ることができる．リスト 1.2 で描いた軌道に1本の線分を追加するコードを以下に示す．これをリスト 1.2 と同じ Python セッションで実行する[3]．描かれる線分は，ボールが水平方向に 0.1 m 進んだときの外野手のボールへの視線を表す．

```
xs2 = [0.1,2]
ys2 = [ball_trajectory(0.1),0]
```

　この視線を他のボール位置についてもプロットしていくことで，ボールの軌道とともにどのように視線と地面の角度が増加していくかを見ることができる．以下のコードは，リスト 1.2 で描いたプロットにさらに2本の線分を追加する．これにより，ボールが水平方向に 0.1, 0.2, 0.3 m 進んだときの外野手の視線がプロットされる．先ほどと同様に，同じ Python セッションで実行してみよう．

```
xs3 = [0.2,2]
ys3 = [ball_trajectory(0.2),0]
xs4 = [0.3,2]
ys4 = [ball_trajectory(0.3),0]
plt.title('The Trajectory of a Thrown Ball - with Lines of Sight')
plt.xlabel('Horizontal Position of Ball')
plt.ylabel('Vertical Position of Ball')
```

---

　[3] 訳注：Python をスクリプトで実行する場合は，先ほどのコードの後ろにこのコードを追加して実行すればよい．コマンドプロンプトで実行する場合は，Python を起動してから終了するまでの間に，先ほどのコードの後ろにこのコードを入力して実行すればよい．

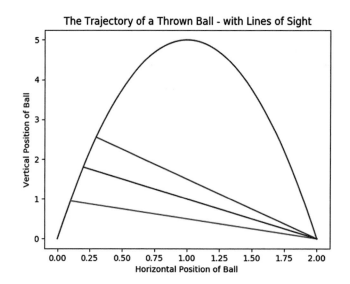

図1.2　ボールの軌道といくつかのボールの位置に対する外野手の視線

```
plt.plot(xs,ys,xs2,ys2,xs3,ys3,xs4,ys4)
plt.show()
```

このプロット結果は，地面との角度が連続的に増加していく視線を表している（図 1.2）.

　ボールが進むにつれ，外野手の視線の角度は増え続ける．それゆえ，外野手はボールをキャッチするまで頭を後ろに傾け続けなければならないのだ．外野手のボールへの視線と地面の間の角度を θ と呼ぼう．外野手はボールの最終着地点（$x = 2$）に立っている．高校の幾何の授業を思い出そう．直角三角形の鋭角についてのタンジェントは，鋭角の反対側の辺の長さとその鋭角に隣接する斜辺ではないほうの辺の長さの比である．このケースでは，θ のタンジェントはボールの高さと，ボールと外野手との水平方向の距離の比である．以下の Python コードを使うと，長さの比が θ となる辺をプロットすることができる.

```
xs5 = [0.3,0.3]
ys5 = [0,ball_trajectory(0.3)]
xs6 = [0.3,2]
ys6 = [0,0]
plt.title('The Trajectory of a Thrown Ball - Tangent Calculation')
plt.xlabel('Horizontal Position of Ball')
plt.ylabel('Vertical Position of Ball')
plt.plot(xs,ys,xs4,ys4,xs5,ys5,xs6,ys6)
plt.text(0.31,ball_trajectory(0.3)/2,'A',fontsize = 16)
plt.text((0.3 + 2)/2,0.05,'B',fontsize = 16)
plt.show()
```

コードの実行結果のプロットは，図 1.3 のようになる．

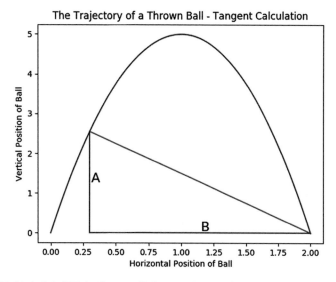

図 1.3　投げられた仮想的なボールの軌道とある位置のボールに対する外野手の視線．線
分 A と B の比が求めたい角度のタンジェントを与える．

　タンジェントを求めるには，辺 A の長さと辺 B の長さの比を計算すればよい．辺 A の長さ，
すなわちボールの高さは $10x - 5x^2$ で与えられ，辺 B の長さは $2 - x$ となる．ゆえに，以下の
方程式は，ボールの各地点における角度 θ を，タンジェントを経由する形で，水平方向の位置
x によって表している．

$$\tan(\theta) = \frac{10x - 5x^2}{2 - x} = 5x$$

　全体の状況は複雑だ．遠くで放たれたボールが，放物線状の弧を描きながら高速で飛んでい
く．その終点は瞬時には容易に推測できない．しかし，この複雑な状況で，チャップマンはあ
る簡単な法則を見出した．外野手が正しい位置に立っているとき，θ のタンジェントは単純な
一定割合で増加していくのだ．θ のタンジェント，つまりボールへの視線と地面との角度が時
間とともに直線的に増加していく，というのがチャップマンのブレイクスルーの核心である．
チャップマンは非常に複雑な外野手問題の中にこの単純な関係性を見つけたことで，問題に対
するエレガントなアルゴリズム的解法を開発できたのである．
　彼の解法は，もし何か（この場合は角度のタンジェント）が一定の割合で増加するならば，タ
ンジェントの加速度は 0 だという事実に基づく[4]．もしボールの着地点に立っていれば，角度の

---

[4] 訳注：この場合，「一定の割合で増加する」とは，角度のタンジェントが増加する速度が一定であることを意味す
る．速度が一定であるという状況は加速度が 0 であることを意味するので，ここでは加速度に着目している．

タンジェントは加速度0で増加していくだろう．これに対し，ボールの出発点から見て着地点の手前にいれば，タンジェントは正の加速度で増加する．また，ボールの出発点から見て着地点の後ろにいれば，タンジェントは負の加速度で増加する（あなたに時間があれば，厄介な計算をしてこれらの事実を確かめてほしい）．以上の事実は，次のようなことを意味する．外野手はボールが向かってくるのを見ながら，頭を後ろに傾けていく割合の変化を感じ，それによってどこに行けばよいかがわかる．いわば自分の首を使って考えているのだ．

チャップマンアルゴリズムを適用する

　ロボットには首がないものもあるので，「自分の首で考える」方法はロボット外野手には不可能かもしれない．しかし，思い出してほしい．ロボットはθのタンジェントの加速度を気にすることなく，瞬時に2次方程式を解いてどこへ行けばボールをキャッチできるかを計算できる．一方，人間にとっては，チャップマンの首で考える方法は非常に役に立つだろう．

　人間の外野手がボールの最終的な着地点にたどり着いてキャッチするためには，以下の比較的単純なステップに従えばよい．

1. 地面とボールへの視線が作る角度のタンジェントの加速度を観察する．
2. もし加速度が正なら，後ろに下がる．
3. もし加速度が負なら，前に進む．
4. ボールが目の前に来るまでステップ1〜3を繰り返す．
5. ボールをキャッチする．

　チャップマンの5ステップメソッドに対しては，深刻な反論が存在する．この方法に従う外野手はその場で角度のタンジェントを計算しなければならないように見えるのだ．これは，内なる物理学者理論を「内なる幾何学者理論」，つまり野球選手は瞬時に，そして無意識のうちにタンジェントを求めることができる，という考え方に置き換えただけなのではないか，という反論である．

　この反論は，例えば以下のように解決できるだろう．$\tan\theta$は多くの角度においては，θ自身にほぼ等しいと見なせるので，外野手はタンジェントの加速度の代わりに単に角度の加速度（角加速度[5]）を観察すればよいのだ．ボールを目で追うために首を後ろに傾けるたびに生じる首関節の加速度を感じることによって，角加速度が推測できるとしたら，そして，もし角度がタンジェントに十分等しいとしたら，もはや外野手の無意識の数学や幾何学の能力を仮定しなくてもよい．ただ単に，微妙な知覚的入力に合わせて正確に体を動かせる物理的能力があればよいのだ．

---

[5] 訳注：角度の変化率である角速度の変化率．

さて，以上でこのチャップマンのプロセスにおける唯一難しい部分である加速度の推定ができるようになった．これにより，外野手問題に対して，無意識のうちに推測によって放物線を延長して解を求めるような内なる物理学者理論よりも，はるかに心理的に妥当な解を得たのだ．もちろん，心理的な妥当性があるからといって人間しかこの解法を使えないというわけではない．ロボット外野手もチャップマンの5ステップに従うようにプログラムできる．さらに，このプロセスに従うことで，ボールをキャッチする能力が上がる可能性だってある．例えば，チャップマンのプロセスを使えば，風による軌道の変化やボールのバウンドにも動的に対応できるのである．

　心理的妥当性に加えて，チャップマンの洞察によって与えられるこの5ステップには，もう1つ重要な特性がある．このプロセスには，x を解く戦略や明示的な方程式がいっさい必要ないのだ．その代わりに，簡単な観察と小さくて段階的なステップを連続的に繰り返すことによって定められたゴールを達成する．言い換えれば，チャップマンの理論から生まれたこのプロセスは，アルゴリズムなのである．

アルゴリズムで問題を解決する

　「アルゴリズム」という言葉は，先に紹介した偉大なアル＝フワーリズミーの名前から取られている．この言葉は定義が難しい．特に，一般的に受け入れられている定義が，時間の経過とともに変化しているためだ．簡単に言えば，アルゴリズムとは，明確に定義された結果を実現するための指示の集合である．これは広い意味での定義である．こう考えれば，イントロダクションで見た所得税の申告用紙やパフェ作りのレシピは，当然アルゴリズムと見なせるのだ．

　チャップマンのボールをキャッチするためのプロセス，すなわちチャップマンアルゴリズムは，パフェのレシピよりも間違いなくアルゴリズムっぽく見える．これは，明確な条件を満たすまで小さなステップを繰り返し実行するループ構造を含んでいるからである．この構造は，この本全体で見られる共通のアルゴリズム構造だ．

　チャップマンは，x を解く戦略が外野手問題において説得力に欠けた（外野手が必要な方程式を知らないことはしばしばある）ので，アルゴリズム的解法を提案した．一般的に，x を解く戦略がうまくいかないときにアルゴリズムは最も役に立つ．使うべき方程式を知らない場合もあるが，もっとよくあるのは，状況を完全に記述できる方程式が存在しない場合や，方程式を解くことが不可能な場合，処理速度や容量の制約のために対処できない場合である．アルゴリズムは可能性の最先端にあるのだ．新しいアルゴリズムが開発されたり改良されたりするたびに，効率や知識の最前線を少しずつ前進させていくのだ．

　今日，アルゴリズムは難しくてごく一部の人しか理解できないものであり，かつ神秘的で，そして厳密に数学的であるので，何年も勉強しないと理解できないものだと考えられている．現在の教育システムでは，できるだけ早い時期に x を解く戦略を子供たちに教える一方で，明示的にアルゴリズムを教えるのは，もしそれが行われるとしても，大学や大学院レベルからであ

る．多くの学生にとっては，x を解く戦略は，マスターするのに何年もかかるわりには，いつも不自然に感じるものなのだ．このような経験がある人は，アルゴリズムも同じように不自然に感じるかもしれないし，アルゴリズムはより「高度」な手法であるがゆえ，その理解はさらに困難になるだろう．

しかしながら，チャップマンの提案から学べることは，われわれはこれまですべてを逆順で習得してきたということだ．学生たちは休憩中に，ボールを投げたりキャッチしたり，蹴ったり，走ったり動き回ったりする数十のアルゴリズムのパフォーマンスを学び，そして完成させている．また，おそらくそれらの休憩時間の社会は，完全には記述されていないはるかに複雑なアルゴリズムに基づいて回っているだろう．それはおしゃべりをしたり，地位の向上を企てたり，噂話をしたり，同盟を作ったり，友情を育んだりといった行為のアルゴリズムだ．休憩時間が終わって数学の授業が始まると同時に，学生たちはアルゴリズムを探索している世界から引き離される．そして，不自然で機械的な x を解くプロセスを無理やり学ぶことになるのだ．このプロセスは人間の発達にとって自然な部分ではなく，解析的問題を解く最強の手法でもないというのに．これらの学生がアルゴリズムの自然な世界と，休憩時間に無意識のうちに楽しく身につけていた強力なプロセスに戻って来れるのは，彼らがその後，高度な数学とコンピューターサイエンスの分野に進んだ場合に限られる．

この本は，好奇心旺盛なあなたに，若い学生たちの休憩時間に相当するものを提供することを意図している．つまり，すべての大切な活動の始まりであり，すべての苦痛の終わり，そして友達との楽しい探検の続きを提供する．もしアルゴリズムに対して不安を感じるなら，われわれ人間は生まれながらにしてアルゴリズムの世界に生きていることを忘れないでほしい．もしボールをキャッチしたり，ケーキを焼くことができるなら，あなたはアルゴリズムを習得できる．

この本の残りの部分では，さまざまな種類のアルゴリズムについて説明する．リストをソートするアルゴリズムや，数値を計算するアルゴリズム，そして自然言語処理や人工知能を可能にするアルゴリズムなどだ．アルゴリズムのなる木はない，ということを覚えていてほしい．広く知られパッケージ化されて，この本で扱われるほど一般的になったアルゴリズムでも，もともとはチャップマンのような人々によって発見もしくは開発されたものである．そのアルゴリズムがまだ存在しない世界で目覚め，その日の最後には自身が作り出したアルゴリズムとともに眠りにつくという，そんな誰かによって生み出されたものなのだ．これらの英雄的な発見者の考え方を理解してほしいのだ．つまり，アルゴリズムを道具としてではなく，解決済みの恐ろしく手強い問題として捉えてほしいのである．アルゴリズム世界の地図は，いまだ完全な解明からはほど遠い．未発見，未完成の部分がたくさん残っている．それゆえ，あなたがその発見プロセスに参加することを切に願っている．

まとめ

この章では，問題解決への 2 つのアプローチを見てきた．解析的アプローチとアルゴリズム的アプローチだ．2 つの方法で外野手問題を解くことによって，これらのアプローチの違いについて明らかにしていく中で，最終的にチャップマンアルゴリズムへと到達した．チャップマンは複雑な状況の中にシンプルなパターン（正しい着地点にいれば，θ のタンジェントの増加速度が一定になること）を見つけ，その発見を繰り返しとループからなる 5 ステップへと発展させた．そのプロセスは，たった 1 つの入力（首を傾ける動きが加速する感覚）しか必要とせずに，定められたゴール（ボールをキャッチすること）を達成する．自分自身でアルゴリズムを開発して利用したいときには，チャップマンの例を手本にして挑戦してほしい．

次の章では，歴史上のアルゴリズムについて見ていく．これらの例によって，アルゴリズムとは何か，どのように機能するのかなど，アルゴリズムについての理解が深まることだろう．古代エジプト，古代ギリシア，そして江戸時代の日本のアルゴリズムについて説明する．新しいアルゴリズムについて学ぶごとに，それらをアルゴリズムの「ツールボックス」に加えることができる．最終的に自分自身でアルゴリズムを設計，そして完成できるようになるころには，このツールボックスが非常に役に立つものになっているだろう．

2

歴史上のアルゴリズム

アルゴリズムは，コンピューターと関連付けられることがほとんどだ．これは無理のないことである．コンピューターのオペレーティングシステムは多くの高度なアルゴリズムを使用しており，さらにプログラミングはさまざまな種類のアルゴリズムを正しく実装するのにぴったりだからだ．しかし，アルゴリズムはそれを実装するのに使うコンピューターアーキテクチャーより，もっと基本的な概念である．第1章で述べたように，「アルゴリズム」という言葉は千年以上昔に起源を持ち，アルゴリズムの概念自体はそれよりはるかに遡った古代の文献に記録されている．記録がないにしても，古代世界で複雑なアルゴリズムが使われていたことを示す証拠はいくらでもある．古代世界の建築方法にさえ，アルゴリズムが宿っていたのだ．

この章では，はるか昔に起源を持つアルゴリズムをいくつか紹介する．それらのアルゴリズムは，特にコンピューターのない時代に発明・検証されたことを考えると，素晴らしい独創性と洞察の象徴である．まず，ロシア農民の掛け算について考えることから始めよう．これは算法の1つであり，その名前にもかかわらず，実際にはエジプト由来かもしれないし，農民とは関係ないかもしれない．続いては，ユークリッドの互除法について説明しよう．これは最大公約数を求めるための重要な「古典」アルゴリズムである．そして最後に，魔方陣を作る日本のアルゴリズムを紹介する．

ロシア農民の掛け算

　小学校で習ったことの中でも，九九の暗記が特に苦痛だったと覚えている人は多いだろう．九九を覚えなければならない理由を子供が親に聞くと，いろいろな掛け算をするのに必要だからと言われる．しかし，それは大きな間違いである．**ロシア農民の掛け算**（Russian peasant multiplication; RPM）を使えば，九九をほとんど知らなくても大きな数の掛け算ができるのだ．

　RPM の起源は定かではない．同様のアルゴリズムは古代エジプトの「リンド数学パピルス」と呼ばれる巻物にも含まれており，歴史家たちはこれがどうやって古代エジプトの学者から，広大なロシア内陸部の農民にまで広がったのかについて推測（ほとんどは憶測の域を出ないものであるが）している．歴史の詳細はさておき，RPM は面白いアルゴリズムである．

RPM を手で計算する

　89 と 18 を掛け算してみよう．ロシア農民の掛け算は以下のようにして行われる．まず 2 つの列を作る．1 番目の列は「半分にする列」（以下 "半分" 列」と記す）と呼ばれ，89 から始める．2 番目の列は「倍にする列」（以下「"倍" 列」と記す）と呼ばれ，18 から始める（表 2.1）.

表 2.1　半分/倍の表 (1)

半分	倍
89	18

　まず，"半分" 列から埋めていこう．"半分" 列のそれぞれの行の値は，前の列を 2 で割って余りを無視した値である．例えば，89 を 2 で割ると 44 と余り 1 となるので，"半分" 列の 2 行目の値は 44 となる（表 2.2）.

表 2.2　半分/倍の表 (2)

半分	倍
89	18
44	

　2 で割って余りを無視した値を次の行に記入することを，その値が 1 になるまで繰り返す．続けていくと，44 を 2 で割ると 22 になり，その半分が 11，さらに半分は順に（余りは無視すると）5，2，1 となる．"半分" 列にこれらの値を記入したものが表 2.3 だ．

表 2.3 半分/倍の表 (3)

半分	倍
89	18
44	
22	
11	
5	
2	
1	

これで "半分" 列は完成した．名前からわかるとおり，"倍" 列はそれぞれが前の行の倍の値となる．18 × 2 は 36 であるから，"倍" 列の 2 行目の値は 36 である（表 2.4）．

表 2.4 半分/倍の表 (4)

半分	倍
89	18
44	36
22	
11	
5	
2	
1	

前の行の値を倍にするというルールに従って，"倍" 列の各行を埋めていこう．この作業を，"倍" 列が "半分" 列と同じ行数になるまで続ける（表 2.5）．

表 2.5 半分/倍の表 (5)

半分	倍
89	18
44	36
22	72
11	144
5	288
2	576
1	1,152

次に，"半分" 列の値が偶数の行を除外しよう．結果は表 2.6 のようになる．

表 2.6　半分/倍の表 (6)

半分	倍
89	18
11	144
5	288
1	1,152

　最後に，"倍" 列の残った行の値を合計すれば掛け算は完了だ．結果は 18 + 144 + 288 + 1,152 = 1,602 である．この結果が正しいことは，電卓で実際に確認してみればわかるだろう．89 × 18 = 1,602 である．小さい子供が嫌う面倒な九九のほとんどを覚える必要なしに，単に半分にする，倍にする，そして足し算をするだけで掛け算を完成させることができたのだ．

　なぜこの方法でうまくいくのかは，"倍" 列を，掛ける数である 18 の倍数で表してみるとわかる（表 2.7）．

表 2.7　半分/倍の表 (7)

半分	倍
89	18×1
44	18×2
22	18×4
11	18×8
5	18×16
2	18×32
1	18×64

　"倍" 列は $1, 2, 4, 8, 16, 32, 64$ の数を使って表されている．これらの数は 2 の累乗であり，$2^0, 2^1, 2^2, \ldots$ のように表すこともできる．"半分" 列の値が奇数である行のみを残し，"倍" 列の値を最終的に合計すると，以下の値を得る．

$$18 \times 2^0 + 18 \times 2^3 + 18 \times 2^4 + 18 \times 2^6 = 18 \times \left(2^0 + 2^3 + 2^4 + 2^6\right) = 18 \times 89$$

RPM がうまくいくのは，以下の等式が成り立つからである．

$$\left(2^0 + 2^3 + 2^4 + 2^6\right) = 89$$

　"半分" 列をよく見ると，なぜ上記の等式が成り立つのか，その感覚がつかめるだろう．この列を 2 の累乗によって表してみよう（表 2.8）．その際には，一番下の行から上に計算していくほうがわかりやすい．2^0 は 1 であり，2^1 は 2 であることに気をつけよう．1 つ上の行に上がるたびに 2^1 を掛け，上がった行の "半分" 列の値が奇数の場合にはさらに 2^0 を加える．上の行に進むごとに，上記の等式の左辺に似ていくことがわかるだろう．表の一番上の行にたどり着いたときに，"半分" 列の値はちょうど $2^6 + 2^4 + 2^3 + 2^0$ と表せる．

表 2.8　半分/倍の表 (8)

半分	倍
$(2^5 + 2^3 + 2^2) \times 2^1 + 2^0 = 2^6 + 2^4 + 2^3 + 2^0$	18×2^0
$(2^4 + 2^2 + 2^1) \times 2^1 = 2^5 + 2^3 + 2^2$	18×2^1
$(2^3 + 2^1 + 2^0) \times 2^1 = 2^4 + 2^2 + 2^1$	18×2^2
$(2^2 + 2^0) \times 2^1 + 2^0 = 2^3 + 2^1 + 2^0$	18×2^3
$2^1 \times 2^1 + 2^0 = 2^2 + 2^0$	18×2^4
$2^0 \times 2^1 = 2^1$	18×2^5
2^0	18×2^6

　各行に対して，一番上を行 0 とし，以下，行 1, 2, . . . と一番下の行 6 まで番号を振っていくと，"半分" 列の値が奇数になるのは行 0, 3, 4, 6 であることがわかる．ここで重要なパターンに注目してほしい．これらの行番号は，先ほどの 89 を表す式 $2^6 + 2^4 + 2^3 + 2^0$ の指数部分である．これは偶然ではない．奇数の値を持つ行の番号がそれぞれ，元の数を 2 の累乗の合計で表した際の指数に一致するように，"半分" 列を下から作っていったのだ．"倍" 列のこれらの行番号の値を足し合わせることで，合計がちょうど 89 となる 2 の累乗にそれぞれ 18 を掛けたものを合計したことになる．それゆえ，最終的に 89×18 を求めることができるのだ．

　これがうまくいくのは，実は RPM があるミニアルゴリズムをその中に内包した 1 つのアルゴリズムになっているからだ．"半分" 列は，列の一番上の値を 2 の累乗の和で表すことをゴールとするアルゴリズムの実装である．

　この 2 の累乗の和は，89 の「2 進展開」とも呼ばれる．2 進法は 0 と 1 だけで数を表す方法であり，ここ数十年で非常に重要になった．なぜなら，コンピューターは情報を 2 進法を使って保存しているからだ．89 は 2 進法では 1011001 と表すことができる．1 は（右から数えて）0, 3, 4, 6 桁目に現れる．これは "半分" 列の値が奇数である行番号，つまり上記の等式に現れる 2 の累乗の指数と同じである．2 進表記の 1 と 0 は，2 の累乗の和の係数と考えればよい．例えば，2 進法で表現された 100 は

$$1 \times 2^2 + 0 \times 2^1 + 0 \times 2^0$$

と解釈でき，見慣れた 10 進法で表すと 4 となる．また，2 進法で表現された 1001 は

$$1 \times 2^3 + 0 \times 2^2 + 0 \times 2^1 + 1 \times 2^0$$

と解釈でき，10 進法で表すと 9 となる．このミニアルゴリズムを用いて 89 を 2 進展開すれば，次は RPM のアルゴリズム全体を実行して掛け算を完成できる．

Python で RPM を実装する

　RPM は Python で比較的簡単に実装できる．2 つの数の掛け算を考えよう．それらの数をそれぞれ n_1, n_2 とおく．まず Python スクリプトを開いて，これらの変数を定義しよう．

```
n1 = 89
n2 = 18
```

　次に，"半分"列から始めよう．先ほど説明したように，この列は掛け算したい数のどちらか1つから始める．

```
halving = [n1]
```

　次の値は `halving[0]/2` であり，余りは除外する．Python では `math.floor()` 関数を使うことで，余りを除外できる．この関数は，入力した値以下で最も近い整数を返す．例えば，"半分"列の 2 行目を計算するには，以下のようにすればよい．

```
import math
print(math.floor(halving[0]/2))
```

　このコードを Python で実行すると，答えは 44 となる．
　"半分"列全体はループを使って求めることができる．ループ内の各イテレーションでは，上記と同様にして現在の行の値から次の行の値を求める．そして，次の行の値が 1 になった時点でループから抜ければよい．

```
while(min(halving) > 1):
    halving.append(math.floor(min(halving)/2))
```

　このループでは，ベクトル[1]の要素の追加に `append()` メソッドを用いる．`while` ループの各イテレーションでは，"半分"列のベクトルの最後に，現在の最後の要素の値を半分にし，`math.floor()` 関数を使って余りを除外した値を新しい要素として加えていく．
　"倍"列についても同様にループでベクトルを処理できる．ループを 18 から開始し，ループの各イテレーションでは，現在の最後の要素の値を 2 倍して，新しい要素としてベクトルに加えていく．"倍"列のベクトルの長さが"半分"列のベクトルの長さと同じになったらループを抜ける．

---

　[1] 訳注：ここでは，列の要素を含む Python リストのこと．

```
doubling = [n2]
while(len(doubling) < len(halving)):
    doubling.append(max(doubling) * 2)
```

　最後に，これらの列のベクトルを結合して，half_double データフレームを作ろう．

```
import pandas as pd
half_double = pd.DataFrame(zip(halving,doubling))
```

　ここで，Python モジュールの pandas をインポートした．このモジュールによってテーブル（表形式のデータ）を簡単に扱うことができる．また，このコードでは，zip コマンドを使った．このコマンドは，その名前が示すとおり，ジッパーが洋服の両側を繋げるようにして，"半分"列のベクトルと "倍"列のベクトルを結合する．それらのベクトルは，初めはそれぞれ別のリストとして作成される．その後 zip コマンドで結合され，pandas データフレームに変換されることで，表 2.5 のような 2 つの整列した列としてテーブルに保存される．このようにこれらの列は整列して結合されているので，表 2.5 の各行を自由に参照し，"半分"列と "倍"列の各要素を含む行全体を取り出すことができる．例えばテーブルの上から 3 番目の行には，それぞれ 22 と 72 が含まれる．このようにして行を自由に参照・操作できるので，表 2.5 から表 2.6 を得たように，不要な行の削除を簡単に行うことができる．

　"半分"列の要素が 0 である行を削除しよう．値が偶数であるか奇数であるかは，割り算の余りを返す Python の %（剰余）演算子を使って判断できる．もし x が奇数ならば，x%2 は 1 である．以下のコードは，"半分"列の値が奇数である行のみをテーブルに残す操作を行う．

```
half_double = half_double.loc[half_double[0]%2 == 1,:]
```

　このコードでは，pandas モジュールの loc 属性を使って，必要な行だけを選択している．loc を使う際には，角かっこ（[]）をそれに続けて，選択する行と列を指定する．角かっこの中では，必要な行と列を順番にカンマで区切って指定する．形式は [行,列] である．例えば，インデックス 4 の行とインデックス 1 の列が必要なときには，half_double.loc[4,1] と指定する[2]．ここでは単にインデックスを指定する以上の操作が必要だ．そのために，必要な行の論理パターンを表現する．ここで欲しいのは，"半分"列の要素が奇数であるすべての行である．"半分"列はインデックス 0 の列であるので，この論理パターンでは half_double[0] と指定する．奇数であるということは %2==1 と表現できる．すべての列が必要であるということを，

---

　[2] 訳注：Python のインデックスは基本的に 0 から始まるので，インデックス 4 の行は 5 番目の行となる．

論理パターンの最後のカンマの後にコロンを書くことで表現する．これはすべての列を選択するための簡易記法である．

そして，残りの "倍" 列の和をとることでアルゴリズムは完成する．

```
answer = sum(half_double.loc[:,1])
```

ここで，`loc` を再び使った．角かっこ内でコロンの簡易記法を用いてすべての行を選択し，カンマのあとで，"倍" 列，つまりインデックス 1 の列を指定している．ここで，現在の 89×18 の例の代わりに 18×89 を計算する，つまり "半分" 列に 18 を配置し，"倍" 列に 89 を配置するほうが，より速く簡単に計算できるということに注意してほしい．あなた自身でこれを実行して，改善を確認することをお勧めする．一般的に，RPM は 2 つの掛け算に使う数字のうち小さいほうを "半分" 列に配置し，大きいほうを "倍" 列に配置すると，高速に計算できる．

九九をすでに暗記している人にとっては，RPM は意味のないものに思えるかもしれない．しかし，その歴史的な魅力以外にも，RPM を学ぶべき理由がいくつか存在する．そのうちの 1 つは，掛け算のような単純に見えるものでも複数の方法で行うことができ，さらには創造的なアプローチも使えるということである．何かのために 1 つのアルゴリズムを習ったからといって，そのアルゴリズムがその目的にとって唯一の，またはベストなものとは限らないのだ．目的に対して，新しく，もっと良い方法がないかを常に意識してほしい．

RPM は低速なアルゴリズムかもしれないが，九九の表の全体は不要で，2 の段だけを記憶していればよいので，メモリーの必要量は少ない．必要なメモリーを少なくするために，速度を少し犠牲にすることが非常に有効な場合がある．この速度とメモリーのトレードオフは，アルゴリズムを設計および実装する多くの場面で重要な考慮事項となる．

他の多くの最良のアルゴリズムと同様に，RPM もまた，明らかに異なる複数の概念の関係に注目する．2 進展開はトランジスターエンジニアにとっては興味があるものかもしれないが，一般の人や，そしてプロのプログラマーにとってさえも役に立つようには見えない．しかし，RPM は，数値の 2 進展開と，九九に関する最小限の知識だけで掛け算を行う便利な方法との間に深い関係があることを示している．これも，常に学習を続け，新しいアルゴリズムを模索すべきであることの理由の 1 つである．明らかに役に立たないように見える取るに足りない事柄が，いつ強力なアルゴリズムの基礎を形成するかは誰にもわからないのだ．

ユークリッドの互除法

古代ギリシア人は，人類にさまざまな恩恵をもたらした．その中でも特に偉大な恩恵は，偉大なユークリッドが 13 冊の本『原論』に厳密にまとめ上げた幾何学である．ユークリッドの数学的記述のほとんどは定理/証明スタイルであり，それぞれの命題はより単純ないくつかの仮定

から論理的に導かれる．彼の仕事のいくつかは「構成的」でもある．つまり，特定の領域を持つ四角形や曲線の接線など，有用な図を，簡単なツールを使って描画もしくは作成する方法を与えるのだ．言葉自体はまだ発明されていなかったが，ユークリッドの構成的手法はアルゴリズムであった．そのアルゴリズムの背後にあるアイデアの中には，現在も有益なものが含まれている．

ユークリッドの互除法を手で実行する

　ユークリッドのアルゴリズムの中で最も有名なアルゴリズムは，一般的に**ユークリッドの互除法**として知られている．しかし，ユークリッドの互除法は，彼が書いたたくさんのアルゴリズムの1つに過ぎない．ユークリッドの互除法は，2つの数の最大公約数を見つけるための方法である．このアルゴリズムはシンプルでかつエレガントであり，Pythonで実装するのに必要なのは，ほんの数行である．

　2つの自然数から始めよう．これらを a と b とする．a は b 以上であるとしよう（もし違うなら，a を b，b を a と入れ替えれば a が b 以上の数になる）．a/b の割り算を行うと，整数の商と整数の余りが得られる．この商を q_1，余りを c としよう．これは以下のように書ける．

$$a = q_1 \times b + c$$

　例えば，$a = 105$，$b = 33$ とおくと，105/33 の商は 3，余りは 6 となる．余り c は a, b よりも常に小さいということに注意してほしい．これが余りの仕組みである．このプロセスの次のステップでは，a を忘れて b と c について考える．上述のように，b は c よりも大きい．次に b/c の割り算を行い，商と余りを求めよう．b/c の商を q_2，余り d とすると，この結果は以下のように表せる．

$$b = q_2 \times c + d$$

　同様にして，d は余りなので，b, c より小さい．上記の2つの等式を見ていると，あるパターンに気づくだろう．アルファベットを順番に処理して，文字を毎回左にシフトしていくというパターンである．すなわち，a, b, c から始めて b, c, d を得ている．次のステップでもこのパターンが続くことを確認できる．c/d の割り算を行って，商を q_3，余りを e とおこう．

$$c = q_3 \times d + e$$

　このプロセスを続けて，余りが 0 になるまでアルファベットを必要なだけ進めていこう．余りは常に割り算に使った数よりも小さい．c は a と b よりも小さいし，e は c と d よりも小さい，という具合だ．これは，各ステップでより小さい数同士を割り算していくことを意味するので，最終的には 0 に到達するはずである．余りが 0 になった時点で，このプロセスを止める．そして，最後の 0 ではない余りが最大公約数となる．例えばもし e が 0 であれば，d が初めの2つの数の最大公約数となる．

Python でユークリッドの互除法を実装する

このアルゴリズムは，リスト 2.1 のように，Python で非常に簡単に実装することができる．

リスト 2.1 再帰を用いてユークリッドの互除法を実装する

```
def gcd(x,y):
    larger = max(x,y)
    smaller = min(x,y)

    remainder = larger % smaller

    if(remainder == 0):
        return(smaller)

    if(remainder != 0):
      ❶ return(gcd(smaller,remainder))
```

最初に気づくのは，$q_1, q_2, q_3, \ldots$ のような商は必要ないということだ．ここで必要なのは，余りだけである．上記の説明では連続したアルファベット文字で表されていたものだ．余りは Python で簡単に取得できる．前節でも用いた % 演算子を使えばよい．任意の 2 つの数字の割り算をしたあとに出てくるこの余り（remainder = larger % smaller）を gcd() 関数では使用している．もし余りが 0 であれば，最大公約数は 2 つの入力のうち小さいほうである．もし余りが 0 でなければ，2 つの入力のうち小さいほうと余りを，同じ関数への入力として利用する．

❶ では，余りが 0 でないときに，この関数がそれ自身を呼び出すということに注意してほしい．関数がそれ自身の呼び出しを行うことは，再帰として知られている．一見，再帰は，難しく手強い，またはややこしいものに見えるだろう．自分自身を呼び出す関数は，自分自身を食べるヘビや，自分の靴ヒモを引っ張って飛ぼうとする人のように，逆説的に見えるかもしれない．しかし，どうか怖じ気づかないでほしい．もし再帰に馴染みがなければ，一番良いのはまず具体的な例から始めることだ．例えば，105 と 33 の最大公約数を求めてみよう．自分がコンピューターになったつもりでコードの 1 つ 1 つのステップを追っていこう．この例で，再帰は前項「ユークリッドの互除法を手で実行する」で説明したステップを簡潔に表現する方法に過ぎないことがわかるだろう．

再帰には，無限の再帰を作り出してしまう危険性が常につきまとう．関数が自分自身を呼び出し，そして呼び出された自分自身がさらに自分自身を呼び出し，と続き，関数が終了することなく自分自身を無限に呼び出そうとするのだ．これは問題である．なぜなら，最終的な答えを得るためには，プログラムは終了しなければならないからである．今回のケースでは，そのような心配はいらない．各ステップで余りはどんどん小さくなっていくので，最終的に 0 になり関数を抜けることができる．

ユークリッドの互除法は，短くて美しく，そして便利なアルゴリズムである．Python を使って さらに簡潔に実装してみることを勧めたい．

日本の魔方陣

日本の数学の歴史は，特に魅力的である．1914 年に最初に出版された *A History of Japanese Mathematics* で，数学史家のデヴィッド・ユージン・スミスと三上義夫は，日本の数学は歴史的に「無限の苦痛を厭わない才能」と「微細な結び目と数千ものそれらを解くための創意工夫」を持っていたと記している．数学は時代や文化の間で変化しない絶対的な真実を明らかにするものであるが，数学のような厳格な分野においても，表記法やコミュニケーションの違いは言うまでもなく，異なるグループがそれぞれに注目する問題の種類とそれらに与える独自のアプローチは，注目に値する文化的差異を生み出すのだ．

Python で Luo Shu Square を作る

日本の数学者たちは幾何学を好んでいた．多くの古い写本では，楕円や扇子の中の円などの不思議な形の面積を求めるような問題が提起され，解かれていたのだ．それに加え，数世紀にわたって日本の数学者たちが着目し続けていたもう 1 つの分野がある．それが魔方陣の研究である．

魔方陣とは，各行，各列，2 つの対角線，それぞれの和がすべて同じになるような，一意で連続した自然数列のことである．魔方陣は任意の大きさにすることができる．表 2.9 は，3×3 の魔方陣の例である．これは単なるランダムな例ではない．Luo Shu Square[3] と呼ばれる有名なものだ．

表 2.9　Luo Shu Square

4	9	2
3	5	7
8	1	6

この表に示される正方形では，各行，各列，2 つの対角線[4]上の成分の和はそれぞれ 15 になる．古代中国の伝説によると，Luo Shu Square は苦しんでいる人々の犠牲と生贄に応えて河から出現した神亀の甲羅に刻まれていた模様として発見されたそうである．Luo Shu Square は，

---

[3] 訳注：Luo Shu Square は洛書とも呼ばれる．河図とあわせて河図洛書と称され，中国の伝説に基づく図を指す．（小学館『デジタル大辞泉』の説明を参考にした）

[4] 訳注：ここでは，便宜上右上から左下への対角線上の成分も含めて対角線上の成分と呼ぶことにする．左上から右下への対角線上の成分は，特に主対角線上の成分と呼ぶ．

行，列，対角線上の和がそれぞれ 15 になるという定義上のパターンのほかにも，いくつかのパターンを持つ．例えば，外周の数字は偶数と奇数が交互に現れるパターンを持ち，主対角線上には 4, 5, 6 という連続する数字が現れる．

このシンプルだが美しい正方形が神からの贈り物として突然現れたという伝説は，アルゴリズムを学ぶのに最適だ．アルゴリズムの検証や使用は簡単だが，それを一からデザインするのは難しい．特に，エレガントなアルゴリズムは，それをわれわれが幸運にも発明できたときには啓示的に見えるものだ．まるで，アルゴリズムが神亀の甲羅に刻まれた神々からの贈り物として，どこからともなく現れたかのように．大げさと思うなら，11 × 11 の魔方陣を一から作ってみるか，新しい魔方陣を作るための汎用的なアルゴリズムを探してみてほしい．

Luo Shu Square や他の魔方陣に関する知識は，少なくとも 1673 年に数学者である星野実宣が 20 × 20 の魔方陣を出版した際には，中国から日本へと伝わっていた．Luo Shu Square は Python で以下のコードを使って作成できる．

```
luoshu = [[4,9,2],[3,5,7],[8,1,6]]
```

行列が魔方陣であるかどうかを検証する関数を作っておくと便利だろう．以下の関数は，入力のすべての行，列，対角線上の成分の和を計算し，すべて等しくなるかを調べることで，その行列が魔方陣かどうかを検証する．

```python
def verifysquare(square):
    sums = []
    rowsums = [sum(square[i]) for i in range(0,len(square))]
    sums.append(rowsums)
    colsums = [sum([row[i] for row in square]) for i in range(0,len(square))]
    sums.append(colsums)
    maindiag = sum([square[i][i] for i in range(0,len(square))])
    sums.append([maindiag])
    antidiag = sum([square[i][len(square) - 1 - i] for i in \
                    range(0,len(square))])
    sums.append([antidiag])
    flattened = [j for i in sums for j in i]
    return(len(list(set(flattened))) == 1)
```

Python で久留島アルゴリズムを実装する

これまでの節では，対象のアルゴリズムを実装するためのコードを詳しく説明する前に，まずは「手で」そのアルゴリズムを実行する方法について説明してきた．本項で取り上げる久留島アルゴリズムについては，アルゴリズムの各ステップを説明しながら，同時にコードも紹介

することにしよう．以前と異なるアプローチをとるのは，このアルゴリズムが今までに比べて複雑であり，特に実装に必要なコードが長いためである．

　久留島アルゴリズムは，魔方陣を生成するための最もエレガントなアルゴリズムの 1 つであり，江戸時代の久留島義太[5]にちなんで名づけられた．久留島アルゴリズムは「奇数次」の魔方陣に対してのみ機能する．つまり，もし n が奇数であれば，任意の $n \times n$ の正方形に対して使うことができる．まず，正方形の中心が Luo Shu Square に一致するようにマスを埋めていく[6]．特に，中心の 5 つのマスは表 2.10 のように表される．ここで，n は正方形の次数である．

表 2.10　久留島アルゴリズムで魔方陣の中心を埋める

	n^2	
n	$(n^2+1)/2$	n^2+1-n
	1	

　n が奇数である $n \times n$ の魔方陣を作るための久留島アルゴリズムは，以下のように単純に記述できる．

1. 中心の 5 マスを表 2.10 に従って埋める．
2. すでに埋まっているマスから始めて，まだ埋まっていない隣のマスを以下の 3 つのルールのうちどれかに従って埋める（3 つのルールは後述）．
3. ステップ 2 を魔方陣のすべてのマスが埋まるまで繰り返す．

中心のマスを埋めていく

　魔方陣を作るために，まず，これから埋めていく空の正方行列を作るところから始めよう．例えば，7×7 の行列を作りたい場合には，$n = 7$ と定義し，n 行 n 列の行列を作ればよい．

```
n = 7
square = [[float('nan') for i in range(0,n)] for j in range(0,n)]
```

　この場合，各マスにどの数字を入れるかまだわからないので，すべてのマスを float('nan') で埋めておく．ここで，nan は "not a number" を意味し，具体的な数字が未定の段階で，前

---

[5] 訳注：別名は久留島喜内．
[6] 訳注：$n = 3$ の場合に同じ値になるように，という意味で一致するように埋める．

26　第 2 章　歴史上のアルゴリズム

もってリストを埋める代用物として使うことができるものだ．`print(square)` を実行すると，この行列は nan で埋められていることがわかる．

```
[[nan, nan, nan, nan, nan, nan, nan], [nan, nan, nan, nan, nan, nan, nan],
[nan, nan, nan, nan, nan, nan, nan], [nan, nan, nan, nan, nan, nan, nan],
[nan, nan, nan, nan, nan, nan, nan], [nan, nan, nan, nan, nan, nan, nan],
[nan, nan, nan, nan, nan, nan, nan]]
```

この正方行列は Python コンソール上で見にくいので，見やすくするための関数を書くことにしよう．

```python
def printsquare(square):
    labels = ['['+str(x)+']' for x in range(0,len(square))]
    format_row = "{:>6}" * (len(labels) + 1)
    print(format_row.format("", *labels))
    for label, row in zip(labels, square):
        print(format_row.format(label, *row))
```

`printsquare()` 関数は，単にコンソール上の見栄えを良くするためのものであり，アルゴリズムとは関係ないので，詳細は気にしなくてよい．中心の 5 マスを埋めるコマンドは単純である．まず，中心のインデックスを以下のように求める．

```python
import math
center_i = math.floor(n/2)
center_j = math.floor(n/2)
```

中心の 5 マスは表 2.10 を使って，以下のように埋めることができる．

```python
square[center_i][center_j] = int((n**2 +1)/2)
square[center_i + 1][center_j] = 1
square[center_i - 1][center_j] = n**2
square[center_i][center_j + 1] = n**2 + 1 - n
square[center_i][center_j - 1] = n
```

3 つのルールを定義する

久留島アルゴリズムの目的は，シンプルなルールに従って，残りの nan が入っているマスを埋めていくことである．魔方陣の大きさにかかわらず，残りのマスをすべて埋めることを可能にする 3 つのシンプルなルールを定義できるのだ．1 番目のルールは図 2.1 のように表される．

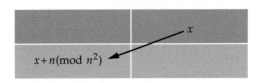

図2.1 久留島アルゴリズムのルール1

魔方陣のあるマスの値を x とすると，その左下のマスの値は，単に x に n を加え，mod n^2 をとることで求めることができる．ここで，mod は剰余演算子である．もちろん，演算を逆にすることで，反対方向の右上のマスにも進める．n を引いて，mod n^2 をとればよいのだ．

図2.2 で示される2番目のルールは，さらにシンプルである．

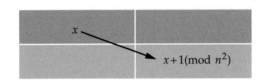

図2.2 久留島アルゴリズムのルール2

魔方陣のあるマスの値を x とすると，その右下のマスの値は x に1を加えて，mod n^2 とすることで求められる．このルールはシンプルであるが，1つ重要な例外がある．このルールは，魔方陣の左上半分から右下半分にまたがる場合には適用することができない．別の言い方をすると，魔方陣の「逆対角線」（図2.3 に示すような左下から右上への線）を越える場合は2番目のルールは使えないということだ．

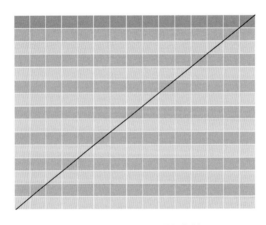

図2.3 正方行列の逆対角線

逆対角線上にあるマスが図中で確認できる．これらのマスを扱う際には，2つの通常ルールを適用できる．3番目の例外ルールが必要なのは，逆対角線より完全に上にあるマスから始まって，逆対角線を越えて完全に下にあるマスを埋めるとき，またはその逆の場合のみである．最後のルールは図2.4で示される．この図では，逆対角線上のマスと，逆対角線を越えてこのルールを利用することになる2つのマスが示されている．

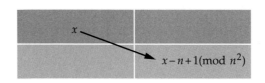

図2.4　久留島アルゴリズムのルール3

このルールは逆対角線を越える場合に適用される．右下から左上へと進む場合には，このルールを逆転させればよい．逆転されたルールでは，x は $x + n - 1 (\mathrm{mod}\ n^2)$ へと変換される．

ルール1の Python での簡単な実装は，x と n を引数として取り，(x+n)%n**2 を返す関数を定義して書くことができる．

```
def rule1(x,n):
    return((x + n)%n**2)
```

Luo Shu Square の中心のマスでこの関数を試してみよう．Luo Shu Square は 3×3 の正方行列であることを思い出してほしい．つまり，$n = 3$ である．Luo Shu Square の中心のマスは5である．このマスの左下のマスは8であるが，rule1() 関数を正しく実装していれば，次のコードを実行すると8を得る．

```
print(rule1(5,3))
```

Python コンソールに8と表示され，rule1() 関数は意図したとおりに動いているように見える．しかし，この関数を「逆」方向にも進めるように改良することができる．これによって，入力するマスから左下のマスだけではなく，右上のマスも求めることができる．つまり，この例では，5から8の方向だけではなく，8から5へも進めるのだ．この改良は，関数にもう1つ引数を追加することで可能となる．新しい引数を upright と呼ぼう．upright は，x の右上のマスを求めるか否かを示す True/False 指標となる．右上のマスを求めない場合には，改良前と同様に x の左下のマスを求める．

```
def rule1(x,n,upright):
    return((x + ((-1)**upright) * n)%n**2)
```

数式内では，Python は True を 1，False を 0 と解釈する．もし upright が False なら，$(-1)^0 = 1$ であるので，関数は前と同じ値を返す．もし upright が True なら，n を加える代わりに，n を引くことで反対の方向に進むことができる．Luo Shu Square の 1 のマスから右上のマスを求めることができるか確認してみよう．

```
print(rule1(1,3,True))
```

これは 7 を表示するはずだ．Luo Shu Square の正しい値である．

ルール 2 のためにルール 1 と同様の関数を作成できる．ルール 2 の関数は，ルール 1 と同様に引数として x と n をとる．ルール 2 はデフォルトでは，x の右下のマスを求める．ここで，引数 upleft を追加しよう．もしルールを逆転させたいなら，この引数を True とすればよい．最終的に，ルールは以下のように書くことができる．

```
def rule2(x,n,upleft):
    return((x + ((-1)**upleft))%n**2)
```

このコードは Luo Shu Square で試すことができるが，ルール 2 の例外に当てはまらないマスのペアは 2 つしかない．この例外のために，以下の関数を作ろう．

```
def rule3(x,n,upleft):
    return((x + ((-1)**upleft * (-n + 1)))%n**2)
```

このルールは魔方陣の逆対角線を越える場合にのみ適用される．逆対角線を越えるケースに当てはまるかどうかを確認する方法についてはあとで説明する．

5 つの中心のマスを埋める方法はすでに知っているし，これらの中心のマスをもとにして残りのマスを埋めるためのルールも実装できた．これらを使ってすべてのマスを埋めていこう．

魔方陣の残りを埋める

正方行列の残りを埋めるための方法の 1 つは，既知のマスを使って未知のマスを埋めながら，行列をランダムに「歩く」ことである．まず，中心のマスのインデックスを以下のように求める．

```
center_i = math.floor(n/2)
center_j = math.floor(n/2)
```

次に，以下のように，「歩く」方向をランダムに選択する．

```
import random
entry_i = center_i
entry_j = center_j
where_we_can_go = ['up_left','up_right','down_left','down_right']
where_to_go = random.choice(where_we_can_go)
```

ここで，Python の random.choice() 関数を用いた．この関数はリストからランダムに要素を選択する関数である．指定したリスト（where_we_can_go）からランダムな方法（もしくは可能な限りランダムに近い方法）で，要素を 1 つ選ぶ．

どの方向に進むかを決めたら，その方向に応じたルールに従えばよい．もし up_right または down_left を選択したなら，適当な引数とインデックスを用いて，以下のようにルール 1 に従う．

```
if(where_to_go == 'up_right'):
    new_entry_i = entry_i - 1
    new_entry_j = entry_j + 1
    square[new_entry_i][new_entry_j] = rule1(square[entry_i][entry_j],n,True)

if(where_to_go == 'down_left'):
    new_entry_i = entry_i + 1
    new_entry_j = entry_j - 1
    square[new_entry_i][new_entry_j] = rule1(square[entry_i][entry_j],n,False)
```

同様に，up_left または down_right を選択した場合は，ルール 2 に従う．

```
if(where_to_go == 'up_left'):
    new_entry_i = entry_i - 1
    new_entry_j = entry_j - 1
    square[new_entry_i][new_entry_j] = rule2(square[entry_i][entry_j],n,True)

if(where_to_go == 'down_right'):
    new_entry_i = entry_i + 1
    new_entry_j = entry_j + 1
    square[new_entry_i][new_entry_j] = rule2(square[entry_i][entry_j],n,False)
```

このコードは左上方向および右下方向へ移動する場合に使われる．ただし，これは逆対角線を越えないときにのみ適用されるものだ．逆対角線を越える場合には，必ずルール3が適用されるようにしなければならない．逆対角線の近くのマスにいるかどうかを確認するシンプルな方法がある．逆対角線のすぐ下のマスは，合計が n となるインデックスを持ち，すぐ上のマスは，合計が $n-2$ となるインデックスを持つ．これらのマスからそれぞれ左上，右下へ移動する場合は，ルール3を適用する．

```python
if(where_to_go == 'up_left' and (entry_i + entry_j) == (n)):
    new_entry_i = entry_i - 1
    new_entry_j = entry_j - 1
    square[new_entry_i][new_entry_j] = rule3(square[entry_i][entry_j],n,True)

if(where_to_go == 'down_right' and (entry_i + entry_j) == (n-2)):
    new_entry_i = entry_i + 1
    new_entry_j = entry_j + 1
    square[new_entry_i][new_entry_j] = rule3(square[entry_i][entry_j],n,False)
```

魔方陣は有限であるため，例えば，一番上の行や左端の列からさらに上/左に移動することは不可能である．現在地から移動可能なマスのリストを作成することで，許可した方向にのみ移動させる簡単なロジックが可能になる．

```python
where_we_can_go = []

if(entry_i < (n - 1) and entry_j < (n - 1)):
    where_we_can_go.append('down_right')

if(entry_i < (n - 1) and entry_j > 0):
    where_we_can_go.append('down_left')

if(entry_i > 0 and entry_j < (n - 1)):
    where_we_can_go.append('up_right')

if(entry_i > 0 and entry_j > 0):
    where_we_can_go.append('up_left')
```

久留島アルゴリズムをPythonで実装するために必要な材料は，これですべて揃った．

すべてをまとめる

すべてをまとめて1つの関数にしよう．初期値として nan で埋められた正方行列を受け取り，3つのルールによってその中を移動しながらマスを埋めていく関数だ．リスト2.2に，この関数の全体を示す．

```python
import random
def fillsquare(square,entry_i,entry_j,howfull):
    while(sum(math.isnan(i) for row in square for i in row) > howfull):
        where_we_can_go = []

        if(entry_i < (n - 1) and entry_j < (n - 1)):
            where_we_can_go.append('down_right')
        if(entry_i < (n - 1) and entry_j > 0):
            where_we_can_go.append('down_left')
        if(entry_i > 0 and entry_j < (n - 1)):
            where_we_can_go.append('up_right')
        if(entry_i > 0 and entry_j > 0):
            where_we_can_go.append('up_left')

        where_to_go = random.choice(where_we_can_go)
        if(where_to_go == 'up_right'):
            new_entry_i = entry_i - 1
            new_entry_j = entry_j + 1
            square[new_entry_i][new_entry_j] = rule1(square[entry_i][entry_j], \
                                                     n,True)

        if(where_to_go == 'down_left'):
            new_entry_i = entry_i + 1
            new_entry_j = entry_j - 1
            square[new_entry_i][new_entry_j] = rule1(square[entry_i][entry_j], \
                                                     n,False)

        if(where_to_go == 'up_left' and (entry_i + entry_j) != (n)):
            new_entry_i = entry_i - 1
            new_entry_j = entry_j - 1
            square[new_entry_i][new_entry_j] = rule2(square[entry_i][entry_j], \
                                                     n,True)

        if(where_to_go == 'down_right' and (entry_i + entry_j) != (n-2)):
            new_entry_i = entry_i + 1
            new_entry_j = entry_j + 1
            square[new_entry_i][new_entry_j] = rule2(square[entry_i][entry_j], \
                                                     n,False)

        if(where_to_go == 'up_left' and (entry_i + entry_j) == (n)):
            new_entry_i = entry_i - 1
            new_entry_j = entry_j - 1
            square[new_entry_i][new_entry_j] = rule3(square[entry_i][entry_j], \
                                                     n,True)
```

```
       if(where_to_go == 'down_right' and (entry_i + entry_j) == (n-2)):
           new_entry_i = entry_i + 1
           new_entry_j = entry_j + 1
           square[new_entry_i][new_entry_j] = rule3(square[entry_i][entry_j], \
                                                    n,False)

    ❶ entry_i = new_entry_i
       entry_j = new_entry_j

   return(square)
```

この関数は 4 つの引数を取る．1 番目の引数は初期値として **nan** を持つ正方行列，2 番目と 3 番目はアルゴリズムを開始するインデックス，4 番目はどこまで行列を埋めるか（残っていてもよいとする **nan** 値の数で測る）である．関数は 1 つの **while** ループからなる．各イテレーションは，3 つのルールのうち 1 つを適用して魔方陣のマスを 1 つ埋める．このループは，**nan** の個数が 4 番目の引数で指定した数になるまで続く．1 つマスを埋めるたびに，アルゴリズムはインデックスを変更する（❶）ことで，そのマスまで「歩き」，また同じ操作を繰り返すのだ．

　これで必要な関数が用意できたので，あとはこの関数を正しく使うだけである．

正しい引数を使う

　中心のマスから始めて，そこから魔方陣を埋めていこう．**howfull** 引数は (n**2)/2-4 と指定しよう．なぜこの値を使うのかは，結果を見れば明らかになるだろう．

```
entry_i = math.floor(n/2)
entry_j = math.floor(n/2)

square = fillsquare(square,entry_i,entry_j,(n**2)/2 - 4)
```

　ここでは，前に定義した正方行列の値を使って **fillsquare()** 関数を実行しよう．この正方行列は，指定した 5 つの中央のマス以外はすべて **nan** 値とした．この行列を入力として **fillsquare()** 関数を実行すると，**fillsquare()** 関数は残りのマスの多くを埋める．実行結果を表示して，行列がどうなったかを確認しよう．

```
printsquare(square)
```

出力は以下のようになる．

	[0]	[1]	[2]	[3]	[4]	[5]	[6]
[0]	22	nan	16	nan	10	nan	4
[1]	nan	23	nan	17	nan	11	nan
[2]	30	nan	24	49	18	nan	12
[3]	nan	31	7	25	43	19	nan
[4]	38	nan	32	1	26	nan	20
[5]	nan	39	nan	33	nan	27	nan
[6]	46	nan	40	nan	34	nan	28

nan がチェッカーボード[7]のように交互にマスを埋めていることに気づくだろう．これは，現在使っているルールでは，現在地から対角線上に隣り合うマスにしか移動できないからである．全体のマスのうち，初期位置を含む半分のマスにしかアクセスできないのだ．有効な移動は，チェッカーを考えるとわかりやすいだろう．斜めにしか移動できないので，黒い四角から始まると他の黒い四角には移動できるが，白い四角には移動できない．表示されている nan を持つマスは，中心のマスから始めたのでは移動できないマスである．

howfull を0ではなく，(n**2)/2-4 と指定したことを思い出そう．これは，関数を一度実行しただけでは行列をすべて埋めるのは不可能であると前もって知っていたためである．しかし，中心のマスと上下に隣り合うマスの1つを初期値としてもう一度関数を実行すると，「チェッカーボード」の残りの nan を持つマスへとアクセスできる．もう一度 fillsquare() 関数を呼んでみよう．今回は異なるマスから始めて，行列をすべて埋めるために4番目の引数を0にしよう．

```
entry_i = math.floor(n/2) + 1
entry_j = math.floor(n/2)

square = fillsquare(square,entry_i,entry_j,0)
```

魔方陣を表示すると，完全に埋まっていることがわかるだろう．

```
>>> printsquare(square)
```

	[0]	[1]	[2]	[3]	[4]	[5]	[6]
[0]	22	47	16	41	10	35	4
[1]	5	23	48	17	42	11	29
[2]	30	6	24	0	18	36	12
[3]	13	31	7	25	43	19	37
[4]	38	14	32	1	26	44	20

---

[7] 訳注：チェッカーは，市松模様のような盤を持つ「西洋碁」とも呼ばれるボードゲーム．

```
[5]    21    39     8    33     2    27    45
[6]    46    15    40     9    34     3    28
```

最後に 1 つだけ修正が必要である．% 演算子の性質によって，マスは 0 から 48 までの整数で埋められている．しかし，久留島アルゴリズムは正方形を 1 から 49 までで埋めるものだ．ここで，0 を 49 と入れ替えるために 1 行追加しよう．

```
square=[[n**2 if x == 0 else x for x in row] for row in square]
```

これで正方行列は完成した．先ほど作成した verifysquare() を使って，これが実際に魔方陣であることを確認しよう．

```
verifysquare(square)
```

これは True を返すはずだ．つまり成功である．

久留島アルゴリズムを使って 7×7 の魔方陣を作成することに成功した．コードをテストするために，さらに大きい魔方陣を作ることができるか見てみよう．n を 11 や他の奇数に変更すれば，まったく同じコードを実行することで，どんなサイズの魔方陣でも作ることができる．

```
n = 11
square=[[float('nan') for i in range(0,n)] for j in range(0,n)]

center_i = math.floor(n/2)
center_j = math.floor(n/2)

square[center_i][center_j] = int((n**2 + 1)/2)
square[center_i + 1][center_j] = 1
square[center_i - 1][center_j] = n**2
square[center_i][center_j + 1] = n**2 + 1 - n
square[center_i][center_j - 1] = n

entry_i = center_i
entry_j = center_j

square = fillsquare(square,entry_i,entry_j,(n**2)/2 - 4)

entry_i = math.floor(n/2) + 1
entry_j = math.floor(n/2)

square = fillsquare(square,entry_i,entry_j,0)

square = [[n**2 if x == 0 else x for x in row] for row in square]
```

作成した 11 × 11 の平方行列は，以下のようになる．

```
>>> printsquare(square)
          [0]   [1]   [2]   [3]   [4]   [5]   [6]   [7]   [8]   [9]  [10]
    [0]    56   117    46   107    36    97    26    87    16    77     6
    [1]     7    57   118    47   108    37    98    27    88    17    67
    [2]    68     8    58   119    48   109    38    99    28    78    18
    [3]    19    69     9    59   120    49   110    39    89    29    79
    [4]    80    20    70    10    60   121    50   100    40    90    30
    [5]    31    81    21    71    11    61   111    51   101    41    91
    [6]    92    32    82    22    72     1    62   112    52   102    42
    [7]    43    93    33    83    12    73     2    63   113    53   103
    [8]   104    44    94    23    84    13    74     3    64   114    54
    [9]    55   105    34    95    24    85    14    75     4    65   115
   [10]   116    45   106    35    96    25    86    15    76     5    66
```

この行列が実際に魔方陣かどうかは，手作業，もしくは verifysquare() 関数を使うことで確認できる．どんな奇数の n でも同様のことができるのだ．その結果に驚くだろう．

魔方陣は実用的な意味はあまりないかもしれないが，そのパターンを観察するのは楽しいものだ．もし興味があれば，以下の問いについて考えてみるのもよいだろう．

- このアルゴリズムで作成した大きな魔方陣は，Luo Shu Square の外周に見られるような偶数・奇数が交互に現れるパターンを持つだろうか？ さらに，どんな魔方陣もこのパターンを持つと思うか？ もしそうであれば，なぜこのようなパターンが現れるのだろうか？
- 作成した魔方陣に，まだ説明されていない何らかのパターンは存在するだろうか？
- 久留島アルゴリズムで魔方陣を作る際に利用できるルールは，ほかにもあるだろうか？ 例えば，行列内を斜めではなく上下に移動できるようなルールは存在するだろうか？
- 久留島アルゴリズムによる魔方陣とは種類の異なる魔方陣は存在するだろうか？ つまり，魔方陣の定義には従うが，久留島アルゴリズムのルールにはまったく従わないような魔方陣は存在するだろうか？
- 久留島アルゴリズムをより効率的に実装する方法はあるだろうか？

魔方陣は数世紀にわたって日本の偉大な数学者を魅了し，さらには世界中の文化においても重要な位置を占めてきた．われわれは幸運にも，過去の偉大な数学者たちのおかげで，魔方陣を作成・分析するためのアルゴリズムを手にしている．それらは現代の強力なコンピューターを使えば簡単に実装できるものだ．同時に，彼らの素晴らしい忍耐力と洞察力がなければ，紙とペン，そして知恵（さらには河から現れた神亀）だけを使って魔方陣を調べることは不可能だっただろう．これらの努力と能力は賞賛されるべき素晴らしいものなのだ．

まとめ

　この章では，数世紀から10世紀以上前に遡る歴史的アルゴリズムについていくつか議論した．歴史的アルゴリズムに興味があるなら，さらに他のものも探してみるとよいだろう．たくさんの学ぶべき歴史的アルゴリズムを見つけることができるはずだ．歴史的アルゴリズムは今日では実用的でないかもしれないが，学ぶ価値のあるものだ．アルゴリズムの進化を感じることができるだけではなく，われわれの視野を広げてくれる．さらには，われわれ自身で革新的なアルゴリズムを作るためのインスピレーションを与えてくれるかもしれないのだ．

　次章で紹介するアルゴリズムは，幅広い分野で必要とされる，数学関数にちなんだある有用なタスクを可能にする．そのタスクとは関数の最大化・最小化だ．ここまでで，一般的なアルゴリズムと歴史上のアルゴリズムについて説明してきた．アルゴリズムとは何なのか，そしてどのように機能するのかをあなたは理解しつつあるだろう．今日の最先端のソフトウェアで使われる本格的なアルゴリズムへと飛び込む準備はできた．

3

関数の丘と谷
── 最大化と最小化 ──

　ゴルディロックス[1]はほどほどを好んだが，アルゴリズムの世界では極端に高いものや極端に低いものに興味がある．強力なアルゴリズムの中には，最大値（例えば，最大の収入，最大の利益，最大の効率，最大の生産性）や最小値（例えば，最小のコスト，最小のエラー，最小の不快感，最小の損失）を見つけるためのものがある．この章では，関数の最大値と最小値を効率的に見つけるためのシンプルだが効果的な手法である，勾配上昇法と勾配降下法について学んでいこう．さらに，最大化・最小化問題に伴ういくつかの問題点と，それらへの対処法を議論する．最後に，ある状況下で，特定のアルゴリズムが使用に適しているかを知る方法について説明する．

　まずは架空のシナリオから始めよう．政府の税収を最大化するために最適な税率を設定するのだ．最適解を求めるためには，アルゴリズムをどのように使えばよいかを見ていこう．

---

[1] 訳注：ゴルディロックスは，「3びきのくま」として知られるイギリス童話に出てくる女の子の名前である．くまの留守中に家を訪れ，熱すぎたり，ぬるすぎたりしない適温のスープなど，常に自分にちょうど良いほどほどのものを選んでいく．ここでは，極端ではない中間のものを好む，という意味で使われている．

税率を設定する

とある小さな国の総理大臣に，あなたが選ばれたと想像してみよう．あなたには野心的な目標があるものの，それを達成するための予算は十分ではない．したがって，あなたの就任後最初の仕事は，政府の税収を最大化することだ．

税収を最大化するためにどんな税率を設定すればよいかは，簡単にはわからない．もし税率が 0% であれば，税収は 0 である．100% の税率では，納税者は生産活動を避けて税金逃れの手段をせっせと探し，税収は 0 に限りなく近づくだろう．税収を最適化するためには，生産活動を妨げるほど高い税率と，明らかに税収が不足する低い税率との間でバランスの良い値を見つける必要がある．最適なバランスを実現するためには，税率と税収の関連性についてさらに詳しく知る必要があるのだ．

正しい方向へのステップ

この問題に対して，エコノミストのチームに相談することにしよう．彼らはあなたの問題を理解して，研究室に引きこもるだろう．彼らはそこで，トップレベルのリサーチエコノミストたちが使うような装置（主に試験管や回し車を走るハムスター，アストロラーベ[2]，そしてダウジングロッドなど）を用いて，税率と税収の厳密な関連性を求める．

研究室にしばし引きこもった後，チームはあなたに，税率と収集される税収の関係を記述する関数がわかったと報告し，親切にもその関数を Python で書いてくれる．その関数は以下のようになるかもしれない．

```
import math
def revenue(tax):
    return(100 * (math.log(tax+1) - (tax - 0.2)**2 + 0.04))
```

これは tax を引数として取り，数値を出力する Python 関数である．この関数自身は revenue と呼ばれる変数として保存される．Python を起動してこの曲線の簡単なグラフをプロットしてみよう．以下のコードをコンソールに入力する．第 1 章と同じように，matplotlib モジュールのプロット機能を使う．

```
import matplotlib.pyplot as plt
xs = [x/1000 for x in range(1001)]
ys = [revenue(x) for x in xs]
plt.plot(xs,ys)
```

---

[2] 訳注：天文観測器具の一種．古代ギリシアで発明されたとされる．その後イスラム世界やヨーロッパで用いられるようになった．

```
plt.title('Tax Rates and Revenue')
plt.xlabel('Tax Rate')
plt.ylabel('Revenue')
plt.show()
```

　このプロットは，0 から 1 まで（1 は 100% の税率を意味する）変化する税率ごとの，エコ
ノミストチームが予測する税収（あなたが総理大臣を務める国の通貨で何十億の単位になるだ
ろう）を表す．もし，あなたの国が現在すべての収入に対して一律に 70% の税率を課している
のであれば，この税率を表す点を曲線上にプロットするためには，2 行のコードを追加すれば
よい．

```
import matplotlib.pyplot as plt
xs = [x/1000 for x in range(1001)]
ys = [revenue(x) for x in xs]
plt.plot(xs,ys)
current_rate = 0.7
plt.plot(current_rate,revenue(current_rate),'ro')
plt.title('Tax Rates and Revenue')
plt.xlabel('Tax Rate')
plt.ylabel('Revenue')
plt.show()
```

　最終的な出力は，図 3.1 のようなシンプルなプロットになる．

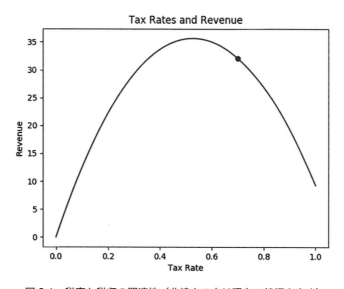

図 3.1　税率と税収の関連性（曲線上の点は現在の状況を表す）

あなたの国の現在の税率は，エコノミストの関係式によると，税収を最大化するものではない．プロットを見るだけで，どのくらいの税率で最大の税収が得られるかをおおよそ見積もることができる．しかし，あなたにとってざっくりとした推測は十分ではない．最適な税率をもっと正確に知りたいのだ．曲線のプロットから明らかなように，税率を現在の 70% から引き上げると税収は減少し，逆に税率を現在からある程度引き下げると税収は増加するため，税収を最大化するには現状より税率を引き下げる必要があることがわかる．

この事実をより確かに検証するために，エコノミストによる関数の導関数を求めてみよう．導関数とは，関数の接線の傾きを測るためのものである．大きい値は急勾配を表し，負の値は下向きの勾配を表す．図 3.2 は導関数を図で説明したものである．どれだけ急に関数が増加，減少するかを測るための手段だとわかるだろう．

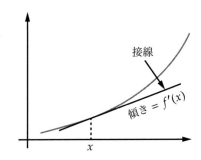

図 3.2　導関数を計算するためには，求めたい位置で曲線の接線を引いてその傾きを求めればよい

この導関数を求める関数は，Python で以下のように書ける．

```
def revenue_derivative(tax):
    return(100 * (1/(tax + 1) - 2 * (tax - 0.2)))
```

この関数の導出には，微積分の 4 つのルールを使用した．1 つ目は，$\log{(x)}$ の導関数は $1/x$ というルールである．これによって，$\log{(\text{tax}+1)}$ の導関数は $1/(\text{tax}+1)$ とわかる．もう 1 つのルールは x^2 の導関数が $2x$ となることである．よって，$(\text{tax}-0.2)^2$ の導関数は $2(\text{tax}-0.2)$ となる．残りのルールは，定数の導関数は常に 0 となることと，$100f(x)$ の導関数は $f(x)$ の導関数の 100 倍となることの 2 つである．これらのルールをすべて用いることで，税率と税収の関数である $100(\log{(\text{tax}+1)} - (\text{tax}-0.2)^2 + 0.04)$ は，上記の Python 関数で表されたように，以下の導関数を持つことがわかる．

$$100\left(\left(\frac{1}{\text{tax}+1}\right) - 2(\text{tax}-0.2)\right)$$

あなたの国の現在の税率において，実際に導関数が負になることを確認できる．

```
print(revenue_derivative(0.7))
```

出力は -41.17647 となる．

負の導関数は，税率の引き上げが税収の減少に繋がることを意味する．一方，税率の引き下げは税収の増加に繋がるのだ．曲線の最大値に対応する正確な税率はまだわからないが，現在の税率から引き下げる方向に少し進むことによって税収が増加することは確認できた．

税収の最大化に向けて一歩踏み出すために，まず，税率を調べるステップサイズを指定しよう．慎重に小さなステップサイズを選び Python の変数として定義する．

```
step_size = 0.001
```

次に，現在の税率からステップサイズに比例する値分，最大値の方向に進むことで，最適な税率に近づくことができる．

```
current_rate = current_rate + step_size * revenue_derivative(current_rate)
```

ここまでのプロセスをまとめてみよう．まず，現在の税率から開始して，税収の最大値を与える最適な税率の方向へ 1 ステップ進んだ．この 1 ステップは，定義された step_size に比例し，その方向は現在の税率における税率-税収関数の導関数によって与えられる．

このステップを実行したあとで，新しい current_rate は 0.6588235（およそ 66% の税率）となることが確認できる．この新しい税率に対応する税収は 33.55896 である．税収の最大化へ一歩踏み出し，税収を増やしたものの，以前とほぼ同じ状況である．われわれはいまだ最大値には達していないが，関数の導関数を知っており，最大値に到達するためのおおよその方向はわかっている．したがって，やるべきことは単にもう 1 ステップ進むことである．前のステップで更新された新しい税率を用いて，まったく同じように新たなステップを実行するのだ．

次のように再び値を更新しよう．

```
current_rate = current_rate + step_size * revenue_derivative(current_rate)
```

これを実行すると，新しい current_rate は 0.6273425，この税率に対応する税収は 34.43267 となり，正しい方向にもう 1 ステップ進めたことがわかる．しかし，いまだに最大の税収を与える税率には到達できておらず，さらに近づくためにもう 1 ステップ進む必要がある．

ステップをアルゴリズムへ

ここまでで，あるパターンが見えてきただろう．以下のステップを繰り返し実行しているのだ．

1. current_rate，step_size を設定する．
2. current_rate における，最大化したい関数の導関数を計算する．
3. 現在の税率に step_size * revenue_derivative(current_rate) を加え，current_rate を更新する．
4. ステップ2とステップ3を繰り返す．

ここで唯一足りないのは，繰り返しを止めるための仕組み，つまり税収が最大値に到達したことを検知する仕組みである．実際には，漸近的に最大値に近づいていく可能性が非常に高い．つまり，ほとんどの場合，最大値にだんだん近づくが，どんなに近づいてもほんのごくわずかだけ離れたままなのだ．このように，最大値に厳密には到達できないとしても，小数点以下3，4桁，あるいは20桁まで一致するほどに十分に近づくことはできる．この段階に至ったかは，税率の変化量が非常に小さくなることで判定できる．この判定に用いるしきい値を，以下のように Python で定義しよう．

```
threshold = 0.0001
```

各イテレーションでこのしきい値と税率の変化量を比較し，変化量がしきい値よりも小さくなったときにプロセスを停止すればよいのだ．しかし，ステップをどれだけ繰り返しても，求めたい最大値にいつまで経っても到達しないこともありうる．この場合，無限ループにはまってしまうだろう．この可能性に対処するために，最大イテレーション数（maximum_iterations）を指定しよう．ステップ数がこの最大イテレーション数に達したときは，最大化をあきらめてプロセスを停止させる．

さあ，プロセスのそれぞれのパーツをまとめてみよう．

リスト 3.1　勾配上昇法を実装する

```
threshold = 0.0001
maximum_iterations = 100000

keep_going = True
iterations = 0
while(keep_going):
    rate_change = step_size * revenue_derivative(current_rate)
    current_rate = current_rate + rate_change
```

```
    if(abs(rate_change) < threshold):
        keep_going = False

    if(iterations >= maximum_iterations):
        keep_going = False

    iterations = iterations+1
```

このコードを実行すると，税収を最大化する税率はおよそ 0.528 だとわかる．リスト 3.1 で実行したプロセスは**勾配上昇法**と呼ばれる．勾配上昇法は，値を関数の最大値へと上昇させていくために用いられ，移動の方向を勾配の計算によって決めることから，この名前で呼ばれる（この例のように 2 次元の場合は，勾配は単に導関数と呼ばれる）．プロセスを停止する基準も含めて，ここまでで用いたステップをすべて書き出してみよう．

1. current_rate, step_size を設定する．
2. current_rate における，最大化したい関数の導関数を計算する．
3. 現在の税率に step_size * revenue_derivative(current_rate) を加え，current_rate を更新する．
4. 各イテレーションでの税率の変化量が非常に小さいしきい値よりも小さくなるほど税収が最大値に近づくまで，または十分大きなイテレーション数に達するまで，ステップ 2 と 3 を繰り返す．

このプロセスは，たった 4 ステップでシンプルに書き下せる．控えめな見た目と単純なコンセプトからなるものの，勾配上昇法はこれまでの章で紹介したものとまったく同じように，アルゴリズムである．ただし，今までのアルゴリズムの大半と異なり，勾配上昇法は今日広く使われており，専門家が日頃から使用する高度な機械学習手法の中核にもなっている．

勾配上昇法への反論

架空の政府の税収を最大化するために勾配上昇法を実行した．勾配上昇法を学ぶ人の多くは，頭ではわかったつもりになっていても，実際に使用する際には実践的な疑問が生じるものだ．勾配上昇法に対する反論の例として，以下のようなものがある．

- 最大値はプロットを見ればわかるので，勾配上昇法は必要ではない．
- 最大値の推測と確認を繰り返す戦略を使えば，勾配上昇法がなくても最大値は見つかる．
- 1 階の条件を解けば十分なので，勾配上昇法は必要ではない．

これらの反論を 1 つ 1 つ順番に考えていこう．プロットを見て最大値を探すことについては，前に議論した．本章の税率−税収曲線では，プロットを見て最大値がどのあたりにあるかの当た

りをつけることは容易である．しかし，プロットの目視では，高い精度を得ることはできない．さらに重要なのは，本章の曲線は非常に単純だったということだ．2次元にプロットすることが可能で，関心のある範囲では最大値は明らかに1つだけだった．より複雑な関数について考えると，関数の最大値を求めるのにプロットの目視が十分な方法ではないことがわかってくるだろう．

例えば，多次元の場合を考えてみよう．エコノミストが，税収は税率だけではなく関税率にも依存すると判断した場合，曲線を3次元にプロットする必要がある．複雑な関数では，どこに最大値があるのかをプロットから見つけることは難しいはずだ．さらに，エコノミストが10や20，もしくは100もの変数に依存する税収予測関数を作成した場合には，それらを同時にプロットすることはもはや不可能だろう．われわれの目や脳，そして認識可能な3次元（もしくは4次元）世界には限界があるのだ．税率−税収曲線をそもそもプロットできなければ，目視で最大値を見つけることは不可能である．目視による方法は，本章の税率−税収曲線のような単純化された例ではうまくいくが，非常に複雑な多次元での問題には使えない．その上，曲線をプロットするためには，関心のあるすべての点について関数の値を計算する必要があるので，適切に記述されたアルゴリズムより必ず処理時間が長くなるのだ．

勾配上昇法は問題を必要以上に複雑にしているだけで，最大値の推測と確認からなる戦略で十分なように見えるかもしれない．推測と確認による戦略は，可能性のある最大値の推測と，以前に推測した最大値の候補のどれよりもそれが大きいかの確認から構成され，これらを最大値に到達したと確信できるまで繰り返すものだ．この反論に対する有効な回答の1つは，プロットの目視の場合と同様に，非常に複雑な多次元関数のケースに起きる問題を指摘することだろう．そのような関数に対して推測と確認の戦略を正確に実装することは，非常に難しくなる可能性があるのだ．しかし，最も効果的な回答は，最大値を求めるために推測と確認を繰り返すというアイデアは，まさしく勾配上昇法が行っていることそのものだということである．勾配上昇法は，すでに示したとおり推測と確認による戦略である．しかし，ポイントは，その推測がランダムに行われるのではなく，勾配の方向に「導かれ」て移動しながら行われるところにある．つまり，勾配上昇法は推測と確認の戦略をより効率化した手法なのである．

最後に，1階の条件を解くことで最大値を求める方法について考えてみよう．これは，世界中の微積分の授業で教えられている方法だ．この方法はアルゴリズムと呼ぶことができ，その手順は以下のようになる．

1. 最大値を求めたい関数の導関数を計算する．
2. 導関数を0とおく．
3. ステップ2の方程式を解いて導関数が0となる点を求める．
4. ステップ3で求めた点が最小値ではなく最大値であることを確認する．

（多次元のケースでは，導関数の代わりに勾配を用いて同様の手順を実行すればよい）

この最適化アルゴリズムは，それ自体に問題はないが，ステップ2で導関数が0となる閉形

式の解を見つけることが難しく，時には不可能ですらある．この解を見つけることのほうが，勾配上昇法を実行するよりも難しくなりうるのだ．それに加えて，メモリー容量，処理能力，時間などの膨大な計算リソースが必要になる可能性があり，また，すべてのソフトウェアが数式処理を扱えるわけではない．その意味で，勾配上昇法は 1 階の条件を解くアルゴリズムよりもロバストなのだ．

極値の問題

最大値や最小値を求めるすべてのアルゴリズムは，非常に深刻な潜在的問題を抱えている．極値（局所的最大値と局所的最小値）に関する問題だ．勾配上昇法は正しく実行できたとしても，最終的に到達できた頂点が「ローカル」な頂点に過ぎない可能性があるのだ．それは周りの点よりも高いかもしれないが，遠く離れたグローバルな最大値より低い．これと同じことは，われわれの実生活でも起きうる．山登りをするとき，周辺の場所よりも高い山頂に到達したとしよう．しかし，山の麓の小山の頂上にいるに過ぎず，真の山頂は遠くにあってはるかに高いことに気づくのだ．逆説的ではあるが，最終的に真の山頂に到達するためには，いったん少し降りることが必要な場合もある．それゆえ，現在地よりごくわずかに高いすぐ近くの点に移動していくという，勾配上昇法の「素朴」な戦略では，グローバルな最大値に到達できないのだ．

教育と生涯所得

極値は勾配上昇法における非常に深刻な問題である．一例として，最適な教育レベルを選んで生涯所得を最大化する問題を考えてみよう．生涯所得は以下の式のように教育年数によって表されると仮定しよう．

```
import math
def income(edu_yrs):
    return(math.sin((edu_yrs - 10.6) * (2 * math.pi/4)) + (edu_yrs - 11)/2)
```

ここで，edu_yrs は教育を受けた年数を表す変数であり，income は生涯所得である．この曲線は以下のようにプロットできる．このプロットには，12.5 年にわたり正規教育を受けた人，つまり 12 年の正規教育を受けて高校を卒業し，さらに半年間の学部教育を受けた人を表す点が加えてある．

```
import matplotlib.pyplot as plt
xs = [11 + x/100 for x in list(range(901))]
ys = [income(x) for x in xs]
plt.plot(xs,ys)
current_edu = 12.5
```

```
plt.plot(current_edu,income(current_edu),'ro')
plt.title('Education and Income')
plt.xlabel('Years of Education')
plt.ylabel('Lifetime Income')
plt.show()
```

グラフは図 3.3 のようになる.

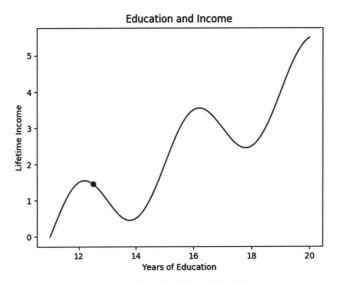

図 3.3　教育年数と生涯所得の関係

　先ほどの所得関数とこのグラフは,実証的研究に基づくものではなく,説明のためだけに用いられる仮想の例であり,教育と所得の直感的な関係を示すものだ.高校を卒業していない(正規教育年数が 12 年未満である)場合の生涯所得は,低い可能性が高い.高校卒業は重要なマイルストーンであり,中退した場合より収入が高いことはうなずける.言い換えれば,12 年の教育年数は生涯所得の最大値に対応する.しかし,ここで重要なのは,それが局所的最大値に過ぎないということだ.次に,12 年を超えて教育を受けることは所得増加に役立つが,それは教育年数が 12 年を超えたら即所得が向上することを意味しない.大学教育を数か月しか受けていないと,高校卒業生よりも良い仕事につける可能性は高くはない.さらに,大学に通った数か月は収入を得る機会を失っているため,高校卒業直後からずっと働き続けている場合よりも,生涯所得はその期間分不利になる.

　学校で過ごした期間の収入の損失を考慮すると,高校卒業生を上回る生涯所得を稼ぐための知識・技術を得ることができるのは,大学教育を数年受けたあとからである.そして,大学卒業生(教育年数 16 年)は,高校卒業の局所的頂点を上回るもう 1 つの収入の頂点となる.繰り

返しになるが，これもまた局所的な頂点なのだ．学士号を取得した後，さらに少しだけ教育を受けると，高校卒業後に少しだけ教育を受けた場合と同様の状況となる．収入を得ることができない期間を補うほどの知識・技術は，すぐには得られないのだ．最終的にはそれが逆転する．すなわち，大学院の学位を取得したところで，さらにもう1つの頂点が現れる．それを超えて教育を受け続けた場合の所得を推測することは難しい．ここでの目的に対しては，この3つ目の頂点までで十分だろう．

生涯所得の丘を勾配上昇法で登る

グラフにプロットした点（12.5年の教育を受けた人）から始めて勾配上昇法を実行するには，税率−税収のときとまったく同じ方法が利用できる．リスト3.2はリスト3.1の勾配上昇法のコードをわずかに変更したものである．

リスト3.2　税収の丘の代わりに生涯所得の丘を登るために勾配上昇法を実装する

```
def income_derivative(edu_yrs):
    return(math.cos((edu_yrs - 10.6) * (2 * math.pi/4)) + 1/2)


threshold = 0.0001
maximum_iterations = 100000

current_education = 12.5
step_size = 0.001

keep_going = True
iterations = 0
while(keep_going):
    education_change = step_size * income_derivative(current_education)
    current_education = current_education + education_change
    if(abs(education_change) < threshold):
        keep_going = False
    if(iterations >= maximum_iterations):
        keep_going=False
    iterations = iterations + 1
```

リスト3.2のコードは，税収を最大化するために実装した勾配上昇法アルゴリズムに基づく．唯一の違いは，対象とする関数だけである．税率−税収曲線では，グローバルな最大値を与える点は1つだけであり，それが唯一の局所的最大値でもあった．一方，教育−所得曲線はそれより複雑である．グローバルな最大値は1つだが，それよりも小さい局所的最大値（局所的頂点）が複数存在する．

アルゴリズムでは，教育−所得曲線の導関数を指定し（リスト3.2の初めの2行），異なる初期値（70%の税率の代わりに12.5年の教育年数）を与える必要がある．さらに，異なる変数名

（current_rate の代わりに current_education）を用いている．しかし，これらの違いは表面的なものであり，基本的には同じことを行っている．適切な停止条件に到達するまで，勾配の方向に向かい，最大値を目指して小さなステップを繰り返し続ける．

　勾配上昇法プロセスの結果は，この人は教育を余分に受けているというものだ．およそ 12 年が収入を最大化する教育年数として計算される．勾配上昇法を単純に信頼すれば，生涯所得をこの局所的最大値とするべく，大学 1 年生にすぐさま中退して働き始めることを勧めてしまうだろう．実際，過去に同様の結論に達した大学生もいる．自分が不確実な未来に向かって努力しているときに，高校を卒業した友達がお金を稼いでいるのを見て，そのように考えるのだ．これは明らかに正しくない．勾配上昇法は局所的な丘のてっぺんを見つけただけで，これはグローバルな最大値ではないのだ．勾配上昇法は悲しいほど局所的なものだ．自分が今いる丘だけを登り，より高い他の丘を目指すために一時的に丘を降りることはできない．大学を中退した上記の学生のように，実生活にもこれに似た例がある．局所的な最小値を超えて他の丘（次のより高等な学位）を登れば長期的により多く稼げるとは考えないのだ．

　極値の問題は深刻であり，それを解決できる特効薬はない．この問題に取り組む 1 つの方法は，複数の初期推測値を用いて，それぞれの初期値から勾配上昇法を実行することである．例えば，初期値の教育年数を 12.5，15.5，そして 18.5 年として勾配上昇法をそれぞれ実行すると，毎回異なる結果を得るだろう．それらの結果を比較すれば，グローバルな最大値は教育年数を最大化すると得られる（大学院までを考慮したこの例においては）ことがわかる．

　これは局所的な最大値に対応するための合理的な方法である．しかし，正しい最大値を見つけるのに十分な回数勾配上昇法を実行するには時間がかかりすぎる場合があり，さらには，数百回実行したとしても正しい答えにたどり着ける保証はないのだ．この問題を避けるためのより良い方法は，プロセスにある程度のランダム性を持たせることである．ランダム性によって，局所的には悪くなるが長期的にはより良い最大値に到達できる可能性がある方向にも進めるようにするのだ．この高度な勾配上昇法は，確率的勾配上昇法と呼ばれる．シミュレーテッドアニーリングのような他のアルゴリズムも，同様の理由でランダム性を組み込んでいる．シミュレーテッドアニーリングと高度な最適化に関連した問題については，第 6 章で議論しよう．今のところは，それらの最適化手法は勾配上昇法と同じくらい強力な手法であって，勾配上昇法と同様に極値の問題を抱えている，ということだけを覚えておけばよい．

最大化から最小化へ

　ここまでは，収益を最大化すること，つまり丘を登り収益を増やすことを目指してきた．丘を下り，何か（コストやエラーなど）を最小化する場合についてはどうなのかと考えるのは当然である．最小化のためにはまったく新しい手法がいると思う人もいるだろうし，既存の手法を上下逆さまにしたり裏返しにしたり，逆に実行したりすればいいと思う人もいるだろう．

実のところ，最大化から最小化への移行は非常に単純である．移行のための方法の1つは，関数の「上下を反転」することだ．より正確には，関数にマイナスを掛ければよい．先ほどの税率−税収曲線で考えてみよう．次のように，ごく簡単に上下を反転した関数を新しく定義するだけで，最小化を行うことが可能なのだ．

```python
def revenue_flipped(tax):
    return(0 - revenue(tax))
```

　上下を反転した曲線は，以下のようにしてプロットできる．

```python
import matplotlib.pyplot as plt
xs = [x/1000 for x in range(1001)]
ys = [revenue_flipped(x) for x in xs]
plt.plot(xs,ys)
plt.title('The Tax/Revenue Curve - Flipped')
plt.xlabel('Current Tax Rate')
plt.ylabel('Revenue - Flipped')
plt.show()
```

　図3.4に上下を反転した曲線を示す．

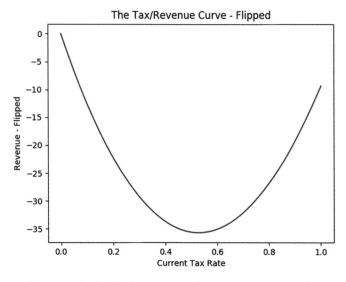

図3.4　税率−税収曲線にマイナスを掛けて上下を反転した曲線

　もし税率−税収曲線を最大化したいなら，上下を反転した税率−税収曲線を最小化すればよい．反転した税率−税収曲線を最小化したいなら，再び上下を反転したもの，つまりもともとの曲線を最大化すればよいのだ．最小化問題は，上下を反転した関数の最大化問題と同じである．

そして，最大化問題は，上下を反転した関数の最小化問題なのだ．もし一方が可能であれば，その上下を反転させたもう一方でも可能なのだ．関数の最小化を学ぶ代わりに関数の最大化を学び，最小化を行いたい場合には上下を反転した関数を最大化すれば，正しい答えを見つけられるだろう．

　上下の反転のほかにも最小化の方法はある．最小化の実際のプロセスは，最大化のものととてもよく似ている．勾配上昇法の代わりに，勾配降下法を使えばよいのだ．唯一の違いは，各ステップの移動の方向である．勾配降下法では，上方向ではなく下方向に移動する．税率–税収曲線の最大値を求める際に，勾配の方向に移動したことを思い出してほしい．最小化のためには，勾配とは逆方向に移動する．つまり，勾配上昇法のコードをリスト 3.3 のように変更すればよいのだ．

リスト 3.3　勾配降下法を実装する

```
threshold = 0.0001
maximum_iterations = 10000

def revenue_derivative_flipped(tax):
    return(0-revenue_derivative(tax))


current_rate = 0.7

keep_going = True
iterations = 0
while(keep_going):
    rate_change = step_size * revenue_derivative_flipped(current_rate)
    current_rate = current_rate - rate_change
    if(abs(rate_change) < threshold):
        keep_going = False
    if(iterations >= maximum_iterations):
        keep_going = False
    iterations = iterations + 1
```

　ここで，current_rate を更新する部分で ＋ を － へと変更した以外は，すべて勾配上昇法のコードと同じである．このほんのわずかな変更によって，勾配上昇法のコードを勾配降下法のコードへと変えることができたのだ．ある意味，この 2 つは本質的に同じものである．つまり，勾配によって方向を決め，その方向にある明確な目標へ向かって移動するのだ．実のところ，今日の慣習では，先に勾配降下法について説明し，勾配降下法のわずかに変更されたバージョンとして勾配上昇法を参照することがほとんどである．この章では，まったく逆の方法でこれら 2 つの手法を紹介した．

丘登りの一般例

　総理大臣に選ばれることなど滅多にないし，総理大臣にとってさえ，税収を最大化するために税率を設定することは日常の業務ではない（この章の冒頭で議論した税率−税収曲線の例については，ラッファー曲線を参考にするとよいだろう）．しかし，何かを最大化または最小化するという考えは非常に一般的である．企業は収益を最大化する価格を選択しようとする．製造業界では，効率を最大化し欠陥を最小化する手法を選択しようとする．エンジニアはパフォーマンスを最大化する，または抗力やコストを最小化する設計を選択しようとする．経済学は主に最大化と最小化の問題を中心に構成されている．特に効用の最大化，さらには GDP や収益などの最大化，そして推定誤差の最小化である．機械学習と統計は，手法の大部分を最小化に依存している．「損失関数」またはエラー指標の最小化である．これらの例のそれぞれにおいて，最適解を得るために勾配上昇法や勾配降下法などの丘登りの手法を用いることがあるのだ．

　日常生活の中でも，ファイナンシャルプランの目標を最大限に達成するために，どのくらいお金を消費するかを選択する．われわれは幸福や喜び，そして平和と愛を最大化し，痛みや不快感，悲しみを最小化するように努めているのだ．

　わかりやすく，そして親しみやすい例として，バイキング形式のレストランに行くことを考えてみよう．満足度を最大化するために，適切な量を食べようとするだろう．もし食べる量が少なすぎればお腹が空いてしまい，ほんの少しの食べ物でバイキングの料金を全額払うのはもったいないと感じるだろう．たくさん食べすぎると，お腹が苦しくなったり，さらには体調を崩したりするかもしれない．自分に課したダイエットのルールを破ってしまうこともありうる．税率−税収曲線の頂点のように，最適な点，つまり満足度を最大化する正確な食事量が存在するのだ．

　われわれ人間は，空腹か満腹かを教えてくれる自分の胃からのシグナルを感じ取り解釈することができる．それは，曲線の勾配を求めるのと物理的に同じようなものである．もしお腹が減っていたら，あらかじめ決めた分ずつ（例えば一口ずつ）ステップを進めて，満足度が最大になる最適量を目指す．もしお腹がいっぱいになれば，食べるのをやめる．すでに食べたものを「取り消す」ことはできないのだ．もしステップサイズが十分小さければ，最適量を大幅に超えてしまうことはないだろう．バイキングで食べる量を決めるプロセスは，方向を確認し適切な方向へ小さなステップだけ進むことを繰り返す，反復的なプロセスである．つまり，この章で学んだ勾配上昇法と本質的に同じなのだ．

　ボールをキャッチする例と同じように，このバイキングの例では，アルゴリズム（この場合は勾配上昇法）が人間の生活と意思決定に自然なものであることがわかる．もし数学の授業を受けたことがなかったり，コードを1行も書いたことがなかったとしても，われわれにとってこれらのアルゴリズムは自然なものである．この章の手法は，われわれがすでに持っている直感を形式化・精密化するためだけに使われるのだ．

アルゴリズムを使うべきではない場合

アルゴリズムを学ぶことで，強力なパワーを手に入れた感覚で満たされることがよくある．最小化や最大化が必要な場面に出くわしたら，すぐに勾配上昇法や勾配降下法を適用すべきであり，どんな結果でも無条件に信頼すればよいと感じるのだ．しかし，アルゴリズムを知っていることよりも，いつそれを使うべきでないかを知っていることのほうが大事になることもある．手もとの問題に対して，アルゴリズムはどんなときに不適切あるいは不十分なのか，どんなときに他のより良い方法があってそれを代わりに試すべきなのかを知っていることが大切なのだ．

いつ勾配上昇法や勾配降下法を使うべきなのか，そしていつ使うべきではないのか？ 正しい条件が揃えば，勾配上昇法はうまく機能するのだ．

- 最大化するための数学関数があること
- 現在いる位置がどこなのかを知っていること
- その関数の最大化が実際の目標に整合していること
- 現在いる位置を変えられること

これらのうち，いくつかの条件が満たされていないことはよくある．税率を設定する例では，税率と税収の関係を表す仮想的な関数を利用した．しかし，税率と税収の関係がどのようなもので，どんな関数の形をとるのかについて，エコノミスト間での総意は存在しない．勾配上昇法や勾配降下法を好きなように実行することはできるが，最大化する関数についての総意が得られない限り，求めた結果を信頼することはできないのだ．

状況を最適化するための行動ができないために，勾配上昇法がそれほど役に立たない場合もある．例えば，背の高さと幸福の関係を表す関数を導出することを考えよう．背が高すぎて飛行機で快適に過ごせなくて困ったり，背が低すぎてバスケットボールで活躍できなくて悩んだりすることがあるので，背が高すぎも低すぎもしない中間点が幸福を最大化する最適な位置であるとしよう．この関数を正しく表現し，勾配上昇法によって最大値を求めることができたとしても，それは役に立たないだろう．なぜなら，自分の背の高さはコントロールできないからだ．

さらに広い視野で考えると，勾配上昇法に必要な条件がすべて揃っていたとしても，哲学的な理由で利用を控えたいと考えることもあるだろう．これは，他のどんなアルゴリズムに関しても同じことが言える．例えば，あなたは税率−税収関数を正確に決めることができ，国の税率を自由にコントロールできる総理大臣に選ばれたとしよう．勾配上昇法を実行して税収を最大化する頂点を求める前に，そもそも税収を最大化することが追求すべき正しい目標であるかを自らに問うかもしれない．国の収入よりも，自由や経済のダイナミズム，再分配の正義，さらには世論の動向に関心があるかもしれない．もし税収を最大化させたいと決めたとしても，短期間（つまり今年）の税収の最大化が，長期間での税収の最大化へと繋がるかは明らかではない．

アルゴリズムは実用的な目的の達成に非常に役に立つ．アルゴリズムのおかげで，野球の

ボールをキャッチすることや，税収を最大化する税率の発見といったゴールの達成が可能になるのだ．しかし，アルゴリズムはゴールを効率的に達成できる一方で，そもそもどの目標に追求する価値があるのかを決めるという，より哲学的なタスクにはあまり向いていない．アルゴリズムはわれわれを利口にしてくれるが，賢くしてはくれないのだ．アルゴリズムの優れた能力は，間違った目的に使用された場合は役に立たない，もしくは有害にもなりうることを，ぜひ覚えておいてほしい．

まとめ

この章では，最大値と最小値を求めるためのシンプルで強力なアルゴリズムである勾配上昇法および勾配降下法を紹介した．また，極値の深刻な問題や，アルゴリズムをいつ使うべきか，いつ使うべきではないかに関する哲学的な考察についても説明した．

次の章では，ソートと探索のさまざまなアルゴリズムを紹介しよう．ソートと探索はアルゴリズムの世界では基本的で重要なものだ．さらに，「ビッグオー」記法や，アルゴリズムのパフォーマンスを評価する標準的な方法についても説明しよう．

4

アルゴリズムを測る
── ソートと探索 ──

　ほぼすべての種類のプログラムで用いられる，主力アルゴリズムと呼べるものがいくつか存在する．これらのアルゴリズムはあまりに基本的であるため，当然のことと見なされたり，コードがそれらに依存していることに気づかないことすらある．

　そうした主力アルゴリズムの一部は，ソートや探索のための手法である．これらの手法は覚えておく価値がある．なぜなら，アルゴリズム愛好家（およびコーディングインタビューを行うサディスト）によって広く使われ，そして愛されているからだ．これらのアルゴリズムは短く単純なコードで実装できるが，その1つ1つの文字が重要である．非常に広く必要とされるアルゴリズムであるため，コンピューターサイエンティストたちは超高速にソートと探索ができるように改善に努めてきたのだ．この章では，アルゴリズムの速度と，アルゴリズムの効率性を比較するための特別な記法についても説明する．

　まず，シンプルで直感的なソートアルゴリズムである「挿入ソート」を紹介することから始めよう．その後，挿入ソートの速度と効率，そしてアルゴリズムの効率を測る一般的な方法を説明する．さらに，より高速で，探索における現時点での最先端アルゴリズムであるマージソートについて見ていこう．そして，スリープソートについても説明する．これは実際にはあまり使われていないが，興味深い奇妙なアルゴリズムである．最後に，2分探索について説明し，数学関数の逆関数を求める方法など，2分探索の興味深い応用についても紹介しよう．

挿入ソート

ファイリングキャビネットの中のすべてのファイルをソートするように頼まれたとしよう．それぞれのファイルには番号が割り当てられている．番号が最も小さいファイルがキャビネット内で最初に来て，最も大きいファイルが最後に，そしてそれらの間に残りのファイルが番号順に並ぶように整理しなければならない．

どのような方法でファイリングキャビネットをソートするにせよ，それは「ソートアルゴリズム」と呼ぶことができる．しかし，そのアルゴリズムをPythonでコーディングしようと考える前に，少し時間をとって，実際にこのようなファイリングキャビネットをどのように並び替えるかを考えてほしい．つまらない考察のように見えるかもしれないが，これによってあなたの中の創造性が目覚め，幅広いアイデアを検討することが可能になるのだ．

この節では，挿入ソートと呼ばれる非常にシンプルなソートアルゴリズムを紹介しよう．この手法は，リスト内の各要素を一度に1つずつ確認し，それを新しいリストへと挿入していくものだ．最終的に，正しくソートされたリストが，新しいリストとして完成する．アルゴリズムのコードは，2つのセクションからなる．1つはファイルをリストに挿入するという単純なタスクを行う挿入セクション，もう1つはソートが完成するまで繰り返し挿入を行うソートセクションである．

挿入ソートにおける挿入タスク

挿入タスクそのものについて考えてみよう．中身のファイルが正しくソートされているファイリングキャビネットがあるとしよう．新しいファイルをそのファイリングキャビネットの正しい（ソートされた）位置に追加で挿入するタスクを頼まれたとしたら，どうすればよいだろうか？ このタスクはたった一言の説明すら必要ないくらい単純に見えるかもしれない（「行動あるのみ！」と思うかもしれない）．しかし，アルゴリズムの世界では，すべてのタスクは，それがどんなに単純に見えるものであっても完全な説明が必要なのだ．

以下では，ソート済みのファイリングキャビネットに新しいファイルを追加するための手順を説明しよう．挿入したい追加のファイルを「挿入ファイル」と呼ぼう．2つのファイルを比べて，一方のファイルをもう片方のファイルよりも「大きい」と判断できるとする．これは，一方のファイルに割り当てられた番号がもう一方の番号よりも大きい，または，アルファベット順や他の順序で後ろになる場合などである[1]．

---

[1] 訳注：これらの手順を実装したコードを見ると，2つのファイルが等しいと判断できる場合は，選んだファイルが挿入ファイルよりも「大きい」とするステップ4に含んでいることがわかる．等しい場合をステップ4の代わりにステップ3に含むようにすると，挿入する位置や出力結果はそれぞれどうなるだろうか？

1. ファイリングキャビネット内で最も大きいファイルを選ぶ（キャビネットの一番後ろから始める）.
2. 選んだファイルと挿入ファイルを比較する.
3. もし選んだファイルが挿入ファイルよりも小さければ, 挿入ファイルを選んだファイルより1つ後ろの場所に挿入する.
4. もし選んだファイルが挿入ファイルよりも大きければ, ファイリングキャビネット内で次に大きいファイルを選ぶ.
5. ステップ2〜4を, 挿入ファイルを挿入するか, ファイリングキャビネット内のすべてのファイルと比較し終わるまで繰り返す. すべてのファイルと比較し終わってもまだ挿入していない場合は, ファイリングキャビネットの先頭へ挿入する.

ソートされたリストに手作業で要素を挿入する方法を想像したとき, この手順はそれとほぼ一致するはずだ. あるいは, リストの最後ではなく最初から開始し, 同様の手順に従うことでも同じ結果を得られる. こうした挿入タスクは, 単に要素を挿入するだけではなく, 要素を正しい位置に挿入することによって, 新しいリストのソートも保証するのだ. この挿入アルゴリズムを実行する Python スクリプトを書いてみよう. 初めに, ソートされたファイリングキャビネットを定義する. ここでは, ファイリングキャビネットは Python リストであり, ファイルは単に数字で表される.

```
cabinet = [1,2,3,3,4,6,8,12]
```

次に, キャビネットに挿入したい「ファイル」（これも単に数字で表される）を定義しよう.

```
to_insert = 5
```

リストの各数字（キャビネットの各ファイル）を一度に1つずつ進めていく. check_location と呼ばれる変数を定義しよう. 名前が示すとおり, キャビネット内で番号をチェックする位置を保存する変数である. キャビネットの最後から始めよう.

```
check_location = len(cabinet) - 1
```

insert_location という変数も定義する. このアルゴリズムの目的は, insert_location の正しい値を求めることである. この値が得られれば, insert_location の値が示す場所へファイルを挿入するだけでよい. まず, insert_location を0として始めよう.

```
insert_location = 0
```

次に，挿入ファイルが check_location にあるファイルよりも大きいかどうかをチェックするために，単純な if 文を使おう．挿入ファイルの番号よりも小さい番号が見つかったら，その場所を，新しい番号を挿入すべき場所を求めるために使う．ここで 1 を加えているのは，挿入すべき場所は見つかったより小さい番号の場所の 1 つ後ろだからである．

```python
if to_insert > cabinet[check_location]:
    insert_location = check_location + 1
```

正しい insert_location を求めたら，リスト操作用の Python の組み込みメソッドである insert を使って，ファイルをキャビネットへ追加しよう．

```python
cabinet.insert(insert_location,to_insert)
```

しかし，このコードを実行するだけではファイルを正しく挿入することはできない．これらのステップを合わせて，まとまった 1 つの挿入関数にする必要があるのだ．すなわち，ここまで出てきたコードをすべてまとめ，while ループに入れる．while ループは，最後のファイルから開始して，正しい insert_location を見つけるか，すべてのファイルを調べるまで，キャビネット内のファイルを順次確認していくために用いられる．キャビネットにファイルを挿入するための最終的なコードは，リスト 4.1 となる．

リスト 4.1　番号付きファイルをキャビネットに挿入する

```python
def insert_cabinet(cabinet,to_insert):
    check_location = len(cabinet) - 1
    insert_location = 0
    while(check_location >= 0):
        if to_insert > cabinet[check_location]:
            insert_location = check_location + 1
            check_location = - 1
        check_location = check_location - 1
    cabinet.insert(insert_location,to_insert)
    return(cabinet)

cabinet = [1,2,3,3,4,6,8,12]
newcabinet = insert_cabinet(cabinet,5)
print(newcabinet)
```

リスト 4.1 のコードを実行すると，新しい「ファイル」である 5 が正しい位置（4 と 6 の間）に挿入された newcabinet の中身が表示される．

挿入のエッジケース[2)]の1つである，空のリストへの挿入について少し考えてみよう．この挿入アルゴリズムは，「ファイリングキャビネットのファイルを順番に1つずつ処理していく」ものである．もしファイリングキャビネット内に1つもファイルがないなら，順番に処理するものは存在しない．この場合には，キャビネットの先頭に新しいファイルを挿入するように指示する最後の部分にだけ注意すればよい．もちろん，これは説明するより実際にやってみるほうが簡単である．空のキャビネットの先頭は，最後であり，真ん中でもあるのだ．この場合にやるべきは，位置を指定することなくファイルをキャビネットに追加することだけである．このためには，Python の insert() メソッドを使えばよい．ファイルを0の位置に挿入することができる．

挿入タスクによってソートする

ここまででは，挿入タスクを厳密に定義し，その実行方法を理解した．挿入ソートの完成まであと少しだ．挿入ソートはシンプルだ．ソートされていないリストの要素を一度に1つずつ選び，先ほど学んだ挿入アルゴリズムを使って新しいソート済みのリストに挿入していく．

ファイリングキャビネットの例で考えてみよう．ソートされてないファイリングキャビネット（「古いキャビネット」と呼ぶことにしよう）と空のキャビネット（こちらは「新しいキャビネット」としよう）から始める．まず，古いソートされていないキャビネットから初めの要素を削除し，それを挿入アルゴリズムを使って新しい空のキャビネットに加える．古いキャビネットのすべての要素を新しいキャビネットに挿入するまで，2番目，3番目，それ以降の要素に対しても同様の操作を続ける．そして，古いキャビネットのことは忘れ，新しいソートされたキャビネットを使えばよい．挿入アルゴリズムを使って挿入することで常にソートされたリストを得るので，このプロセスの最後に得られる新しいキャビネットもソート済みである．

Python では，ソートされていないキャビネットと空の newcabinet から始める．

```
cabinet = [8,4,6,1,2,5,3,7]
newcabinet = []
```

リスト4.1の insert_cabinet() を繰り返し呼ぶことで挿入ソートを実装しよう．この関数を呼ぶためには，ファイルを手に取る必要がある．そのためには，以下のようにソートされていないキャビネットからファイルを取り出せばよい．

```
to_insert = cabinet.pop(0)
newcabinet = insert_cabinet(newcabinet, to_insert)
```

---

2) 訳注：パラメーターが極値，境界ぎりぎりであるときなどに起きうる問題や状況．

このスニペット[3]では，pop() と呼ばれるメソッドを使った．このメソッドは指定したインデックスの要素をリストから削除する．この場合では，キャビネットのインデックス0における要素を削除している．pop() を使った後，その要素はもはやキャビネット内には存在しない．代わりに，to_insert 変数へ保存され，newcabinet へと追加されるのだ．

これらをまとめたものがリスト 4.2 である．ここでは，insertion_sort() 関数を定義している．ソートされていないキャビネットのすべての要素をループし，それらの要素を 1 つずつ newcabinet に挿入する関数である．コードの最終行で結果，つまり sortedcabinet と呼ばれるソートされたキャビネットを表示する．

リスト 4.2　挿入ソートを実装する

```
cabinet = [8,4,6,1,2,5,3,7]
def insertion_sort(cabinet):
    newcabinet = []
    while len(cabinet) > 0:
        to_insert = cabinet.pop(0)
        newcabinet = insert_cabinet(newcabinet, to_insert)
    return(newcabinet)

sortedcabinet = insertion_sort(cabinet)
print(sortedcabinet)
```

以上で挿入ソートの実行が可能になった．つまり，どんなリストでもソートすることができるのだ．これでソートに必要な知識はすべて学んだと考えたくなるかもしれない．しかし，ソートは非常に基本的かつ重要なものなので，最も優れた方法を使いたい．

挿入ソートの代替アルゴリズムについて説明する前に，あるアルゴリズムが他のアルゴリズムより優れているとはどういう意味か，さらに根本的に，アルゴリズムが優れているとはどういう意味なのかについて考えてみよう．

アルゴリズムの効率を測る

挿入ソートは優れたアルゴリズムだろうか？　この疑問に答えるには，「優れた」とはどういうことなのかを明確にする必要があるだろう．挿入ソートは，その役目（リストをソートすること）を果たすことができる．目的を達成できるという意味では優れているだろう．もう 1 つの利点は，わかりやすい具体例を使って説明したり，理解したりするのが簡単である点だ．短いコードで表現できるというのも，素晴らしい利点であろう．今のところ，挿入ソートは優れたアルゴリズムのように思える．

---

[3] 訳注：プログラムの断片・一部分という意味．

しかし，挿入ソートには致命的な欠点が1つある．実行するのに時間がかかる点だ．リスト4.2のコードなら，あなたのコンピューターでも1秒もしないうちに完了するはずだ．よって，挿入ソートに「時間がかかる」といっても，小さな種が杉の巨木に成長するほどの時間でもないし，免許更新のために混んだ窓口で並ぶ時間よりも短いだろう．小さな虫が1回羽ばたくのにかかるのに比べれば長い時間，ということである．

　小さな虫の羽ばたきを「長い時間」と感じるほど心配するのは，少々極端に見えるかもしれない．しかし，アルゴリズムの実行時間をできるだけ0秒に近づけようとするのには，もっともな理由があるのだ．

なぜ効率を追求するのか？

　アルゴリズムの効率を追求し続ける1つ目の理由は，それによってわれわれができることが大幅に増えるからである．ある効率的でないアルゴリズムが，8個の要素からなるリストをソートするのに1分かかるとしよう．これはそれほど問題ではなさそうだ．しかし，効率的でないアルゴリズムが1,000個の要素を持つリストをソートするのに1時間，100万個の要素のリストだと1週間かかるケースを考えてほしい．10億個の要素のリストをソートするのには1年，さらには1世紀かかるかもしれないし，最悪の場合にはソートすることが不可能かもしれないのだ．もし，アルゴリズムを改良して8個の要素からなるリストをより効率良くソートできるようにしても，高々1分の節約にしかならない些細な改善に見えるだろう．しかし，10億個の要素のリストを1世紀ではなく1時間でソートできるとすれば，可能性を大幅に広げる明らかな違いとなるのだ．k平均法や教師あり学習であるk近傍法などの高度な機械学習手法では，長いリストの順序付けを行う．その際，ソートなどの基本的なアルゴリズムのパフォーマンスが向上すると，それまでは不可能だった大きなデータセットにこれらの手法を適用することが可能になるのだ．

　もし何回も実行する必要があるなら，短いリストを速くソートすることも重要になるだろう．例えば，世界の検索エンジンは，数か月間で合わせて1兆回もの検索リクエストを受け取る．それぞれの検索結果は，最も関連性が高いものから最も関連性が低いものまで順序付けがなされた上で，ユーザーへ届けられているのだ．もし，1つの単純なソートにかかる時間を1秒から0.5秒へ短縮できたとすると，処理時間を1兆秒から0.5兆秒へと短縮できるのだ．これによって，ユーザーの時間も節約され（1人当たり1,000秒節約できたとして，それが5億人となると非常に大きな時間になる！），データ処理にかかるコストも節約できる．エネルギー消費量の削減を可能にするという点で，効率的なアルゴリズムは環境に優しいアルゴリズムでもあるのだ．

　より速いアルゴリズムを作る究極の理由は，人間がどんな種類の目標であれ，より良い結果を追い求める理由と同じである．明らかにそんな必要がないとしても，人間は100mをより速く走ろうとするし，チェスでより強くなろうとし，そして今までよりもっと美味しいピザを作ろうとするのだ．これらの理由は，登山家のジョージ・マロリーがエベレストへ挑戦した理由

と同じものなのだ．「なぜならそこにあるから」である．可能性の境界を押し広げ，ほかの誰よりもより優れ，より速く，より強く，そしてより知的であろうと努めるのは，人間の性なのだ．アルゴリズムの研究者は，アルゴリズムをより優れたものにしようとする．その理由の1つは，それが実用的か否かにかかわらず，素晴らしいことを成し遂げたいという欲求にあるのだ．

時間を正確に計測する

　アルゴリズムの実行時間は非常に重要なので，挿入ソートは「時間がかかる」，「1秒未満で済む」という大雑把な言い方ではなく，もっと正確に表現すべきだろう．では，そのソートは正確にはどれだけかかるのだろうか？ 文字どおりの答えとして，Python の timeit モジュールを使おう．timeit を使えば，タイマーを作ることができる．ソートのためのコードを実行する直前に開始し，実行の直後に終了するタイマーである．開始時間と終了時間の差をとることによって，コードを実行するのにかかった時間を求めることができるのだ．

```
from timeit import default_timer as timer

start = timer()
cabinet = [8,4,6,1,2,5,3,7]
sortedcabinet = insertion_sort(cabinet)
end = timer()
print(end - start)
```

　このコードを手もとのノート PC で実行したところ，実行時間は 0.0017 秒であった．これは挿入ソートがどのくらい優れているかを示すための適切な方法だろう．8個の要素を持つリストのソートを 0.0017 秒で完了できる．もし挿入ソートを他のソートアルゴリズムと比較したいならば，timeit を使った時間計測の結果を比べればよい．より速いアルゴリズムがより優れていると言えるのだ．

　しかし，アルゴリズムのパフォーマンスを比較するために時間計測を使う際には，いくつか問題がある．例えば，上記の時間計測のコードを同じノート PC でもう一度実行すると，実行時間は 0.0008 秒となった．3回目の計測を他のコンピューターで行うと，0.03 秒となったのだ．正確な時間計測の結果は，ハードウェアのアーキテクチャーや速度，そしてオペレーティングシステム（OS）の現在の負荷，実行に用いた Python のバージョン，OS の内部タスクスケジューラ，コードの効率に依存している．さらに，もしかしたら他の予測不能なランダム性や電子の運動，月の満ち欠けからも影響を受けているかもしれないのだ．毎回非常に大きく異なる結果になる可能性があるので，アルゴリズムの効率を比較するために時間計測を用いることは難しい．あるプログラマーがリストを Y 秒でソートできると自慢し，他のプログラマーは笑って，自分のアルゴリズムはより速く Z 秒でソートできると主張したとしよう．もしかしたら2人はまったく同じコードを，異なるハードウェアや異なるタイミングで実行していただけ

かもしれない．その場合，彼らはアルゴリズムの効率ではなく，むしろハードウェアの速度や運を比較しているのだ．

ステップ数を数える

　秒単位の時間計測の代わりに，より信頼できるパフォーマンスの測定方法を考えよう．アルゴリズムを実行するのに必要なステップ数だ．実行に必要なステップ数はアルゴリズム自身の性質であり，ハードウェアはもちろん，実装に使うプログラミング言語にさえ本質的には依存しないだろう．リスト 4.3 はリスト 4.1 とリスト 4.2 の挿入ソートのためのコードに，stepcounter+=1 の部分を数行加えたものである．古いキャビネットから新しいファイルを 1 つ選ぶたびに，また，そのファイルを新しいキャビネット内の他のファイルと比較するたびに，そしてそのファイルを新しいキャビネットへ挿入するたびに，ステップカウンターをそれぞれ 1 つずつ増やしていくのだ．

リスト 4.3　ステップカウンターを加えた挿入ソート

```python
def insert_cabinet(cabinet,to_insert):
    check_location = len(cabinet) - 1
    insert_location = 0
    global stepcounter
    while(check_location >= 0):
        stepcounter += 1
        if to_insert > cabinet[check_location]:
            insert_location = check_location + 1
            check_location = - 1
        check_location = check_location - 1
    stepcounter += 1
    cabinet.insert(insert_location,to_insert)
    return(cabinet)

def insertion_sort(cabinet):
    newcabinet = []
    global stepcounter
    while len(cabinet) > 0:
        stepcounter += 1
        to_insert = cabinet.pop(0)
        newcabinet = insert_cabinet(newcabinet,to_insert)
    return(newcabinet)

cabinet = [8,4,6,1,2,5,3,7]
stepcounter = 0
sortedcabinet = insertion_sort(cabinet)
print(stepcounter)
```

このコードを実行すると，8 つの要素からなるリストを挿入ソートでソートするために，36 ステップ必要だったことがわかる．長さが異なるリストを用いて挿入ソートを実行し，何ステップかかるか確認してみよう．

このステップ数を確認する関数を書いてみよう．それぞれのリストを直接入力する代わりに，Python のシンプルなリスト内包表記[4]を使うことで，指定した長さのランダムなリストを生成することができる．ランダムな値を取得するために，Python の random モジュールをインポートしよう．長さが 10 の未ソートのランダムなキャビネットは，以下のようにして作ることができる．

```
import random
size_of_cabinet = 10
cabinet = [int(1000 * random.random()) for i in range(size_of_cabinet)]
```

ステップ数を確認する関数は，指定した長さのリストを生成し，挿入ソートのコードを実行，そして stepcounter の最終的な値を返すだけのものだ．

```
def check_steps(size_of_cabinet):
    cabinet = [int(1000 * random.random()) for i in range(size_of_cabinet)]
    global stepcounter
    stepcounter = 0
    sortedcabinet = insertion_sort(cabinet)
    return(stepcounter)
```

1 から 100 までのすべての長さのリストを作って，各リストをソートするのに必要なステップ数を確認してみよう．

```
random.seed(5040)
xs = list(range(1,100))
ys = [check_steps(x) for x in xs]
print(ys)
```

このコードの先頭で，random.seed() 関数を呼び出した．必ずしも必要ではないが，この関数を呼び出すことで，あなたのコンピューターでも本書に示す結果と同じ結果を得ることができる．次に，x の値の集合と y の集合をそれぞれ xs と ys に格納している．x の値は単に 1 から 99 までの数であり，y の値は各 x を長さとするランダムなリストをソートするために必要なステップ数である．出力を確認すると，長さが 1〜99 のランダムなリストを挿入ソートでソー

---

[4] 訳注：より詳しい説明については 8 章を参照．

トする際のステップ数がわかる．リストの長さとソートに必要なステップ数の関係を，以下のようにプロットしよう．プロットのために matplotlib.pyplot をインポートする．

```
import matplotlib.pyplot as plt
plt.plot(xs,ys)
plt.title('Steps Required for Insertion Sort for Random Cabinets')
plt.xlabel('Number of Files in Random Cabinet')
plt.ylabel('Steps Required to Sort Cabinet by Insertion Sort')
plt.show()
```

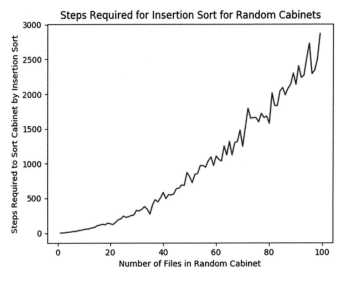

図 4.1　挿入ソートのステップ数

　図 4.1 が出力結果である．出力された曲線はギザギザしていることがわかるだろう．つまり，長いリストが短いリストよりも少ないステップ数でソートされることがあるのだ．これは，それぞれのリストをランダムに生成しているからである．ランダムなリストを生成するコードは，時に挿入ソートで処理しやすいリスト（すでに部分的にソートができているリスト）を，また，時に処理しづらいリストを，それぞれ厳密にランダムな確率で生成するのだ．もしあなたが本書と同じ乱数シード[5]を使わないなら，上記と同じ理由により，あなたの出力は本書の出力と異なるものになるだろう．しかし，だいたいの形は同じになるはずだ．

---

　[5] 訳注：乱数を発生させるもとになるもの．本書では random.seed(5040) の部分で，random モジュールの擬似乱数生成アルゴリズムにシード値 5040 を渡している（擬似乱数生成の詳細については，第 5 章を参照）．

よく知られた関数と比較する

　図 4.1 の表面的なギザギザを無視して曲線の一般的な形状を調べると，その増加率を推測することができる．必要なステップ数は x が 1〜10 の間ではゆっくり増加する．その後，徐々に勾配が急に（そしてよりギザギザに）なる．90〜100 の間での増加は，急速に進んでいるように見える．

　リストが長くなるに従ってステップ数の増加が徐々に急になるというだけでは，まだ十分には正確でない．このように加速する増加は，「指数関数的」と言われることがある．しかし，この曲線は指数関数的に増加しているのだろうか？ 厳密に言うと，e^x で表される「指数関数」と呼ばれる関数が存在する．ここで，e はオイラー数[6]と呼ばれ，およそ 2.71828 である．挿入ソートに必要なステップ数は，指数関数に従うのだろうか？ つまり，指数関数的増加の最も狭義の定義に当てはまると言えるのだろうか？ 答えについての手がかりを見つけるために，以下のようにステップ曲線と指数関数的増加曲線を一緒にプロットしてみよう．ステップ数の最大値と最小値を求めるために，numpy モジュールもインポートしよう．

```
import math
import numpy as np
random.seed(5040)
xs = list(range(1,100))
ys = [check_steps(x) for x in xs]
ys_exp = [math.exp(x) for x in xs]
plt.plot(xs,ys)
axes = plt.gca()
axes.set_ylim([np.min(ys),np.max(ys) + 140])
plt.plot(xs,ys_exp)
plt.title('Comparing Insertion Sort to the Exponential Function')
plt.xlabel('Number of Files in Random Cabinet')
plt.ylabel('Steps Required to Sort Cabinet')
plt.show()
```

　以前と同様に，xs は 1 から 99 までのすべての整数であり，ys はそれぞれ x を長さとするランダムなリストをソートするためのステップ数のリストである．ys_exp という変数も定義する．xs の各要素を x とした指数関数 e^x の値のリストである．そして，ys と ys_exp を同時にプロットしよう．この結果によって，リストのソートに必要なステップ数の増加がどの程度真の指数関数的増加に似ているかがわかるだろう．

　このコードを実行すると，図 4.2 のプロットが作成される．

---

　[6] 訳注：ネイピア数（Napier's constant）とも呼ばれる．

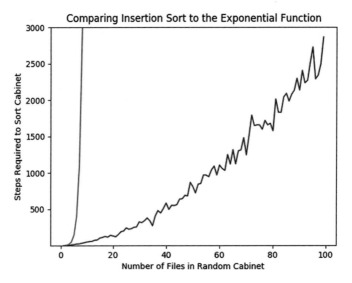

図 4.2　指数関数的増加と挿入ソートのステップ数の増加

　真の指数関数的増加曲線は，プロットの左側で無限大に向かって急激に増加していることが
わかるだろう．挿入ソートのステップ曲線は加速度的に増加しているものの，その加速度は真
の指数関数的増加には及ばない．もし，2^x や 10^x などの他の指数関数的増加曲線をプロットし
ても，やはりそれらの曲線は挿入ソートのステップ曲線よりもずっと速く増加するのだ．挿入
ソートのステップ曲線の増加が指数関数的増加ではないとしたら，それはどのような増加なの
だろうか？ いくつか他の関数と同時にプロットしてみよう．ここでは，挿入ソートのステップ
曲線と一緒に，$y = x$，$y = x^{1.5}$，$y = x^2$，$y = x^3$ をプロットする．

```python
random.seed(5040)
xs = list(range(1,100))
ys = [check_steps(x) for x in xs]
xs_exp = [math.exp(x) for x in xs]
xs_squared = [x**2 for x in xs]
xs_threehalves = [x**1.5 for x in xs]
xs_cubed = [x**3 for x in xs]
plt.plot(xs,ys)
axes = plt.gca()
axes.set_ylim([np.min(ys),np.max(ys) + 140])
plt.plot(xs,xs_exp)
plt.plot(xs,xs)
plt.plot(xs,xs_squared)
plt.plot(xs,xs_cubed)
plt.plot(xs,xs_threehalves)
plt.title('Comparing Insertion Sort to Other Growth Rates')
```

```
plt.xlabel('Number of Files in Random Cabinet')
plt.ylabel('Steps Required to Sort Cabinet')
plt.show()
```

この結果は図4.3のようになる.

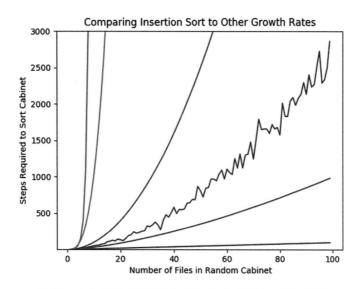

図4.3　さまざまな増加関数と挿入ソートのステップ数の増加

　図4.3では，挿入ソートに必要なステップ数のギザギザした曲線に加えて，5つの増加率を持つ関数をプロットしている．指数関数の曲線が最も速く増加することがわかるだろう．その隣の3次曲線も非常に速く増加するので，プロットの左側で上に突き抜けている．プロットの一番下に描画されているのは $y = x$ であり，他の曲線に比べてその増加は非常にゆっくりである.

　挿入ソート曲線に最も近い曲線は $y = x^2$ と $y = x^{1.5}$ である．どちらがより挿入ソート曲線に近いかは明らかではないため，挿入ソートの正確な増加率について確かなことは言えない．しかし，このプロットによって，「n 個の要素を持つリストをソートした場合，挿入ソートは $n^{1.5}$ から n^2 ステップの間で実行されるだろう」と主張することが可能になった．これは「小さな虫の羽ばたきにかかるくらいの時間」や「今朝の私のノートPCではおよそ 0.002 秒くらい」よりは，もっと正確で普遍的な主張なのだ.

理論的な精度をさらに上げる

　ここまでの主張をさらに正確にするには，挿入ソートで必要なステップについてより注意深く推測する必要がある．もう一度，n 個の要素を持つソートされていないリストについて考えてみよう．表4.1は，挿入ソートの各手順をそれぞれ書き出し，ステップを数えている.

表 4.1　挿入ソートのステップを数える

操作の説明	古いキャビネットからファイルを取り出すためのステップ数	他のファイルと比較するために必要な最大のステップ数	新しいキャビネットにファイルを挿入するために必要なステップ数
古いキャビネットから 1 番目のファイルを取り出し，（空の）新しいキャビネットへ挿入する．	1	0（比較するファイルは存在しない）	1
古いキャビネットから 2 番目のファイルを取り出し，（ファイルが 1 つ入っている）新しいキャビネットへ挿入する．	1	1（比較するファイルは 1 つであり，比較は必ず行われる）	1
古いキャビネットから 3 番目のファイルを取り出し，（ファイルが 2 つ入っている）新しいキャビネットへ挿入する．	1	2 以下（比較するファイルは 2 つであり，最小でそのうちの 1 つ，最大ですべてのファイルと比較が行われる）	1
古いキャビネットから 4 番目のファイルを取り出し，（ファイルが 3 つ入っている）新しいキャビネットへ挿入する．	1	3 以下（比較するファイルは 3 つであり，最小でそのうちの 1 つ，最大ですべてのファイルと比較が行われる）	1
…	…	…	…
古いキャビネットから n 番目のファイルを取り出し，（ファイルが $n-1$ 個入っている）新しいキャビネットへ挿入する．	1	$n-1$ 以下（比較するファイルは $n-1$ 個であり，最小でそのうちの 1 つ，最大ですべてのファイルと比較が行われる）	1

　この表のすべてのステップを合計しながら，以下のように最大のステップ数を求めることができる．

- ファイルを取り出すのに必要なステップ数：n（全部で n 個のファイルのうち 1 つを取り出すのに 1 ステップ）
- ファイルを比較するのに必要なステップ数：最大で $1+2+3+\cdots+(n-1)$
- ファイルを挿入するのに必要なステップ数：n（全部で n 個のファイルのうち 1 つを挿入するのに 1 ステップ）

これらを合計すると，以下の式が得られる．

$$最大合計ステップ数 = n+(1+2+\cdots+n)$$

上の式を以下の便利な公式を用いて整理しよう．

$$1+2+\cdots+n = \frac{n \times (n+1)}{2}$$

この公式を使い，すべてを合計して整理すると，必要なステップ数は以下のようになる．

$$最大合計ステップ数 = \frac{n^2}{2} + \frac{3n}{2}$$

　これでようやく，挿入ソートの実行で必要になる最大ステップ数を表す非常に正確な式を求めることができた．しかし，信じられないかもしれないが，この式は正確すぎる可能性があるのだ．その理由を説明しよう．1つは，これは必要な最大のステップ数であり，最小ステップ数や平均ステップ数はこれよりはるかに少なくなる可能性がある．そして，われわれがソートするリストのほぼすべてにおいて，必要なステップ数は実際に少ないのだ．図 4.1 の曲線のギザギザを思い出そう．アルゴリズムを実行するためにどのくらいステップ数がかかるかは，入力するリストによって常にばらつくものだ．

　最大ステップ数のための式が正確すぎると言えるもう 1 つの理由は，アルゴリズムに必要なステップ数が最も重要になるのは，n が大きい値の場合だからである．n が非常に大きくなると，式に含まれるそれぞれの関数の増加率に圧倒的に差がついてしまうので，式のごく一部が全体の挙動を支配するようになるのだ．

　$n^2 + n$ の式について考えてみよう．これは n^2 項と n 項という 2 つの項からなる．$n = 10$ のとき，$n^2 + n$ は 110 となり，これは n^2 より 10% 大きい．$n = 100$ のとき，$n^2 + n$ は 10,100 となり，これは n^2 よりたった 1% 大きいだけである．n が大きくなるにつれて，式の n^2 項は n 項より重要になる．2 次関数は線形関数よりもずっと速く増加するからだ．実行に $n^2 + n$ ステップ必要なアルゴリズムと n^2 ステップ必要なアルゴリズムを比較すると，n が非常に大きくなると，これらの違いの重要性は著しく低くなる．両方とも，多かれ少なかれ n^2 ステップで実行されるのだ．

ビッグオー記法を利用する

　あるアルゴリズムが多かれ少なかれ n^2 ステップで実行されると主張することは，正確性と簡潔性（そして潜在的なランダム性）の間のバランスが取れたちょうど良い表現である．このタイプの「多かれ少なかれ」の関係を正式に表現するために，ビッグオー記法（O 記法）（O は order の略）を使う．もし，大きな n に対して最悪の場合でも多かれ少なかれ n^2 ステップで実行できるなら，そのアルゴリズムのステップ数を「n^2 のビッグオー」または $O(n^2)$ と表す．厳密な定義では，$f(x)$ 関数が $g(x)$ 関数のビッグオーであるとは，十分大きな x に対して，$f(x)$ の絶対値が常に $M \times g(x)$ 以下になるようなある定数 M が存在することを意味する．

　挿入ソートの場合，アルゴリズムを実行するために必要な最大ステップ数の式は，2 つの項を持つことがわかる．1 つは n^2 の定数倍であり，もう 1 つは n の定数倍である．先ほど説明したとおり，n が大きくなるにつれて n の定数倍部分の重要性はどんどん小さくなり，n^2 項だけが唯一必要な項になるのだ．そのため，挿入ソートは $O(n^2)$（n^2 のビッグオー）のアルゴリズムとなる．

　アルゴリズムの効率の追求は，より小さい関数のビッグオーでステップ数が表されるアルゴ

リズムを追い求めることを含む．$O(n^2)$ ではなく $O(n^{1.5})$ になるように挿入ソートを変更できれば，それは大きな n での実行時間に莫大な影響をもたらす素晴らしいブレイクスルーになるだろう．ビッグオー記法は，時間だけではなく，空間についても表現することができる[7]．メモリーに大きなデータセットを格納することで速くなるアルゴリズムが存在する．これらは実行時間の観点からすると小さな関数のビッグオーだが，メモリー要件では大きな関数のビッグオーとなるかもしれない．メモリーをふんだんに使って速度を上げるか，速度を犠牲にしてメモリーを節約するかは，状況によって使い分けることが望まれる．この章では，メモリー要件を気にせず，速度を上げること，つまり時間計算量が可能な限り小さい関数のビッグオーで表されるアルゴリズムの設計に焦点を当てる．

　ここまでで，挿入ソートについて学び，時間計算量が $O(n^2)$ であることを確認した．どの程度の改善が見込めるかを考えるのは，当然の流れだろう．すべてのリストに対して 10 ステップ未満でソートできる魔法のアルゴリズムは見つけられるだろうか？　答えは No だ．すべてのソートアルゴリズムは，最小でも n ステップが必要だ．リストの n 個の要素すべてを，1 つ 1 つ順番に検討する必要があるからだ．それゆえ，ソートアルゴリズムは最低でも $O(n)$ である．$O(n)$ よりも速くすることはできない．しかし，挿入ソートの $O(n^2)$ よりも速くすることはできるだろうか？　できるのだ．次節では，挿入ソートを大幅に改善した $O(n \log (n))$ のアルゴリズムについて考えよう．

マージソート

　マージソートは挿入ソートよりずっと高速なアルゴリズムである．挿入ソートとまったく同様に，マージソートも 2 つのセクションからなる．2 つのリストをマージする部分と，マージを繰り返し行って実際にソートする部分である．ソートについて考える前に，マージそのものについて考えよう．

　2 つのファイリングキャビネットがあるとする．それぞれは個別にソートされているが，2 つを比較したことはない．この 2 つの中身を 1 つの最終的なファイリングキャビネットにまとめて，しかも完全にソートしたい．このタスクを 2 つのソートされたファイリングキャビネットの「マージ」と呼ぼう．この問題はどのように考えたらよいだろうか？

　Python でコードを書き始める前に，ここでも実際のファイリングキャビネットだったらどうするかを考えてみよう．この場合，われわれの前には 3 つのファイリングキャビネットがある．そのうちの 2 つは，これからマージしたい，すでに中身が満杯のファイリングキャビネットだ．

---

[7] 訳注：アルゴリズムを実行するのに要するステップ数，メモリー容量で表される指標を，それぞれ「時間計算量」，「空間計算量」と呼ぶ．前者は入力サイズに対する実行時間の目安となり，単に「計算量」という場合はこちらを指すことが多い．以降は，特に明記しない場合，これに従うこととする．

2つとも中身はソートされている．これらを「オリジナルキャビネット」と呼び，それぞれを（実際に並んで設置されていることを想像して）「左」と「右」で識別することにしよう．3つ目は，これからファイルを挿入する空のファイリングキャビネットで，この中に2つのオリジナルキャビネットの中身をすべて，ソートされた状態でまとめたいのだ．

マージ

マージするために，2つのオリジナルキャビネットのそれぞれ先頭のファイルを比較しよう．左のキャビネットの最初のファイルの番号と右のキャビネットの最初のファイルの番号を見比べるのだ．番号が小さいほうのファイルを，新しいキャビネットに最初のファイルとして挿入しよう．次に，新しいキャビネットに入れる2番目のファイルを見つけるために，もう一度左と右のキャビネットの先頭のファイルを比較し，番号が小さいほうを新しいキャビネットの最後に挿入しよう．左右どちらかのキャビネットが空になったら，空ではないほうのキャビネットから残りのファイルをすべて取り出し，それらを新しいキャビネットの最後にまとめて入れよう．それが終わると，新しいキャビネットには，左右のオリジナルキャビネットのファイルがソートされた状態ですべて含まれる．これで2つのキャビネットのマージは成功だ．

Python コードでは，left と right をソートされたオリジナルキャビネットを表す変数として使う．newcabinet リストは，初めは空のリストで，最終的には left と right のすべての中身を含むソートされたリストとなる．

```
newcabinet = []
```

left, right とするキャビネットの例を定義しよう．

```
left = [1,3,4,4,5,7,8,9]
right = [2,4,6,7,8,8,10,12,13,14]
```

左右のキャビネットの先頭の要素を比較するために，以下のような if 文を使う（このコードは --snip-- を埋めない限り，まだ実行できない）．

```
if left[0] > right[0]:
  --snip--
elif left[0] <= right[0]:
  --snip--
```

左側のキャビネットの1番目の要素が右側のキャビネットの1番目の要素より小さい場合，左側のキャビネットからその要素を取り出して，newcabinet に挿入する．左と右の大小が逆

の場合は，右側を挿入する．このためには，Python の組み込みメソッドである pop() を使用して，以下のように if 文にコードを挿入すればよい．

```
if left[0] > right[0]:
    to_insert = right.pop(0)
    newcabinet.append(to_insert)
elif left[0] <= right[0]:
    to_insert = left.pop(0)
    newcabinet.append(to_insert)
```

この，左右のキャビネットの先頭の要素を比較して適切なほうを新しいキャビネットへ入れるというプロセスは，両方のキャビネットに 1 個以上ファイルが残っている限り続く．そのため，これらの if 文を while ループにネスト[8]しよう．このループは左右のキャビネットの長さの小さいほうをチェックする．両方のキャビネットに 1 個以上ファイルが残っている限り，ループはこのプロセスを続けるのだ．

```
while(min(len(left),len(right)) > 0):
    if left[0] > right[0]:
        to_insert = right.pop(0)
        newcabinet.append(to_insert)
    elif left[0] <= right[0]:
        to_insert = left.pop(0)
        newcabinet.append(to_insert)
```

左右のどちらかのキャビネットが空になると，while ループの実行が止まる．この時点で，もし左側が空であれば，右側に入っているすべてのファイルをそのままの順番で新しいキャビネットの一番後ろに挿入する．逆の場合も同様である．この最後の挿入は，以下のように書ける．

```
if(len(left) > 0):
    for i in left:
        newcabinet.append(i)

if(len(right) > 0):
    for i in right:
        newcabinet.append(i)
```

---

[8] 訳注：この場合の「ネスト」はループの中に入れ子にするという意味．

最後に，これらのスニペットをまとめれば，Python によるマージ部分のアルゴリズムは完成だ．

リスト 4.4　2 つのソートされたリストをマージする

```python
def merging(left,right):
    newcabinet = []
    while(min(len(left),len(right)) > 0):
        if left[0] > right[0]:
            to_insert = right.pop(0)
            newcabinet.append(to_insert)
        elif left[0] <= right[0]:
            to_insert = left.pop(0)
            newcabinet.append(to_insert)
    if(len(left) > 0):
        for i in left:
            newcabinet.append(i)
    if(len(right) > 0):
        for i in right:
            newcabinet.append(i)
    return(newcabinet)

left = [1,3,4,4,5,7,8,9]
right = [2,4,6,7,8,8,10,12,13,14]

newcab=merging(left,right)
```

リスト 4.4 のコードは newcab を作成する．これは，left，right のリストの要素すべてをマージによって格納した，ソート済みのリストである．print(newcab) を実行することで，マージ関数がきちんと機能していることがわかる．

マージからソートへ

マージする方法がわかれば，マージソートまでもう一歩だ．まず，2 個以下の要素を持つリストでのみ動く単純なマージソート関数を作るところから始めよう．要素が 1 個だけのリストはすでにソートされていると言え，このリストをマージソートに入力しても，出力は元のリストと変わらない．要素が 2 つのリストをマージソート関数へ入力する場合は，このリストをそれぞれ要素が 1 つの 2 つのリスト（つまりすでにソートされているリスト）に分ければ，あとはマージ関数を呼んで，これらのリストを要素が 2 つのソートされたリストにマージすることができるのだ．

そのために，以下のコードで Python 関数を定義しよう．

```
import math

def mergesort_two_elements(cabinet):
    newcabinet = []
    if(len(cabinet) == 1):
        newcabinet = cabinet
    else:
        left = cabinet[:math.floor(len(cabinet)/2)]
        right = cabinet[math.floor(len(cabinet)/2):]
        newcabinet = merging(left,right)
    return(newcabinet)
```

　このコードでは，Python のリストインデックス記法を使って，ソートしたいキャビネットを左のキャビネットと右のキャビネットに分割している．left と right を定義している部分を見てみると，インデックスを :math.floor(len(cabinet)/2) と math.floor(len(cabinet)/2): と指定していることがわかるだろう．それぞれ，オリジナルキャビネットの前半部分と後半部分を表している．この関数は，2 個以下の要素を持つ任意のリストで呼び出すことができる．例えば，mergesort_two_elements([3,1]) のようにすればよい．ソートされたキャビネットが正常に返されることが確認できるだろう．

　次に，4 個の要素を持つリストをソートする関数を書いてみよう．要素が 4 個のリストを 2 つのサブリストへ分割すれば，それぞれのサブリストは 2 個の要素を持つ．そして，これらのサブリストの結合には，先ほどのマージアルゴリズムを使うことができるのだ．しかし，マージアルゴリズムはすでにソートされた 2 つのリストを結合するためのものであった．これらのリストはソートされていない可能性があるので，マージアルゴリズムでは正しくマージできないだろう．しかし，それぞれのサブリストの要素は 2 個だけである．要素が 2 個のリストでマージソートを実行できる関数は，たった今作ったばかりだ．したがって，まず 4 個の要素のリストを 2 つのサブリストへ分割し，それらに対して 2 個の要素を持つリストで正しく動くマージソート関数を呼び出そう．その後，これらのソートされた 2 つのリストをマージすれば，4 個の要素のソートされたリストを得ることができる．そのための Python 関数は，以下のように書ける．

```
def mergesort_four_elements(cabinet):
    newcabinet = []
    if(len(cabinet) == 1):
        newcabinet = cabinet
    else:
        left = mergesort_two_elements(cabinet[:math.floor(len(cabinet)/2)])
        right = mergesort_two_elements(cabinet[math.floor(len(cabinet)/2):])
```

```
        newcabinet = merging(left,right)
    return(newcabinet)

cabinet = [2,6,4,1]
newcabinet = mergesort_four_elements(cabinet)
```

　より大きなリストで動くように，次々にこれらの関数を書き続けることもできるだろう．こ
こで，全体のプロセスを再帰を用いて書き直せばよいと気づいたときに，ブレイクスルーが
起こるのだ．mergesort_four_elements() 関数と比較しながら，リスト 4.5 の関数を確認し
よう．

リスト 4.5　再帰を用いてマージソートを実装する

```
def mergesort(cabinet):
    newcabinet = []
    if(len(cabinet) == 1):
        newcabinet = cabinet
    else:
    ❶ left = mergesort(cabinet[:math.floor(len(cabinet)/2)])
    ❷ right = mergesort(cabinet[math.floor(len(cabinet)/2):])
        newcabinet = merging(left,right)
    return(newcabinet)
```

　この関数は mergesort_four_elements() 関数に非常に似ている．決定的な違いは，ソート
された左右のキャビネットを作る部分だ．ここでは，より小さいリストで動く他の関数は呼ば
れていない．その代わりに，❶と❷で，より小さいリストを入力として自分自身を呼び出して
いる．マージソートは，分割統治アルゴリズムの一種である．まず，ソートされていない大き
なリストから始める．そして，リストをより小さなかたまりに繰り返し分割していく（分割）．
この分割は，要素が 1 個のソート（統治）されたリストになるまで繰り返される．そのあとは，
分割したリストを単に繰り返しマージするだけだ．マージは，最終的に 1 つのソートされた大
きなリストになるまで繰り返される．このマージソート関数は，どんな長さのリストでもソー
トできる．正しく動くことを確認してみよう．

```
cabinet = [4,1,3,2,6,3,18,2,9,7,3,1,2.5,-9]
newcabinet = mergesort(cabinet)
print(newcabinet)
```

　マージソートのコードをまとめると，リスト 4.6 のように書ける．

```python
def merging(left,right):
    newcabinet = []
    while(min(len(left),len(right)) > 0):
        if left[0] > right[0]:
            to_insert = right.pop(0)
            newcabinet.append(to_insert)
        elif left[0] <= right[0]:
            to_insert = left.pop(0)
            newcabinet.append(to_insert)
    if(len(left) > 0):
        for i in left:
            newcabinet.append(i)
    if(len(right) > 0):
        for i in right:
            newcabinet.append(i)
    return(newcabinet)

import math

def mergesort(cabinet):
    newcabinet = []
    if(len(cabinet) == 1):
        newcabinet=cabinet
    else:
        left = mergesort(cabinet[:math.floor(len(cabinet)/2)])
        right = mergesort(cabinet[math.floor(len(cabinet)/2):])
        newcabinet = merging(left,right)
    return(newcabinet)

cabinet = [4,1,3,2,6,3,18,2,9,7,3,1,2.5,-9]
newcabinet=mergesort(cabinet)
```

　マージソートのコードにステップカウンターを追加して，実行に何ステップ必要か測定し，その結果を挿入ソートと比較することもできるだろう．マージソートのプロセスは，入力したキャビネットをサブリストへと次々に分割する部分と，サブリスト内でソートされた状態を保ったままマージして元に戻す部分から構成される．リストを分割するたびに，長さが半分になるように切っていく．長さが n のリストを半分にしながら分割するとき，サブリストの要素が 1 個になるまでには，およそ $\log(n)$ 回（ここでの $\log$ の底は 2 である）かかる．そして，それぞれのマージの際には，最大で n 回比較する必要がある．$\log(n)$ 回のマージの際にそれぞれ n 回以下の比較が必要になるので，マージソートのステップ数は $O(n \times \log(n))$ である．この値はそれほど強力に見えないかもしれないが，実際にはソートアルゴリズムの最先端なのだ．

Python の組み込みソート関数である **sorted** は，以下のように呼び出すことができる．

```
print(sorted(cabinet))
```

　実のところ，この裏側で，Python はマージソートと挿入ソートを組み合わせたアルゴリズムを使ってソートタスクを実行しているのだ．マージソートと挿入ソートを学んだことで，コンピューターサイエンティストが今まで作り出した中で最速のアルゴリズムに追いついたと言えるだろう．このアルゴリズムは，毎日ありとあらゆる場面で何百万回も使われているものなのだ．

スリープソート

　インターネットは人類に甚大な悪影響をもたらしもしたが，時に，それをなかったことにするような，小さな輝く宝物をわれわれに与えてくれる．インターネットを介し，学術雑誌や「権威」の外の世界で科学的発見がこっそり発信されることだってある．2011 年，インターネット掲示板である 4chan の匿名の投稿者が，今までに公開されたことのないソートアルゴリズムをコードとともに発表した．そのアルゴリズムはその後，**スリープソート**と呼ばれるようになった．

　スリープソートは，現実のいかなる状況にも対応しない．ファイルをファイリングキャビネットに挿入するようなたとえは使えないのだ．もしどうしてもアナロジーが必要であれば，沈み始めているタイタニック号で救命ボートに人々を乗せるタスクを考えるとよい．このとき，まず子供や若い人々に救命ボートに乗る機会を与えて，年配の人々にはその残りを割り振ろうとするかもしれない．そこで，「若い人たちは年配の人よりも先にボートに乗るように」とアナウンスしたとしよう．皆，自分たちの年齢を比較しなくてはいけないと大混乱に陥るだろう．沈みかけの船の混乱の中で，困難なソート問題に直面してしまうのだ．

　タイタニック号の救命ボートに対するスリープソートのアプローチはこうだ．まず「みなさん，じっと立って 1 秒おきに 1, 2, 3, ... と，ご自分の年齢まで数えていってください．数え終えた人は前に出て，救命ボートへ乗り込んでください」とアナウンスする．8 歳の子は 9 歳の子よりも 1 秒早く数え終え，1 秒早くボートに乗ろうとするので，9 歳の子より先にボートの席を確保できるだろう．9 歳の子は同じようにして，10 歳の子より先にボートに乗ることができる．より年上の人々も同様である．これは，ソートに使いたいメトリック（年齢）に比例する時間だけ待ち，その後自分自身をリスト（救命ボート）に挿入していくという，いわば個人の能力だけを頼りにして，値の比較をまったく伴わないアルゴリズムである．そして，比較をしないにもかかわらず，ソートは適切に完了するだろう．

　このタイタニック号の救命ボートのプロセスは，スリープソートの考え方を表している．すなわち，スリープソートでは，それぞれの要素は自分自身をリストに挿入できる．ただし，そ

れはソートに用いられるメトリックに比例する時間だけ停止したあとでなければならない．プログラミングの世界では，これらの一時停止はスリープと呼ばれ，ほとんどの言語で実装することができる．

Python では，以下のようにしてスリープソートを実装できる．まず，threading モジュールをインポートしよう．これによって，リストの各要素に対して，自らスリープして自分自身をリストに挿入するための，別々の計算処理を割り当てることができる．さらに，time.sleep() 関数もインポートしよう．これにより，個々の**スレッド**[9]を適切な時間だけスリープ状態にすることができる．

```python
import threading
from time import sleep

def sleep_sort(i):
    sleep(i)
    global sortedlist
    sortedlist.append(i)
    return(i)

items = [2, 4, 5, 2, 1, 7]
sortedlist = []
ignore_result = [threading.Thread(target = sleep_sort, args = (i,)).start() \
                 for i in items]
```

ソートされたリストは sortedlist 変数に格納される．ignore_result は，名前のとおり無視すればよいリストである．スリープソートの利点の 1 つは，Python で簡潔に書けることだ．ソートが終わる前（この場合はおよそ 7 秒未満）に sortedlist 変数を表示してみると面白いだろう．print コマンドを実行したタイミングによって，異なるリストが表示されるのだ．

しかし，スリープソートには大きな欠点がいくつかある．そのうちの 1 つは，負の長さの時間スリープすることは不可能なので，スリープソートは負の要素を持つリストをソートできないことである．もう 1 つの欠点は，スリープソートの実行時間がリスト内の極端に大きい値に強く依存することである．もし 1,000 という値がリストに含まれると，アルゴリズムの実行が完了するまでに，少なくとも 1,000 秒待つ必要があるのだ．さらなる別の欠点は，全要素のスレッドが完全な同時並列で実行されない場合，近い数字同士が間違った順番でリストに挿入される可能性があることだ．最後に，スリープソートはスレッドを使用するため，スレッドを（き

---

[9] 訳注：コンピューターの命令が順番に並んでいるもの．この例では，要素分のスレッドを作成し，並行して処理する．ここで言う並行処理とは，複数のスレッドをある期間の中で並行して処理することである．この例で通常行われるように，個々のスレッドの処理を並行して交互に少しずつ実行するケースも含み，各々をある時点で同時に並列で実行する並列処理とは異なる概念である．

ちんと）有効に処理できないハードウェアやソフトウェアでは，（きちんと）実行することができない．

　スリープソートの計算量をビッグオー記法で表すとすれば，それは $O(\max(\mathrm{list}))$ であろう．他のよく知られたソートアルゴリズムとは異なり，スリープソートの実行時間はリストの長さではなく，リストに含まれる要素の値の大きさによって決まる．この性質のせいで，スリープソートの信頼性は低くなっている．特定のリストでのパフォーマンスしか保証できないためである．短いリストであっても，大きすぎる値を含む場合には，ソートに非常に時間がかかるのだ．

　スリープソートが実用される場面は永遠にないかもしれない．たとえ沈みかけの船であってもだ．しかし，本書で紹介したのには，たくさんの理由がある．1番目は，スリープソートが他のすべての現存するソートアルゴリズムとはまったく異質だからである．スリープソートは，ずっと変化のない古い研究分野であっても，創造と革新の余地が残されていることに気づかせてくれ，一見狭く見える分野にまったく新しい視点を与えている．2番目は，スリープソートが匿名で公開されたこと，そしておそらく研究や実践の主流にはいない誰かによって設計されたものだからである．素晴らしい思考の持ち主や天才は，有名な大学や権威のある論文誌，トップ企業だけに存在するのではなく，知名度や高い評価を持たない人々の中にも存在することを教えてくれるのだ．3番目は，スリープソートが「現代のコンピューターにネイティブな」新しい世代のアルゴリズムを見事に代表しているからである．ネイティブというのは，多くの古いアルゴリズムがそうであるような，ファイリングキャビネットを使って実行するタスクの翻訳ではなく，本質的にコンピューターに固有の能力（この場合はスリープとスレッド）に基づいているという意味である．4番目は，スリープソートがもとにしているコンピューターネイティブなアイデア，すなわちスリープとスレッドは，非常に便利であり，他のアルゴリズムの設計のためにわれわれのツールボックスに加える価値があるものだからだ．そして5番目は，著者がスリープソートに対して特異な愛着を持っているからだ．それは，スリープソートが奇妙で，創造的なミスマッチに基づくものだからかもしれないし，その自発的秩序形成に基づく手法が好きだからかもしれない．あるいは，万が一沈みかけの船で人命救助する役目を仰せつかった場合に使えるという事実のおかげかもしれない．

ソートから探索へ

　「探索」はソートと同じように，コンピューターサイエンス分野におけるさまざまなタスクの基礎となっている．それはわれわれの生活全般においても同様だ．電話帳で名前を検索したいと思うかもしれないし，（2000年以降の世界に暮らしているので）データベースにアクセスして興味のあるレコードを見つける必要があるかもしれない．

　多くの場合，探索は単にソートの結果に過ぎない．つまり，リストをソートすることができれば探索はできたも同然である．難しい部分は，たいていソートなのだ．

2 分探索

　2 分探索は，ソートされたリストの要素を探索する速くて効果的な手法だ．その仕組みは推測ゲームに少し似ている．友人が 1 から 100 までのどれかの数字を思い浮かべていて，あなたはその数字を推測するとしよう．まず，数字を 50 と推測する．友人は 50 は正しくないと言うが，あるヒントとともにもう一度推測させてくれる．50 は大きすぎる，と教えてくれるのだ．50 は大きすぎるので，あなたは 49 と推測する．再び正しくなく，友人は 49 も大きすぎると言い，もう一度推測のチャンスをくれる．次は 48，その次は 47 と推測し，これを正しい答えにたどり着くまで続けることができる．しかし，このやり方では長い時間かかってしまう可能性がある．もし正しい答えが 1 なら，その答えにたどり着くまで 50 回も推測しなくてはならないのだ．もともと答えになる可能性のある数字は 100 個しかないことを考えると，50 回という回数は多すぎるように見える．

　もっと良い方法は，推測した数字が大きすぎたり，小さすぎたりするとわかったあとに，次に推測する数字をもっと大きく変えることだ．もし 50 が大きすぎるなら，次に 49 ではなく 40 と推測したときに何がわかるかを考えてみよう．もし 40 が小さすぎるならば，39 個の可能性（1〜39）を除外できたことになる．そして，最大でもあと 9 回（41〜49）推測すれば必ず正しい答えにたどり着ける．もし 40 が大きすぎるならば，少なくとも 9 個の可能性（41〜49）を除外できたことになる．そして，最大でもあと 39 回（1〜39）推測すれば必ず正しい答えにたどり着ける．40 と推測することによって，最悪の場合でも可能性のある答えを 49 個（1〜49）から 39 個（1〜39）まで減らすことができるのだ．先の例のように 49 と推測すると，（それが答えではなかった場合）可能性を 49 個（1〜49）から 48 個（1〜48）までしか減らせない．40 と推測するほうが 49 と推測するよりも明らかに効率的な探索戦略なのだ．

　最も効率的な探索戦略は，答えとなる可能性のある残された数字のちょうど真ん中の数字を推測することだ．そうすれば，その推測が大きすぎるか小さすぎるかをチェックすることで，常に残りの可能性の半分を除外することができる．もし 1 回の推測ごとに可能性の半分を除外できれば，非常に速く（気になる読者のために付け加えておくと，計算量は $O(\log(n))$ である）正しい答えにたどり着くことができる．例えば，1,000 個の要素を持つリストの場合，2 分探索を使うと，たった 10 回の推測でどんな要素でも見つけられるのだ．もし 20 回推測できるなら，100 万個以上の要素を持つリストでも任意の要素の位置を正確に見つけられる．ちなみに，20 個程度の質問で正しく「心を読む」ことができる推測ゲームアプリを作れるのは，この理屈のおかげである．

　2 分探索を Python で実装するために，まずはファイリングキャビネット[10]の中でファイルを探索する上限と下限を定義しよう．下限は 0 となるだろう．そして上限はキャビネットに含まれるファイル数だ．

---

[10] 訳注：このファイリングキャビネットは昇順にソート済みである．

```
sorted_cabinet = [1,2,3,4,5]
upperbound = len(sorted_cabinet)
lowerbound = 0
```

　まず，目的のファイルがキャビネットの真ん中にあると推測しよう．中間点を推測すると，最大限の情報を得られるからだ．真ん中の位置を求めるためには，Python の math モジュールをインポートし，floor() 関数を使う．これは小数を整数に変換する関数だ．

```
import math
guess = math.floor(len(sorted_cabinet)/2)
```

　次に，キャビネット内の推測した位置（この場合は中間点）にあるファイルの番号が，探索している番号より小さいか大きいかをチェックしよう．そして，その結果に応じてそれぞれ異なる操作を行う．探索する値を表す変数として looking_for を使おう．

```
if(sorted_cabinet[guess] > looking_for):
  --snip--
if(sorted_cabinet[guess] < looking_for):
  --snip--
```

　もし，キャビネット内の推測した位置にあるファイルの番号が探索している番号より大きいなら，このファイルの位置を新しい上限にしよう．これより大きい位置にあるキャビネットのファイルは探す必要がないからだ．上限を小さくすれば，新しく推測する位置はより小さい値になる．具体的には，現在推測している位置と下限の中間点となる．

```
looking_for = 3
if(sorted_cabinet[guess] > looking_for):
    upperbound = guess
    guess = math.floor((guess + lowerbound)/2)
```

　キャビネット内の推測した位置にあるファイルの番号が探索している番号より小さい場合も，同様のプロセスに従えばよい．

```
if(sorted_cabinet[guess] < looking_for):
    lowerbound = guess
    guess = math.floor((guess + upperbound)/2)
```

最後に，これらのコードを合わせて binarysearch() 関数を完成させよう．この関数に含まれる while ループは，探しているファイルのキャビネット内の位置を見つける[11]まで実行を繰り返すループである．

リスト 4.7　2 分探索を実装する

```python
import math
sortedcabinet = [1,2,3,4,5,6,7,8,9,10]

def binarysearch(sorted_cabinet,looking_for):
    guess = math.floor(len(sorted_cabinet)/2)
    upperbound = len(sorted_cabinet)
    lowerbound = 0
    while(abs(sorted_cabinet[guess] - looking_for) > 0.0001):
        if(sorted_cabinet[guess] > looking_for):
            upperbound = guess
            guess = math.floor((guess + lowerbound)/2)
        if(sorted_cabinet[guess] < looking_for):
            lowerbound = guess
            guess = math.floor((guess + upperbound)/2)
    return(guess)

print(binarysearch(sortedcabinet,8))
```

このコードの最終的な出力は，8 が sorted_cabinet の位置 7 にあることを示している．これは正しい結果だ（Python リストのインデックスは 0 から始まることを思い出してほしい）．残りの可能性の半分を除外しながら推測を繰り返すこの戦略は，さまざまな分野で役に立つ．例えば，以前人気のあったボードゲームの Guess Who[12]に勝つための最も効率的な戦略は，概ねこの戦略を基礎としている．そして，分厚い辞書から単語を見つけるための（理論的に）最も効率的な方法でもあるのだ．

2 分探索の応用例

2 分探索は，推測ゲームや単語検索以外の分野でも使われている．例えば，2 分探索のアイデアは，コードをデバッグするときに使える．書いたコードが動かず，どの部分に問題があるかわからないとしよう．問題のある行を見つけるために，2 分探索の戦略を使えるのだ．コードを

---

[11] 訳注：binarysearch() 関数では，探索する値と要素の値の差の絶対値が 0.0001 以下になるとループを抜ける．リストの要素または探索する値が小数の場合は，探索する値との差が ±0.0001 以下になる値の 1 つを見つけていることになる．

[12] 訳注：「メガネをかけていますか？」など外見的特徴について質問し，「はい」「いいえ」の答えから，相手のキャラクターを推測するボードゲーム．

半分に分割し，それぞれを別々に実行する．（バグは 1 か所として）正しく動かないほうに問題が含まれているのだ．そして，再び問題が含まれているほうのコードを半分にし，それぞれをテストして可能性をさらに狭めるのだ．これを問題のある行を見つけるまで繰り返す．これと同様のアイデアが，コードのバージョンコントロールの有名なソフトウェアである Git に，git bisect として実装されている．git bisect はコードのどのバージョンに問題があるかを探索するコマンドだ．したがって，このコマンドは，1 つのバージョンの行を繰り返し分割するのではなく，時系列に並べられたバージョン群を繰り返し分割する．

　他の 2 分探索の応用例の 1 つは，数学関数の逆関数を求めることである．例えば，与えられた値の arcsin，つまり sin の逆関数を計算する関数を書くことを考えよう．先ほどの binarysearch() 関数を呼び出して正しい答えを計算する関数をほんの数行で書くことができる．まず，値域リストを定義しよう．これは特定の arcsin の値を求めるために探索する値のリストである．sin 関数は周期性があり，$-\pi/2$ から $\pi/2$ の間に，この関数がとりうるすべての値をとる．よって，これらの両端の間の値で arcsin 関数の値域リストを構成する．次に，値域リスト内のそれぞれの値に対して sin の値を計算する．そして，sin のリストで binarysearch() 関数を呼び出し，探索している値となる要素の位置[13]を求める．これは sin が探索している値と等しくなる値の位置を表すので，その位置に対応する値域リストの値を返せばよい．コードは以下のようになる．

```python
def inverse_sin(number):
    domain = [x * math.pi/10000 - math.pi/2 for x in list(range(0,10000))]
    the_range = [math.sin(x) for x in domain]
    result = domain[binarysearch(the_range,number)]
    return(result)
```

　inverse_sin(0.9) を実行すると，この関数が正しい答え（およそ 1.12）を返すことがわかる．

　この方法以外でも逆関数を求めることができる．そして，解析的に逆関数を求めることができる関数も存在する．しかし，多くの関数では，解析的に逆関数を求めることは難しく，不可能な場合すらある．ここで紹介した 2 分探索を用いる方法は，どんな関数でも使える．さらに，計算量が $O(\log(n))$ なので，非常に高速でもあるのだ．

---

[13] 訳注：リスト 4.7 にあるように，sin の値の誤差 0.0001 を許容している．

まとめ

　ソートと探索はいかがだっただろうか．まるで，世界中を冒険して回る旅の途中でひと休みして，洗濯物の畳み方を学ぶセミナーに参加したような感じで，つまらなく思ったかもしれない．しかし，衣服を小さく畳めるようになれば，キリマンジャロへ登るときにより多くの装備品を持っていけるのだ．ソートと探索のアルゴリズムは，可能性を広げてくれるものだ．これらをもとにして，より新しく素晴らしいものを作り上げることができる．それに加えて，ソートと探索は詳しく調べる価値がある．これらは一般的に使われている基本のアルゴリズムであり，ここで使われているアイデアは，これからの生活をより知的にするのに役に立つからだ．この章では，基本的で興味深いソートアルゴリズムと 2 分探索について学んだ．さらに，アルゴリズムを比較する方法とビッグオー記法の使用法についても学んだ．

　次の章では，数学分野への応用について学ぶ．アルゴリズムを使って数学の世界を旅する方法と，数学の世界がわれわれの世界の理解にどのように役立つのかを見ていこう．

5

数学に現れるアルゴリズム

　アルゴリズムの高精度な性質は，数学分野への応用に適している．この章では数学分野で役立つアルゴリズムについて説明し，数学的なアイデアがどのようにアルゴリズムの改良に役立つかについても見ていこう．まず，連分数についての説明から始めよう．これは厳密なトピックである．目が眩むような無限の世界へわれわれを導き，混沌の中に秩序を見出す力を与えてくれるのだ．続いて，平方根について説明する．連分数のような目新しさはないかもしれないが，間違いなくより役立つトピックだ．最後に，ランダム性について説明する．ランダム性についての数学や，乱数を生成するための重要なアルゴリズムも紹介しよう．

連分数

　1597 年，偉大なヨハネス・ケプラーは，彼が幾何学の「2 つの偉大な宝」と考えるものについて記した．その 2 つとは，ピタゴラスの定理と，それ以来**黄金比**と呼ばれるようになった数字である．黄金比はギリシア文字のファイ（ϕ）で表されることが多く，その値はおよそ 1.618 である．ケプラーはそれに魅了された数十人の偉大な思想家の 1 人であった．円周率 π や自然指数関数の底 e といった他の有名な定数と同じように，ϕ は予期しない場所に突然現れる傾向がある．ϕ は自然界のさまざまな場所で発見され，美術品の中に現れた際には入念に記録されてきた．図 5.1 の注釈付きの「鏡のヴィーナス」はその一例である．

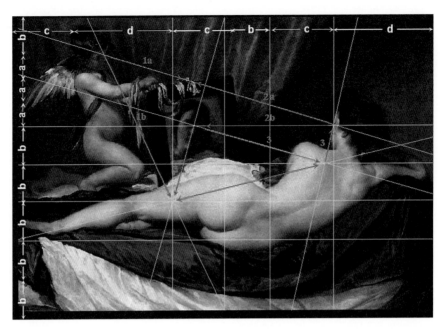

図5.1　ϕ とヴィーナス（https://commons.wikimedia.org/wiki/File:DV_The_Toilet_of_Venus_Gr.jpg より）

　図5.1 は，とある ϕ の愛好家が絵に直線を重ねて，それらの長さの比のいくつか（図中の b/a や d/c など）が ϕ に等しく見えることを示したものだ．多くの優れた絵画は，このような ϕ 探しに適した構図を持っているのだ．

ϕ の圧縮と伝達

　ϕ の正確な値を表現することは驚くほど難しい．1.61803399⋯ に等しい，と言うこともできるだろう．ここでの省略記号 "⋯" は，誤魔化して表現する方法の一種だ．これはさらに数字が続くこと（この場合，実は無限個の数字が続く）を意味する．しかし，これらの数字がいくつなのかについてはまだ説明していない．あなたはまだ ϕ の正確な値を知らないのだ．

　無限に小数が続く数字の中には，分数を使って正確に表すことができるものがある．例えば，0.11111⋯ は 1/9 に等しい．分数は無限に続く小数を簡単に正しく表すことができるのだ．もし分数での表し方を知らなかったとしても，0.11111⋯ に 1 が繰り返されるパターンが存在することに気づけば，その正確な値を理解することができるだろう．しかし，残念ながら，黄金比は無理数と呼ばれる数である．これは，$\phi = x/y$ と表せるような 2 つの整数 x, y が存在しないことを意味する．そしていまだかつて誰もその数字の並びにいかなるパターンも見出せていないのだ．

　ϕ は分数で表すことができず，明らかなパターンを持たない無限小数なのだ．ϕ の正確な値

を明確に表すことは，不可能に見えるかもしれない．しかし，ϕ についてさらに学べば，それを正しく，かつ簡潔に表す方法を見つけることができるのだ．ϕ についてわれわれが知っていることの 1 つは，それが以下の方程式の解であるということだ．

$$\phi^2 - \phi - 1 = 0$$

ϕ の正確な値を表現する方法として思いつくものの 1 つは，「上記の方程式の解」を書くことである．これは簡潔で技術的に正確であるという利点があるものの，同時に方程式を何らかの方法で解く必要があることを意味する．そして，この表現方法では，ϕ を小数展開した値の 200 番目や 500 番目の数字が何かは（簡単には）わからないのだ．

上記の方程式を ϕ で割ると，以下のように変形される．

$$\phi - 1 - \frac{1}{\phi} = 0$$

これをさらに整理すると，以下のようになる．

$$\phi = 1 + \frac{1}{\phi}$$

ここで，この方程式の一部を奇妙にも方程式自身を使って置き換えてみるとどうなるか考えてみよう．

$$\phi = 1 + \frac{1}{\phi} = 1 + \frac{1}{1 + \dfrac{1}{\phi}}$$

右辺の ϕ を $1 + 1/\phi$ で書き換えたわけである．これと同じ置換をもう一度実行できる．やってみよう．

$$\phi = 1 + \frac{1}{\phi} = 1 + \frac{1}{1 + \dfrac{1}{\phi}} = 1 + \cfrac{1}{1 + \cfrac{1}{1 + \dfrac{1}{\phi}}}$$

この置換は好きなだけ実行できる．終わりはないのだ．置換を続けるにつれて，ϕ はますます深い階層に入り込みながら，どんどん増える分数の端に押し込まれていくのだ．式 (5.1) は ϕ を 7 階層目まで押し込んだ分数で ϕ 自身を表したものである．

$$\phi = 1 + \cfrac{1}{1 + \cfrac{1}{1 + \cfrac{1}{1 + \cfrac{1}{1 + \cfrac{1}{1 + \cfrac{1}{1 + \cfrac{1}{\phi}}}}}}} \tag{5.1}$$

このプロセスを続けていくと，ϕ を無限の深さまで押し込むことができるだろう．すると，式 (5.2) のように書ける．

$$\phi = 1 + \cfrac{1}{1 + \cfrac{1}{1 + \cfrac{1}{1 + \cfrac{1}{1 + \cfrac{1}{1 + \cfrac{1}{1 + \cfrac{1}{1 + \cdots}}}}}}} \tag{5.2}$$

理論的には，式 (5.2) において省略記号によって表されている無限に続く 1 とプラス記号と分数線のあとには，式 (5.1) の右下に現れているように，ϕ を挿入する必要がある．しかし，この無限に続く 1 には終わりがない．それゆえ，右辺の内側に入れ子になって現れるはずの ϕ を完全に忘れることができるのだ．

さらに連分数について

先ほど示した表現方法は連分数と呼ばれるものだ．連分数は複数の階層に入れ子になった足し算と逆数で構成される．連分数は，7 階層で終わる式 (5.1) のように有限のものもあるし，式 (5.2) のように終わりがなく永遠に続く無限のものもある．連分数はここでの目的に特に有効である．なぜなら，連分数を使うことで，必要な紙を製造するために無限に木を切り倒し続けていくつもの森を消滅に追いやることなく，ϕ の正確な値を表現できるからだ．実のところ，数学者はさらに簡潔な表記法を用いることもある．これによって連分数をシンプルに 1 行で表せるのだ．連分数に含まれるすべての分数線を書き出す代わりに，角かっこ（[ ]）によって連分数を扱っていることを表し，セミコロンを使って「単独」の数字を分数に含まれる他の数字と区別するのだ．この表記法を用いると，ϕ を表す連分数は以下のように書ける．

$$\phi = [1; 1, 1, 1, 1, \ldots]$$

この表記法では，省略記号はいかなる情報も省略していない．ϕ を表す連分数は明らかなパターンを持つからだ．つまり，すべての要素は 1 であるので，100 番目や 1,000 番目の数字も正確にわかることになる．これは，数学者たちがわれわれに与えてくれた奇跡の 1 つである．それまで無限でパターンがなく，書き表すことが不可能だと思っていた数字を簡潔に記す方法なのだ．しかし，ϕ だけが連分数ではない．以下のように他の連分数も書くことができる．

$$謎の数字 = [2; 1, 2, 1, 1, 4, 1, 1, 6, 1, 1, 8, \ldots]$$

この場合は，最初の数桁のあとにシンプルなパターンが見つかる．2 つの 1 が，増加していく偶数と交互に現れるのだ．このあとは，$1, 1, 10, 1, 1, 12$ と続く．この連分数の初めの部分は，より一般的な方法では以下のように書ける．

$$\text{謎の数字} = 2 + \cfrac{1}{1 + \cfrac{1}{2 + \cfrac{1}{1 + \cfrac{1}{1 + \cfrac{1}{4 + \cfrac{1}{1 + \cfrac{1}{\cdots}}}}}}}$$

　実は，この謎の数字はわれわれがよく知っている e，つまり自然対数の底なのだ！ 定数 e は，ϕ や他の無理数と同様に，有限の分数で表すことができず，明らかなパターンがない無限の小数展開を持つ．それゆえ，その正確な値を簡潔に表すことは不可能に見えた．しかし，新しく学んだ連分数という概念と簡潔な表記法を使えば，これらの明らかに扱いにくい数字を 1 行で書き表すことができるのだ．連分数を使って π を表すための素晴らしい方法もいくつか存在する．これはデータ圧縮の勝利である．そして，秩序と混沌の長年にわたる戦いにおける勝利でもあるのだ．愛する数字たちを支配する混沌を地道に攻略していくしかないと思えたケースでも，水面下では常に深い秩序が存在することを見つけたのだ．

　ϕ を表す連分数は，ϕ に特有の方程式から導出したものである．しかし，実はどんな数字でも連分数を作り出すことが可能なのだ．

連分数を作成する

　任意の数字を連分数展開するためにアルゴリズムを用いる．

　最も簡単なのは，すでに整数の分数で表されている数を連分数展開することだ．例えば，105/33 を連分数展開することを考えよう．目的は，この数を以下のような形で表すことである．

$$\frac{105}{33} = a + \cfrac{1}{b + \cfrac{1}{c + \cfrac{1}{d + \cfrac{1}{e + \cfrac{1}{f + \cfrac{1}{g + \cfrac{1}{\cdots}}}}}}}$$

ここでは，省略記号は無限ではなく有限の繰り返しを表している．ここで用いるアルゴリズムは，初めの数字である a，そして b，次に c と，アルファベット順に最後の項まで，または終了を指示するまで，これらの値を順次求めていく．

　もし 105/33 の例を，分数の問題の代わりに割り算の問題として捉えると，105/33 は 3 余り 6 となる．よって，105/33 は $3 + 6/33$ と書き直すことができる．

$$3 + \frac{6}{33} = a + \cfrac{1}{b + \cfrac{1}{c + \cfrac{1}{d + \cfrac{1}{e + \cfrac{1}{f + \cfrac{1}{g + \cfrac{1}{\cdots}}}}}}}$$

　この方程式の左辺と右辺は，両方とも整数（3 と a）と 1 より小さい分数（6/33 と右辺の残りの項）で構成されている．整数部分は等しいと結論付けることができるので，$a = 3$ となる．a を求めたら，次は右辺の分数部分が 6/33 と等しくなるように，適切な $b, c, \ldots$ を求める必要があるのだ．

　正しい b, c および残りの値を求めるために，$a = 3$ と結論付けたあとに何を解けばよいか見てみよう．

$$\frac{6}{33} = \cfrac{1}{b + \cfrac{1}{c + \cfrac{1}{d + \cfrac{1}{e + \cfrac{1}{f + \cfrac{1}{g + \cfrac{1}{\cdots}}}}}}}$$

　この方程式の両辺の逆数をとると，以下の方程式を得る．

$$\frac{33}{6} = b + \cfrac{1}{c + \cfrac{1}{d + \cfrac{1}{e + \cfrac{1}{f + \cfrac{1}{g + \cfrac{1}{h + \cfrac{1}{\cdots}}}}}}}$$

　今求めたいのは b, c である．ここで再び割り算をすることができるのだ．33/6 は 5 余り 3 であるから，33/6 は 5 + 3/6 と書き直せる．

$$5 + \frac{3}{6} = b + \cfrac{1}{c + \cfrac{1}{d + \cfrac{1}{e + \cfrac{1}{f + \cfrac{1}{g + \cfrac{1}{h + \cfrac{1}{\cdots}}}}}}}$$

この方程式は，両辺とも整数（5 と b）と 1 より小さい分数（3/6 と右辺の残りの項）で構成されていることがわかるだろう．両辺の整数部分は等しいと結論付けられるので，$b = 5$ となる．これでもう 1 つアルファベットの値を求めることができた．さらに 3/6 を簡略化（通分）して先に進もう．もし，3/6 が 1/2 に等しいとすぐにわからなければ，6/33 と同じように考えればよい．3/6 をその逆数を使って表すと 1/(6/3) となり，6/3 は 2 余り 0 である．このアルゴリズムは余りが 0 になれば完了となるので，これでプロセスは終わりだ．完全な連分数は式 (5.3) のように書ける．

$$\frac{105}{33} = 3 + \cfrac{1}{5 + \cfrac{1}{2}} \tag{5.3}$$

商と余りを得るために 2 つの整数を繰り返し割り算していくプロセスを思い出したとすれば，それは当然のことだ．実のところ，これは第 2 章で学んだユークリッドの互除法で用いられるプロセスと同じものなのだ！2 つのアルゴリズムは同じステップを繰り返すが，それぞれ異なる部分を記録していく．ユークリッドの互除法では，0 ではない最後の余りを最終的な解として記録した．一方，連分数を生成するアルゴリズムでは商（アルファベット文字）をすべて記録していくのだ．数学ではよくあることだが，予期しなかった関係を見つけたのだ．この場合は，連分数を生成するアルゴリズムと最大公約数を求めるアルゴリズムの関係である．

この連分数の生成アルゴリズムは，Python では以下のように実装できる．まず，x/y と表される分数から始めるとしよう．x と y のうち大きい数と小さい数をそれぞれ確認する．

```
x = 105
y = 33
big = max(x,y)
small = min(x,y)
```

次に，105/33 の場合と同様にして，2 つの数のうちの大きい数を小さい数で割った商を求める．商は 3 で余りが 6 となるので，3 が連分数の最初の項（a）であると結論付けられる．以下のように，この商を結果に保存しよう．

```
import math
output = []
quotient = math.floor(big/small)
output.append(quotient)
```

この方法により，必要なすべてのアルファベット（a, b, c など）を求めることができる．まず空のリスト output を用意し，最初の結果を追加する．

最後に，33/6 の場合と同様に，このプロセスを繰り返す必要がある．33 は 1 つ前のステップでは小さいほうの数だったことに注意してほしい．現在のステップでは 33 は大きいほうの数で

あり，1つ前のステップでの余りが新しい小さいほうの数なのだ．余りは常に除数よりも小さいため，大小関係は常に正しく決定される．この大小関係の変遷は，Python で以下のように書くことができる．

```
new_small = big % small
big = small
small = new_small
```

　ここまでで，アルゴリズムの1ステップを完成させた．このステップを次の数のペア（33と6）について繰り返す必要がある．このプロセスを簡潔にするためには，リスト 5.1 のようにループの中に入れればよい．

リスト 5.1　分数を連分数として表す

```
import math
def continued_fraction(x,y,length_tolerance):
    output = []
    big = max(x,y)
    small = min(x,y)
    while small > 0 and len(output) < length_tolerance:
        quotient = math.floor(big/small)
        output.append(quotient)
        new_small = big % small
        big = small
        small = new_small
    return(output)
```

　この関数では，x, y のほか，`length_tolerance` を入力として受け取る．連分数の中には長さが無限になるものや，非常に長いものがあることに注意してほしい．`length_tolerance` 変数を関数に取り入れることで，出力が扱いにくくなった場合にプロセスを打ち切り，無限ループを避けることができるのだ．

　ユークリッドの互除法を作成した際に，再帰を用いたことを思い出してほしい．ここでは while ループを用いている．再帰はユークリッドの互除法に適していた．一番最後の出力だけが必要だったからだ．しかし，今度は各割り算の商をすべてリストに順番に記録していく必要がある．このように順番に値を記録していく場合には，再帰よりループのほうが都合が良い．

　先ほどの `continued_fraction` 作成関数を実行してみよう．

```
print(continued_fraction(105,33,10))
```

　以下のシンプルな出力が得られる．

式 (5.3) の右辺の求めたい整数と同じ数字が出力されていることがわかるだろう.

出力される連分数が対象の数を正確に表しているかどうかを確認したいと思うかもしれない. そのためには, `get_number()` 関数を定義する必要がある. これは連分数を小数へ変換する関数であり, リスト 5.2 のように書ける.

リスト 5.2 　連分数を小数へ変換する

```
def get_number(continued_fraction):
    index = -1
    number = continued_fraction[index]

    while abs(index) < len(continued_fraction):
        next = continued_fraction[index - 1]
        number = 1/number + next
        index -= 1
    return(number)
```

連分数をチェックするために用いるだけなので, この関数の詳細は気にしないことにしよう. 連分数を作成する関数が正しく動くか確認しよう. `get_number([3,5,2])` を実行して 3.181818··· と出力されればよい. この値は 105/33 (もともとの入力の値である) を他の書き方で表したものである.

小数から連分数へ

x/y を連分数作成アルゴリズムの入力にする代わりに, 1.4142135623730951 のような小数を入力にする場合はどうすればよいだろうか. いくつか修正を加える必要があるが, 分数から始める場合とおおよそ同じようなプロセスに従えばよい. 目的は先ほどと同じで, 以下のような方程式内の a 以下のアルファベットを求めることである.

$$1.4142135623730951 = a + \cfrac{1}{b + \cfrac{1}{c + \cfrac{1}{d + \cfrac{1}{e + \cfrac{1}{f + \cfrac{1}{g + \cfrac{1}{\cdots}}}}}}}$$

a を求めるのは簡単だ. 小数の小数点より左側の整数部分である. 以下のように, この値を `first_term` (方程式内の a) と定義し, 残りの値を `leftover` とする.

```
x = 1.4142135623730951
output = []
first_term = int(x)
leftover = x - int(x)
output.append(first_term)
```

以前と同様に，求めた解を順番に output という名前のリストに保存していく．

a を求めたら，次は残りの部分だ．この残りを表す連分数を求める必要がある．

$$0.4142135623730951 = \cfrac{1}{b + \cfrac{1}{c + \cfrac{1}{d + \cfrac{1}{e + \cfrac{1}{f + \cfrac{1}{g + \cfrac{1}{\cdots}}}}}}}$$

前に見たように，この両辺の逆数をとることができる．

$$\frac{1}{0.4142135623730951} = 2.4142135623730945 = b + \cfrac{1}{c + \cfrac{1}{d + \cfrac{1}{e + \cfrac{1}{f + \cfrac{1}{g + \cfrac{1}{\cdots}}}}}}$$

次の項 b は，この新しい項の小数点の左側の整数部分（この場合は 2）となる．そして，このプロセスを繰り返すのだ．小数部分の逆数をとり，小数点より左側の整数部分を求め，さらに残りの小数部分の逆数をとる，というように．

Python では，各ステップを以下のように書くことができる．

```
next_term = math.floor(1/leftover)
leftover = 1/leftover - next_term
output.append(next_term)
```

全体のプロセスをまとめて 1 つの関数にしたものが，リスト 5.3 である．

リスト 5.3　小数を連分数へ変換する

```
def continued_fraction_decimal(x,error_tolerance,length_tolerance):
    output = []
    first_term = int(x)
```

```
        leftover = x - int(x)
    output.append(first_term)
    error = leftover
    while error > error_tolerance and len(output) <length_tolerance:
        next_term = math.floor(1/leftover)
        leftover = 1/leftover - next_term
        output.append(next_term)
        error = abs(get_number(output) - x)
    return(output)
```

ここでも，以前と同様に `length_tolerance` 項を用いる．さらに，`error_tolerance` 項を追加した．これにより，求めたい正確な値に「十分近い」近似が得られたときにアルゴリズムを終了できる．十分近い値が得られたかどうかを確認するために，連分数に変換して近似しようとしている x と，これまでに求めた連分数を小数で表した値の差をとろう．小数を求めるためには，リスト 5.2 の `get_number()` 関数をそのまま使えばよい．

以下のように，新しい関数を試すことは簡単だ．

```
print(continued_fraction_decimal(1.4142135623730951,0.00001,100))
```

出力は以下のようになる．

```
[1, 2, 2, 2, 2, 2, 2, 2]
```

出力の連分数は，次式のように書き表すことができる（ここでは「近似的に等しい」を意味する等号を使った．今求めた連分数は小さな誤差を含む近似である．無限に続く連分数の項をすべて計算する時間はないのだ）．

$$1.4142135623730951 \approx 1 + \cfrac{1}{2 + \cfrac{1}{2 + \cfrac{1}{2 + \cfrac{1}{2 + \cfrac{1}{2 + \cfrac{1}{2 + \cfrac{1}{2}}}}}}}$$

右辺の分数部分には，2 だけが斜めに並んでいることがわかるだろう．無限展開部分がすべて 2 となる無限連分数の初めの 7 項を求めたわけだ．この連分数展開は，$[1, 2, 2, 2, 2, \ldots]$ と書ける．これは $\sqrt{2}$ の連分数展開である．$\sqrt{2}$ もまた整数からなる分数で表せず，小数の数字の並びにパターンを持たない無理数のうち，覚えやすい連分数として表せるものの 1 つである．

分数から累乗根へ

もし連分数に興味を持ったなら，シュリニヴァーサ・ラマヌジャンについて調べることをお勧めする．彼はその短い人生の中で，無限の果てまで思考の旅をし，そこから宝物を持ち帰ってくれたのだ．連分数のほかにも，ラマヌジャンは**多重平方根**（多重根号としても知られる）に興味を持っていた．例えば，以下の3つの無限多重根号について考えてみよう．

$$x = \sqrt{2 + \sqrt{2 + \sqrt{2 + \cdots}}}$$

$$y = \sqrt{1 + 2 \times \sqrt{1 + 3 \times \sqrt{1 + 4 \times \sqrt{1 + \cdots}}}}$$

$$z = \sqrt{1 + \sqrt{1 + \sqrt{1 + \cdots}}}$$

これらはそれぞれ，$x = 2$（これは昔誰かが発見した），$y = 3$（ラマヌジャンが証明した）であり，z は ϕ つまり黄金比にほかならないのだ．Python で多重根号表現を作成する方法について考えてみてほしい．無限の長さの平方根が興味深いことは明らかだが，平方根それ自身だけでも興味深いものなのだ．

平方根

われわれは電卓を当たり前のものだと思っているが，電卓ができることを考えると，実は非常に素晴らしいものであることがわかる．例えば，幾何の授業で，正弦を三角形の辺の長さで定義したことを覚えているだろうか．角の反対側の辺の長さを斜辺の長さで割った値[1]が正弦である．しかし，正弦がこのように定義されているとして，電卓についている sin ボタンを押したときに，この計算はどのように瞬時に実行されているのだろうか？電卓は内部で直角三角形を描き，定規を取り出して辺の長さを測り，割り算を行うのだろうか？平方根についても同じような疑問が生まれるだろう．平方根は2乗の逆であり，電卓の中で使えるような単純な閉形式の数式は存在しないのだ．しかし，もうすでに答えに目星がついているだろう．平方根を素早く計算するためのアルゴリズムが存在するのだ．

バビロニア人のアルゴリズム

ある数 x の平方根を求めたいとしよう．他の数学の問題と同じように，推測とチェックを用いる戦略を試すことができる．x の平方根に対する最も有力な推測が，ある数 y であるとしよう．y^2 を計算し，もしそれが x と等しいならばタスクは完了だ（ごく稀に実現する1ステップの「ラッキー推測アルゴリズム」の完了である）．

---

[1] 訳注：ここでは直角三角形を考えている．

もし，推測値 y が x の平方根と正確に一致しないなら，もう一度推測を行う．次の推測は x の平方根の真の値により近いものにしたい．バビロニア人のアルゴリズムは，正しい答えに収束するまで，体系的に推測を改善していく方法を与えてくれる．このアルゴリズムはシンプルであり，割り算と平均の操作しか必要としない．

1. x の平方根の値を推測し，y とおく．
2. $z = x/y$ を計算する．
3. z と y の平均をとる．この平均を新しい y，すなわち x の平方根の新しい推測値とする．
4. $y^2 - x$ が十分小さくなるまで，ステップ 2 とステップ 3 を繰り返す．

　ここではバビロニア人のアルゴリズムを 4 ステップで記述した．一方で，数学者は全体を 1 つの方程式で表現するかもしれない．

$$y_{n+1} = \frac{y_n + \dfrac{x}{y_n}}{2}$$

　この場合，数学者は，$(y_1, y_2, \ldots, y_n, \ldots)$ のように連続する下付き文字で無限の数列を記述する一般的な数学的慣習を用いるだろう．この無限数列の n 番目の項がわかれば，上記の方程式から $n+1$ 番目の項を求めることができるのだ．この数列は $\sqrt{x}$ に収束する．言い換えると，$y_\infty = \sqrt{x}$ である．4 ステップでアルゴリズムを記述する方法の明確さと，方程式のエレガントな簡潔さ，そして今から書くコードの実用性のどれが一番良いと思うかは好みの問題である．しかし，可能性のあるあらゆるアルゴリズムの記述方法に慣れておくと，役に立つだろう．

　なぜバビロニア人のアルゴリズムがうまくいくのかを理解するためには，以下のように 2 つのシンプルな場合に分けて考えればよい．

- $y < \sqrt{x}$，つまり $y^2 < x$ の場合
  この場合，$x/y^2 > 1$ となるので，$x \times x/y^2 > x$ である．$x \times x/y^2 = x^2/y^2 = (x/y)^2 = z^2$ となることから，$z^2 > x$ である．これは $z > \sqrt{x}$ を意味する．
- $y > \sqrt{x}$，つまり $y^2 > x$ の場合
  この場合，$x/y^2 < 1$ となるので，$x \times x/y^2 < x$ である．$x \times x/y^2 = x^2/y^2 = (x/y)^2 = z^2$ となることから，$z^2 < x$ である．これは $z < \sqrt{x}$ を意味する．

　以上の場合分けを簡単に書くと，次のようになる．

- $y < \sqrt{x}$ であれば，$z > \sqrt{x}$ となる．
- $y > \sqrt{x}$ であれば，$z < \sqrt{x}$ となる．

　もし y が $\sqrt{x}$ の正確な値よりも小さければ，z は正確な値よりも大きい．もし y が $\sqrt{x}$ の正確な値よりも大きければ，z は正確な値よりも小さい．バビロニア人のアルゴリズムのステッ

プ3では，正確な値よりも大きい値と小さい値の平均をとっているのだ．正確な値よりも小さい値と大きい値の平均は，小さい値よりも大きく，大きい値よりも小さくなる．つまり，この平均は，y と z のうちのより誤差の大きいほうよりも正確な値に近くなる．推測値を少しずつ改善することを何回も繰り返せば，$\sqrt{x}$ の正確な値にたどり着くことができるのだ．

平方根を求める

バビロニア人のアルゴリズムを Python で実装することは難しくない．x, y と error_tolerance 変数を引数とする関数を定義しよう．誤差が十分小さくなるまで実行を繰り返す while ループを作成する．while ループの各イテレーションでは，z を計算し，y を y と z の平均で更新する（4 ステップでアルゴリズムを記述した場合のステップ 2 とステップ 3 の部分である）．そして，誤差を $y^2 - x$ で更新しよう．この関数はリスト 5.4 のように書くことができる．

リスト 5.4　バビロニア人のアルゴリズムを用いて平方根を計算する

```
def square_root(x,y,error_tolerance):
    our_error = error_tolerance * 2
    while(our_error > error_tolerance):
        z = x/y
        y = (y + z)/2
        our_error = y**2 - x
    return y
```

バビロニア人のアルゴリズムは，勾配上昇法や外野手問題と共通点を持つことに気づいたかもしれない．これらのアルゴリズムはすべて，最終的なゴールに十分近づくまで繰り返される小さなステップで構成されている．これはさまざまなアルゴリズムに共通する構造である．

平方根を求める関数を，以下のように確認してみよう．

```
print(square_root(5,1,.00000000000001))
```

2.23606797749979 がコンソールに出力されるだろう．以下のコードを用いて，この値が Python の標準的なメソッドである math.sqrt() の結果と一致するかを確認できる．

```
print(math.sqrt(5))
```

出力はまったく同じ値，2.23606797749979 となる．平方根を計算する独自の関数を正しく書くことができたのだ．math モジュールのような Python モジュールをダウンロードできない無人島に取り残されても心配はいらない．自分で math.sqrt() のような関数を書くことができるのだから．このアルゴリズムを与えてくれたバビロニア人に感謝しよう．

乱数生成アルゴリズム

　ここまででは，混沌を受け止め，その中に秩序を見出してきた．それは数学の得意とするところである．しかし，この節ではまったく逆の目的について考えることにしよう．秩序の中に混沌を見つけるのだ．言い換えると，アルゴリズムを使ってランダム性を作る方法を見ていくのだ．

　乱数は常に必要とされている．テレビゲームはランダムに選ばれた数をキャラクターの位置や動きに使うことで，ゲーマーを驚かせ続けることができる．また，最も強力な機械学習手法の一部（ランダムフォレストやニューラルネットワークを含む）が適切に動くためには，ランダムな選択は欠かせない重要な要素だ．強力な統計手法にとっても同じことが言える．ブートストラップ法などでは，静的なデータセットを混沌とした世界に近づけるために，ランダム性が用いられるのだ．企業や研究者たちは，ランダム性が必要なA/Bテストを実施する．条件ごとの効果を適切に比較するために，被験者をそれぞれの条件にランダムに割り当てるのだ．ほかにも例はたくさんある．ほとんどの技術分野において，ランダム性は常に必要とされているものなのだ．

ランダム性の可能性

　乱数への非常に高い需要にまつわる唯一の問題は，乱数というものが実際に存在するかどうかがはっきりしていないことである．一部の人々は宇宙は決定論的だと信じている．ビリヤードボールが衝突したときのように，何らかの運動が生じた場合，この運動は完全に追跡可能な他の運動によって引き起こされ，その運動もさらに他の運動によって引き起こされたものである，という見方だ．もし宇宙がテーブル上のビリヤードボールのように振る舞うとすると，宇宙に存在するすべての粒子の現在の状態がわかれば，宇宙の過去と未来の完全な状態について確実に知ることができるだろう．この仮定が正しければ，例えば宝くじに当たったり，地球の反対側で長らく会っていなかった友達に偶然遭遇したり，隕石に当たったりするといったあらゆる出来事は，実はランダムに起こっている（われわれはそのように思いがちであるが）のではなく，百数十億年以上前に宇宙が生まれた際の初期条件によってもともと完全に決まっていた結果でしかないのだ．このことは，ランダム性というものは存在しないことを意味するだろう．つまり，自動ピアノのメロディーの一部を聴いているだけであり，物事がランダムに見えるのは，単にわれわれが全体を十分に理解していないから，ということになる．

　われわれが理解している物理学の数学的法則は，決定論的宇宙観と矛盾がないように見える．しかし，それらは同時に非決定論的宇宙観とも矛盾しないのだ．非決定論的な宇宙では，ランダム性は実際に存在する．すなわち，誰かが言ったように神が「サイコロを振る」のだ．そして，それらは「多世界」シナリオとも矛盾しない．このシナリオでは，ある出来事の起こりうるすべてのパターンが，それぞれ異なり互いに干渉し合うことのない多数の宇宙で発生する．こ

れらすべての物理法則の解釈は，宇宙に自由意志の存在を見つけようとすると，さらに複雑なものになる．われわれが受け入れる数理物理学の解釈は，われわれ自身の数学的な理解ではなく哲学的な傾向に依存する．どんな解釈でも数学的には許容されているのだ．

　宇宙にランダム性が存在するかどうかに関係なく，あなたの PC にランダム性は存在しない（少なくとも，本質的に存在すべきではない）．コンピューターはわれわれに完全に従う召使いであり，明示的に指示したことのみを，指示したタイミングと方法で正確に実行するように意図されているのだ．テレビゲームを実行したり，ランダムフォレストによって機械学習を実行したり，ランダム化された実験を行ったりすることをコンピューターに頼むということは，決定論的とされている機械に非決定論的なものを生成するように頼むことになるのだ．つまり，乱数の生成である．これは不可能な要求である．

　コンピューターは真のランダム性を提供できないので，次善の策を提供できるアルゴリズムが設計された．**擬似ランダム性**である．擬似乱数生成アルゴリズムは，乱数が重要である理由とまったく同じ理由で重要である．真のランダム性をコンピューター上で実現することは不可能である（そして宇宙全体でも不可能であるかもしれない）ことから，擬似乱数生成アルゴリズムは，出力が真のランダム性をできるだけ再現するように，細心の注意を払って設計されなければならない．擬似乱数生成アルゴリズムで生成される擬似乱数がランダム性に本当に似た性質を持つかどうかを判定するためには，今から学ぶ数学的定義と理論が必要である．

　まず，簡単な擬似乱数生成アルゴリズムを考え，その出力がどのくらいランダム性に近い性質を持っているかを確かめよう．

線形合同法

　線形合同法（linear congruential generator; LCG）は，最も簡単な**擬似乱数生成アルゴリズム**（pseudorandom number generator; PRNG）の 1 つである．このアルゴリズムを実装するためには，3 つの数字を選ぶ必要がある．これらを n_1, n_2, n_3 としよう．LCG はある自然数（例えば 1）から始めて，以下の式を適用して次の数字を得る．

$$\text{next} = (\text{previous} \times n_1 + n_2) \quad \text{mod } n_3$$

これがアルゴリズムのすべてである．1 ステップで完了すると言ってよいだろう．Python では mod の代わりに % を使う．LCG 関数はリスト 5.5 のように書くことができる．

リスト 5.5　線形合同法

```
def next_random(previous,n1,n2,n3):
    the_next = (previous * n1 + n2) % n3
    return(the_next)
```

　next_random() 関数は決定論的な性質を持っていることに気をつけてほしい．つまり，同じ入力からは常に同じ出力が得られるのだ．繰り返しになるが，コンピューターは常に決定論的

なので，PRNG もこのような性質にならざるを得ないのだ．LCG は真の乱数を作成するわけではない．しかし，ランダムに見える数，つまり擬似乱数を生成するのだ．

このアルゴリズムの擬似乱数を生成する性能を評価するために，たくさんの出力を一度に見てみよう．一度に 1 つの乱数を取得する代わりに，先ほどの next_random() 関数を繰り返し呼ぶ関数を使って乱数のリストを作成しよう．

```
def list_random(n1,n2,n3):
    output = [1]
    while len(output) <=n3:
        output.append(next_random(output[len(output) - 1],n1,n2,n3))
    return(output)
```

list_random(29,23,32) を実行して，取得されたリストを見てみよう．

```
[1, 20, 27, 6, 5, 8, 31, 26, 9, 28, 3, 14, 13, 16, 7, 2, 17, 4, 11, 22, 21,
24, 15, 10, 25, 12, 19, 30, 29, 0, 23, 18, 1]
```

このリストからは，たった 1 つのパターンすら見つけることは容易ではない．このランダムさはまさに欲しかった性質である．このリストは 0 から 31 までの数字しか含まないことに気づくだろう．また，このリストの最後の要素が最初の要素と同じ 1 であることを見つけるかもしれない．より多くの乱数が必要であれば，最後の要素である 1 で next_random() 関数を呼ぶことにより，リストを拡張できる．ただし，next_random() 関数は決定論的であることに注意してほしい．このリストを拡張しても，手に入るのはリストの先頭からの繰り返しに過ぎない．1 の次の「乱数」は常に 20 であり，20 の次の乱数は常に 27，というように続くのだ．最終的には再び 1 にたどり着き，そこからリスト全体を永遠に繰り返すことになるのだ．同じパターンの繰り返しが起こるまでの値の個数を PRNG の周期と呼ぶ．この場合，LCG の周期は 32 である．

PRNG を評価する

生成される数列が最終的には同じパターンを繰り返すという性質は，乱数生成手法の潜在的な弱点となっている．なぜなら，次に現れる値を予測することがこの性質によって可能になり，この予測可能性はランダム性が必要とされる場面ではまさに避けたいものだからである．このLCG を使って，32 スロットのルーレットホイール（回転盤）を持つオンラインルーレットアプリを作るとしよう．知識豊富なギャンブラーがルーレットを十分な時間観察すれば，現れる数字は 32 スピンごとの規則的なパターンの繰り返しであることに気づくかもしれない．そして，各ラウンドで確実に当たりになるとわかっている番号に賭けることで，すべての賭け金を総取りしてしまうかもしれないのだ．

ルーレットに勝とうとする知識豊富なギャンブラーのアイデアは，どんな PRNG を評価する際にも役に立つ．もし真のランダム性を持つルーレットを作り出すことができれば，常勝できるギャンブラーはいないだろう．しかし，ルーレットを制御する PRNG のほんのわずかな弱点や真のランダム性からのずれは，十分な知識を持つギャンブラーにすぐに悪用されてしまう可能性がある．ルーレットとはまったく無関係の目的のために PRNG を生成する場合も，「もしこの PRNG をルーレットアプリに使ったら，大負けしてしまうだろうか？」と自問してみよう．この直感的な「ルーレットテスト」は，PRNG がどれだけ優れているかを評価するための合理的な基準となる．先ほどの LCG は，32 回を超えてルーレットを回さなければルーレットテストに合格するかもしれないが，いずれギャンブラーは出力の繰り返しパターンに気づいて 100% の精度で賭け始めるだろう．この LCG は周期が短いので，ルーレットテストに不合格なのだ．

このため，PRNG が長い周期を持つようにすると，より良い擬似乱数が作成できるのだ．しかし，LCG を用いた 32 個のスロットを持つルーレットの場合には，32 より長い周期を持つ決定論的なアルゴリズムは存在しない．PRNG を評価する際に，長い周期を持つかどうかではなく，「完全な周期」（full period）を持つかどうかで判断するのはこのためなのだ．`list_random(1,2,24)` で生成される PRNG について考えてみよう．

```
[1, 3, 5, 7, 9, 11, 13, 15, 17, 19, 21, 23, 1, 3, 5, 7, 9, 11, 13, 15, 17, 19,
21, 23, 1]
```

この場合は，周期は 12 となる．これは非常に単純な目的には十分な長さかもしれないが，この周期は「完全」ではない．範囲内でとりうるすべての値[2]のうち，使われないものがあるからだ．先ほどのギャンブラーの例で言うと，知識豊富なギャンブラーはこのルーレットでは偶数は決して出現しないことに気づき（出現する奇数が従う単純なパターンは言うまでもないだろう），またしてもわれわれの賭け金をさらえるのだ．

長い完全な周期という概念に関係するのが一様分布である．一様分布では，PRNG の範囲内のすべての数が等しい確率で出現する．`list_random(1,18,36)` を実行すると，以下の出力を得る．

```
[1, 19, 1, 19, 1, 19, 1, 19, 1, 19, 1, 19, 1, 19, 1, 19, 1, 19, 1, 19, 1, 19,
1, 19, 1, 19, 1, 19, 1, 19, 1, 19, 1, 19, 1]
```

ここでは，PRNG によって 1 と 19 が出現する確率は，どちらも 50% である[3]．一方で，そ

---

[2] 訳注：LCG の場合には，0 から $n_3 - 1$ までのすべての整数．

[3] 訳注：このリストそのものというより，リスト生成のために呼び出している LCG 関数で 1 周期分や十分多くの数を生成した場合について述べている．次の `list_random(29,23,32)` も同様．

れら以外の数が出現する確率は 0% なのだ．このような非一様な PRNG であれば，ルーレットのプレーヤーにとって攻略は非常に簡単であろう．一方で，`list_random(29,23,32)` の場合，各数字が出現する確率はすべて 3.1% である．

PRNG を評価するための数学的基準には，相互に何らかの関係があることがわかる．周期の長さが不十分であったり周期が完全でなかったりすると，それぞれの数字が出現する確率分布が一様分布にならないのだ．より実用的な観点から見ると，これらの数学的特性が重要なのは，単にルーレットアプリが大負けする原因になるからに過ぎないのだ．一般的に言うと，PRNG の唯一重要なテストは，パターンが検出できるかどうかなのだ．

残念ながら，パターンを検出する仕組みは，数学や科学的な言語で簡潔に記述することは難しい．そのため，パターン検出に関するヒントを与えてくれる目印として，長くて完全な周期と一様分布を参考にするのだ．しかし，もちろんそれらだけがパターンを検出するためのヒントではない．`list_random(1,1,37)` で表される LCG を考えてみよう．出力は以下のようになる．

```
[1, 2, 3, 4, 5, 6, 7, 8, 9, 10, 11, 12, 13, 14, 15, 16, 17, 18, 19, 20, 21,
22, 23, 24, 25, 26, 27, 28, 29, 30, 31, 32, 33, 34, 35, 36, 0, 1]
```

これは長い周期（37）を持ち，完全な周期（37）であり，一様分布である（各数字が出現する確率は 1/37 である）．しかし，この数列にはパターンがあることがわかるだろう（各要素は 36 になるまで 1 つずつ増えていき，0 のあとは同じ数列の繰り返し）．この数列は，われわれが考案した数学的テストを合格することはできるが，ルーレットテストでは間違いなく不合格だ．

ランダム性のダイハードテスト

PRNG に悪用される可能性を持つパターンがあるかどうかを検証するための万能なテストは存在しない．研究者たちは，乱数の集合がパターン検出にどのくらいまで耐えられるか（言い換えれば，ルーレットテストに合格できるか）を検証するために，多くの創造的なテストを考案してきた．そのようなテストの集まりの 1 つが，**ダイハードテスト**（diehard tests）と呼ばれるものだ．これは 12 個のテストからなり，1 つ 1 つが異なる方法で乱数の集合を評価する．すべてのテストに合格した数列は真のランダム性に非常に近い性質を持つと見なされる．ダイハードテストの 1 つに，**重なりのある和検定**と呼ばれ，乱数のリスト全体をとり，リスト内の連続する要素からなるセクションの和をいくつも計算するものがある．これらの和の集合は，俗に「ベルカーブ」と呼ばれる数学的パターンに従うはずだ．重なりのある和からなるリストを生成する関数は，Python では以下のように実装できる．

```python
def overlapping_sums(the_list,sum_length):
    length_of_list = len(the_list)
    the_list.extend(the_list)
```

```
output = []
for n in range(0,length_of_list):
    output.append(sum(the_list[n:(n + sum_length)]))
return(output)
```

このテストを新しい乱数のリストに対して以下のように実行してみよう.

```
import matplotlib.pyplot as plt
overlap = overlapping_sums(list_random(211111,111112,300007),12)
plt.hist(overlap, 20, facecolor = 'blue', alpha = 0.5)
plt.title('Results of the Overlapping Sums Test')
plt.xlabel('Sum of Elements of Overlapping Consecutive Sections of List')
plt.ylabel('Frequency of Sum')
plt.show()
```

　新しい乱数のリストを list_random(211111,111112,300007) によって作成する. この新しい乱数のリストは, 重なりのある和検定を適切に実行するのに十分な長さである. このコードの出力は, 観測された和の頻度分布を表すヒストグラムである. このリストが真の乱数の集合に似ているならば, 和のいくつかは大きい値をとり, いくつかは小さい値をとるが, ほとんどの和はそれがとりうる値の範囲の中央近くに集まるはずなのだ. 出力されたプロットは, まさにそのようになっている (図 5.2).

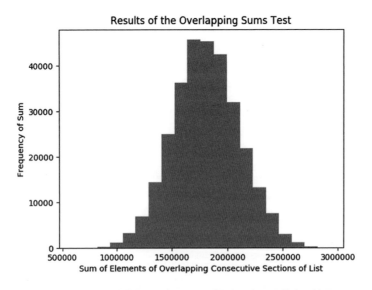

図 5.2　LCG の出力結果に対する, 重なりのある和検定の結果

ざっくり眺めると，このプロットがベル（釣鐘）の形に似ていることがわかる．ダイハードテストの重なりのある和検定は，検証する数列から作成される和の集合のヒストグラムがベルカーブに非常に似ていたら合格，という検定であることを覚えておいてほしい．ベルカーブはガウス正規曲線とも呼ばれ，数学的に重要な曲線である（図5.3）．

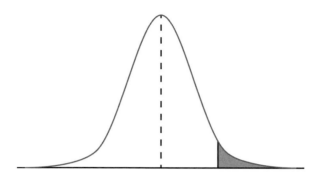

図5.3　ベルカーブ，またはガウス正規曲線（出典：Wikimedia Commons）

　ベルカーブは，黄金比がそうであったように，数学や宇宙に関する多くの場面に予期せず現れる．このケースでは，重なりのある和検定の結果とベルカーブの類似性を，PRNGによって生成される数列が真のランダム性に類似した性質を持っている証拠として解釈するのだ．
　ランダム性に関する数学の深い知識は，乱数生成アルゴリズムを設計するのに役立つだろう．しかし，ルーレットで勝つための常識的なアイデアにだけ頼っても，ほぼ同じくらいうまく設計することができるのだ．

線形フィードバックシフトレジスター

　LCGは実装しやすいアルゴリズムだが，PRNGの多くの応用に耐えうるほどには洗練されていない．知識豊富なルーレットプレーヤーであれば，すぐにLCGを攻略してしまう可能性があるのだ．より高度で信頼の置けるアルゴリズムである**線形フィードバックシフトレジスター**（linear feedback shift register; LFSR）を見ていこう．これは，PRNGアルゴリズムの高度な研究への出発点となりうるものなのだ．
　LFSRはコンピューターアーキテクチャーを念頭に設計されたものだ．最も基本的なレベルでは，コンピューター内のデータは0と1のビットと呼ばれる単位からなるビット列として保存されている．図5.4は，10ビットの文字列の一例である．

図5.4　10ビットの文字列

これらのビット列を初期値として，単純な LFSR アルゴリズムを実行してみよう．まず，この
ビット列からいくつか要素を選んで，その和を計算しよう．例えば，$4, 6, 8, 10$ 番目の和などであ
る（他の要素を選択してもよい）．この場合の和は 3 となる．コンピューターアーキテクチャー
では，0 または 1 の値のみを保存できる．和は 3 なので，$\bmod 2$ [4])を計算し，最終的な値として
1 を得る．そして，右端の値を削除し，残りのビットの位置を右へ 1 つずつ移動する（図5.5）.

図 5.5　削除と移動後のビット列

ビットを 1 つ削除し，残りのビットをすべて移動したので，新しいビットを挿入できる空の
場所が生まれた．ここに挿入するビットは，先ほど計算した和の値である．

ビットを挿入すれば，新しいビット列を得る（図5.6）.

図 5.6　選択したビットの和を挿入した後のビット列

アルゴリズムの出力として，削除した右端のビットを得る．これがアルゴリズムが生成する
擬似乱数となるのだ．そして今，新しいビット列として 10 個の順序付きビットの集合ができた
ので，再びアルゴリズムを実行し，以前と同様に擬似乱数のビットを取得する．このプロセス
は好きなだけ繰り返すことができる．

Python では，フィードバックシフトレジスターを比較的シンプルに実装することができる．
ハードドライブ上の個々のビットを上書きする代わりに，ビットのリストを以下のように作成
しよう．

```
bits = [1,1,1]
```

ビットの和を 1 行で特別な場所に定義しよう．xor_result と呼ばれる変数に和を格納する
ことにする．この名前は，和の 2 による剰余を求める操作が**排他的論理和**（exclusive OR）や
XOR 操作と呼ばれることに由来している．もしあなたが形式論理学を学んだことがあれば，
XOR を見たことがあるかもしれない．論理学上の定義と，それと同等の数学的な定義が存在す

---

4) 訳注：2 による剰余をとる，つまり 2 で割った余りを計算すること．図 2.1 の説明も参照.

るが，ここでは数学的な定義を用いる．今考えているビット列は短いので，4, 6, 8, 10 番目は和には加えず（そのようなビットは存在しないため），代わりに 2, 3 番目の和を計算する．

```
xor_result = (bits[1] + bits[2]) % 2
```

次に，ビット列の右端の要素を取り出そう．Python の便利な pop() メソッドを使えば，簡単にこの操作を行うことができる．取り出した要素を output という変数に格納する．

```
output = bits.pop()
```

先ほど計算した和をビット列リストの左端へ挿入するために，insert() メソッドを使い，位置 0 を指定しよう．

```
bits.insert(0,xor_result)
```

今までの操作をすべてまとめて 1 つの関数にしよう．この関数は 2 つの出力を返す．新しいビット列の状態と擬似乱数を表すビットだ（リスト 5.6）．この項の目的は，この関数で達成である．

リスト 5.6　線形フィードバックシフトレジスター

```
def feedback_shift(bits):
    xor_result = (bits[1] + bits[2]) % 2
    output = bits.pop()
    bits.insert(0,xor_result)
    return(bits,output)
```

LCG の場合と同様に，擬似乱数であるビットをまとめてリストとして生成する関数を作成することができる．

```
def feedback_shift_list(bits_this):
    bits_output = [bits_this.copy()]
    random_output = []
    bits_next = bits_this.copy()
    while(len(bits_output) < 2**len(bits_this)):
        bits_next,next = feedback_shift(bits_next)
        bits_output.append(bits_next.copy())
        random_output.append(next)
    return(bits_output,random_output)
```

このケースでは，while ループのイテレーションを状態の繰り返しが再び起きるまで実行する．この乱数生成に用いるビット列は $2^3 = 8$ 通りの状態が考えられるので，周期は最大でも 8 のはずである．実際には，LFSR はすべてが 0 となるビット列を出力することが通常できないため，周期は最大でも $2^3 - 1 = 7$ 通りと予想される．以下のコードを実行して，すべての可能な出力を求めて周期を確認してみよう．

```
bitslist = feedback_shift_list([1,1,1])[0]
```

予想したとおり，bitslist に格納した出力は以下のようになる．

```
[[1, 1, 1], [0, 1, 1], [0, 0, 1], [1, 0, 0], [0, 1, 0], [1, 0, 1], [1, 1, 0],
[1, 1, 1]]
```

この LFSR は，すべてが 0 となるケースを除いた 7 種類のとりうるビット列すべてを出力することがわかる．これは完全な周期を持つ LFSR であり，出力は一様分布の性質を示す．より長いビット列を入力に使うと，周期がとりうる最大の長さは指数関数的に増加する．10 ビットの場合の可能な最大周期は $2^{10} - 1 = 1{,}023$ であり，たった 20 ビットで $2^{20} - 1 = 1{,}048{,}575$ にもなるのだ．

この単純な LFSR が生成した擬似乱数のビットをまとめたリストを確認するには，以下のコードを実行すればよい．

```
pseudorandom_bits = feedback_shift_list([1,1,1])[1]
```

pseudorandom_bits に格納した出力は，この LFSR と入力の単純さを考えると，十分ランダムに見える．

```
[1, 1, 1, 0, 0, 1, 0]
```

LFSR は，ホワイトノイズを含むさまざまな応用で擬似乱数を生成するために使われている．高度な PRNG の一端に触れるために，それらをここで紹介しよう．今日実際に最も広く使われている PRNG はメルセンヌツイスター（Mersenne twister）である．これは修正・一般化されたフィードバックシフトレジスターであり，本質的にはここで紹介した LFSR のはるかに複雑なバージョンなのだ．PRNG についてさらに学び進めていくと，たくさんの複雑で高度な数学に突き当たるだろう．しかし，それらのすべては，ここで紹介したアイデア，すなわち，厳密な数学的検定によって評価されるランダム性に似た性質を持つ決定論的な数式に基づくものだ．

まとめ

　数学とアルゴリズムは常に密接な関係にある．一方の分野を深く知れば知るほど，もう一方の分野の高度なアイデアを理解しやすくなるのだ．数学は難解で非現実的なものに見えるかもしれない．しかし，数学は気長なゲームである．数学における理論的進歩は，時に数世紀経って初めて実用的な技術へ繋がることがあるのだ．この章では，連分数と，任意の数の連分数表現を生成するためのアルゴリズムについて説明した．また，平方根と，電卓がそれらを計算するために使用するアルゴリズムについて考察した．最後に，ランダム性と，擬似乱数を生成するための2つのアルゴリズム，そしてランダムであるとされるリストを評価するために利用できる数学に基づくアイデアについて説明した．

　次の章では，最適化について考える．これは，世界を旅して回ったり，金属から剣を作ったりすることに関連する強力な手法だ．

6

高度な最適化

　あなたはすでに最適化について学んでいる．第3章では，勾配上昇法と勾配降下法について説明した．この方法では，「丘を登る（下る）」ことで最大値（最小値）を見つけることが理解できただろう．最適化問題は，ある種の山登りと考えることができる．つまり，数多くの可能性の中から可能な限り最良の解を見つけようと努力するのだ．勾配上昇法と勾配降下法のやり方はとてもシンプルでエレガントであるが，弱点が存在する．それは，グローバルに最適な解ではなく，局所的に最適な解を見つけてしまうことだ．山登りのアナロジーで言えば，勾配に沿って山を登って（上昇して）いく方法で，山の麓の小丘の頂上（局所的な最適解）まで到達するかもしれないが，そうではなく，ほんの少しの間だけ坂を下ることで，本当に登りたい巨大な山の頂上（グローバルな最適解）に向けて登り始めることができるかもしれないのだ！　グローバルな最適解ではなく局所的な解へと収束してしまう問題への対処は，高度な最適化の最も困難かつ重要な側面である．

　この章では，ケーススタディを通じて，より高度な最適化アルゴリズムを紹介する．特に，「巡回セールスマン問題」と呼ばれる最適化問題とその解決法，およびその解決法に内在する欠点について解説する．最後に，これらの欠点を克服し，局所的な最適化ではなく，グローバルな最適化を実行できる高度な最適化アルゴリズムであるシミュレーテッドアニーリングを紹介する．

巡回セールスマン問題

　巡回セールスマン問題は，コンピューターサイエンスと組合せ論で非常に有名な問題だ．まず，営業行脚中のセールスマンが自分の商品を売るために多くの都市を訪問しようとしている姿を想像してみよう．ガソリン代を払ったり，移動疲れで頭痛薬が必要になったり，販売のタイミングを逃したりと，都市間を移動するには，さまざまなコストがかかる．

　巡回セールスマン問題は，都市間の巡回コストを最小化するよう都市間の移動の順番を決定する問題だ．自然科学における最高峰の問題は，しばしば「問題を記述することはたやすいが，実際に解くことは非常に難しい」という性質を持つ[1]．巡回セールスマン問題も同様だ．

図 6.1　ナポリを行脚するセールスマン

---

[1] 訳注：フェルマーの最終定理などを思い浮かべればよいだろう．ここでは紙面の都合により数学が自然科学か否かは議論しない．

問題を設定する

Python を使って，この問題を実際に見ていこう．まず，セールスマンが巡回する都市の地図をランダムに作成する．最初に，地図上の都市の数を表す数値（N）を決定する．これを $N = 40$ としよう．次に，地図上に都市を配置するため，各都市に対して x と y の値を 1 つずつ設定する．この x と y の選択をランダムに行うために numpy モジュールを使用し，以下のようにプログラムを書く．

```
import numpy as np
random_seed = 1729
np.random.seed(random_seed)
N = 40
x = np.random.rand(N)
y = np.random.rand(N)
```

このスニペットでは，numpy モジュールの random.seed() メソッドを使った．このメソッドは，任意の数値を受け取り，その数値を擬似乱数生成アルゴリズムの「シード」として使用する（擬似乱数生成の詳細については，第 5 章を参照）．これは，スニペットで使用しているシードと同じシードを使用すると，同じ乱数列を生成できることを意味する．そのため，コードを追うのが簡単になり，また，まったく同じ計算結果と描画を再現できるのだ．

次に，x と y の値を zip() 関数を利用してまとめ，都市の位置データを作成する．このリストには，ランダムに生成された 40 の都市の位置を示す座標値のペアが含まれる．

```
points = zip(x,y)
cities = list(points)
```

Python コンソールで print(cities) を実行すると，ランダムに生成された値のペアのリストが表示される．これらの各ペアは都市の位置を表している．都市に 1 つずつ名前をつけるなどという面倒な作業はしなくてよい．その代わりに，最初の都市を cities[0]，2 番目の都市を cities[1] などと参照していくのだ．

巡回セールスマン問題の解法を考えるために必要な道具は，これですべて揃った．最も素朴な解き方は，cities に格納されている順番に，すべての都市を訪問することであろう．巡回する順番をリストに格納するために itinerary 変数を定義する．

```
itinerary = list(range(0,N))
```

これは次のように書くことと等価である.

```
itinerary = [0,1,2,3,4,5,6,7,8,9,10,11,12,13,14,15,16,17,18,19,20,21,22,23,24,25, \
             26,27,28,29,30,31,32,33,34,35,36,37,38,39]
```

itinerary 変数に格納されている都市番号の並びが, セールスマンがどういう順番で都市を巡回していくかを表す解となる. 上記の itinerary 変数の場合, 最初に都市 0, 次に都市 1 というように都市を巡回していく.

次に, この巡回順序が巡回セールスマン問題に対して良い解か, 少なくとも許容できる解かを決定する必要がある. ここで, 巡回セールスマン問題が, セールスマンが都市間を移動する際に生じるコストを最小化する問題であることを思い出そう. では, 移動のコストとは何だろう? その答えは「何でもよい」だ. あなたの好きなようにコストを設定できるのだ. 例えば, ある道路は他の道路よりも交通量が多い, 渡りにくい川がある, 東よりも北に行くほうが強風に見舞われる, といったことをコストとして表現するのである. しかし, 問題を不必要に複雑にしないように, 簡単な例から始めよう. ここでは「どの方角に移動しても, どの都市間の移動であっても, 1 の距離を移動するのに 1 ドルかかる」と仮定する. この章では, 距離の単位は指定しない. なぜなら, ここで提唱するアルゴリズムは, 距離の単位がマイルであろうがキロメートルであろうが, あるいは光年であろうが同じ解を与えるからだ. この仮定のもとでは, コストを最小化することと移動距離を最小化することは等価である.

巡回で必要となる距離を決定するため, 2 つの新しい関数を定義する必要がある. 最初に, すべての都市を結ぶ線 (line)[2] を生成する関数が必要である. また, これらの線で表される距離を合計する必要がある. 線の情報を格納するための空のリストを定義することから始めよう.

```
lines = []
```

次に, 巡回するすべての都市に対して以下の反復処理を実行しよう. これは, 各イテレーションで, 隣接する 2 つの都市を接続する線を追加するものだ.

```
for j in range(0,len(itinerary) - 1):
    lines.append([cities[itinerary[j]],cities[itinerary[j + 1]]])
```

print(lines) を実行すると, Python において都市間の線に関する情報がどのように保持されているのかを理解できる. 各線は 2 つの都市の位置座標を保持するリストとして保存される. 例えば, print(lines[0]) を実行して最初の線が表示され, 次のように出力される.

---

[2] 訳注:グラフ理論でいうエッジ (枝・辺).

```
[(0.21215859519373315, 0.1421890509660515), (0.25901824052776146,
0.4415438502354807)]
```

　これらの要素を genlines（generate lines の略）という 1 つの関数にまとめておこう．この関数は cities と itinerary を引数として取り，cities 内の各都市を結ぶ線を itinerary で指定された順序でまとめて返す関数だ．

```
def genlines(cities,itinerary):
    lines = []
    for j in range(0,len(itinerary) - 1):
        lines.append([cities[itinerary[j]],cities[itinerary[j + 1]]])
    return(lines)
```

　これで，任意の巡回ルートでの 2 つの都市間を結ぶ線の集合を生成する方法ができたので，これらの線を繋いだときの合計距離を計算する関数を作成しよう．最初に合計距離を表す distance 変数を 0 として定義し，次に lines のすべての要素に対して，その線の長さを計算し，その値を distance 変数に加算していく．線の長さを計算するには，ピタゴラスの定理を利用しよう．

NOTE　ピタゴラスの定理を用いて地球上の距離を測ることは，実際には正しくない．地球の表面は平面ではなく曲面であり，凹凸もあるため，地球上の位置間の真の距離を測るためにはより高度な幾何学を用いる必要がある．ここではこの複雑な幾何学計算を無視し，セールスマンが地中を通って直線的に都市間を移動できるとしよう．あるいは，ピタゴラスの定理という古代ギリシアの簡単な計測方法が厳密に成り立つような幾何学的ユートピア，つまり平面世界を想定しよう．なお，短い距離の計算においては，ピタゴラスの定理は地球上の実際の距離を非常によく近似する．

```
import math
def howfar(lines):
    distance = 0
    for j in range(0,len(lines)):
        distance += math.sqrt(abs(lines[j][1][0] - lines[j][0][0])**2 \
                            + abs(lines[j][1][1] - lines[j][0][1])**2)
    return(distance)
```

　この関数は，線のリストを入力として受け取り，各線の距離の合計値を出力する．これで必要になる関数を定義できたので，指定した巡回ルートを引数として 2 つの関数を順に呼び出し，セールスマンが移動しなければならない距離の合計を求めよう．

```
totaldistance = howfar(genlines(cities,itinerary))
print(totaldistance)
```

このコードを実行すると，合計距離（totaldistance）が約 16.81 であることがわかる．も
しあなたが同じ乱数シードを使ったなら，同じ結果が得られるだろう．異なるシードや，異な
る都市の組合せを指定すると，結果は異なる．

この結果が何を意味するかを理解するためには，実際の巡回ルートを描画してみるとよいだ
ろう．そのために，plotitinerary() 関数を作成する．

```
import matplotlib.collections as mc
import matplotlib.pylab as pl
def plotitinerary(cities,itin,plottitle,thename):
    lc = mc.LineCollection(genlines(cities,itin), linewidths=2)
    fig, ax = pl.subplots()
    ax.add_collection(lc)
    ax.autoscale()
    ax.margins(0.1)
    pl.scatter(x, y)
    pl.title(plottitle)
    pl.xlabel('X Coordinate')
    pl.ylabel('Y Coordinate')
    pl.savefig(str(thename) + '.png')
    pl.close()
```

plotitinerary() 関数は，cities，itin，plottitle，および thename を引数として取
る．cities は巡回する全都市のリスト，itin は描画したい巡回ルート，plottitle は描画の
上部に表示されるタイトルだ．thename は，出力する png ファイルの名前である．この関数
は，pylab モジュールを描画する際に使用し，matplotlib の collections モジュールを使用
して線の集合を描画する．これらのモジュールを用いることで，全都市を表す点と，巡回ルー
トを示す都市間の線を描画するのだ．

plotitinerary(cities, itinerary, 'TSP-Random Itinerary', 'figure6.2') という
コマンドを実行すると，図 6.2 のように巡回ルートが描画される．図 6.2 を見れば，この巡回
セールスマン問題の最適な解にはほど遠いことが，ひと目でわかるだろう．うだつの上がらな
い[3]セールスマンに与えた巡回ルートでは，途中で他のいくつかの都市に立ち寄ればよいだろう
ことが明らかにわかる状況でさえ，その都市に寄ることなく地図を横切って非常に遠い都市ま

---

[3] 訳注：これはわれわれが与えたランダムな巡回ルートのせいかもしれない！

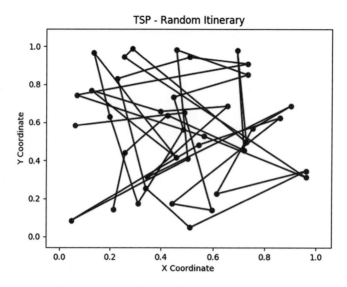

図6.2　都市をランダムに訪問した場合のセールスマンの巡回ルート

で何度もセールスマンを移動させている．この章の残りの目標は，アルゴリズムを使用して移動距離が最小になる巡回ルートを見つけることだ．

　これから説明する最初の解決法は，最も単純ではあるが，移動距離の観点から評価したパフォーマンスは最も低くなる．その後，パフォーマンスを大幅に向上させるために，やや複雑な解法を説明する．

知力 vs. 腕力

　実行可能な巡回ルートをすべてリストアップして，そのうちどれが一番良いのかを1つずつ評価してみるのもよいかもしれない．もし3つの都市を訪問したいのならば，選択しうる巡回ルートは以下の6つである．

- 1, 2, 3
- 1, 3, 2
- 2, 3, 1
- 2, 1, 3
- 3, 1, 2
- 3, 2, 1

　この程度の数であれば，それぞれの巡回ルートの合計距離を1つずつ計算し，その答えを比較することで，どれが最適な巡回ルートかを簡単に決定できる．これはブルートフォース（力任せで総当たり）な解法と呼ばれる．ただし，別に物理的な力を意味しているわけではない．ア

ルゴリズム開発者の知力によるエレガントで高速なアプローチを使うのではなく，CPUの腕力で可能なすべての巡回ルートをチェックし尽くす方法を意味する．

　ブルートフォースな解き方が正しいアプローチである場合もある．ブルートフォースな解法は，これから紹介する高度なアルゴリズムに比べてコードを書くのが簡単で，また確実に動作する傾向があるからだ．一方，この方法の弱点は実行時間である．アルゴリズムを用いた解法と比較した場合，速くなることはほぼないし，それどころか通常ずっと低速である．

　巡回セールスマン問題の場合，巡回しなければならない都市数の増加に応じて必要となる計算時間は顕著に増加する．実際，ブルートフォースな解法は，巡回する都市数が約20を超えると実用的ではない．これを確かめるために，巡回先が4都市であり，それらを訪問するすべての巡回ルートを見つける問題を考えてみよう．

1. 合計で4つの都市があり，かつ，まだどの都市も訪問していないため，最初に訪問する都市の選択肢は4つある．
2. 2番目に訪問する都市を選ぶ際は，4つの都市のうちの最初に訪問する都市を1つすでに選択しているため，$4-1=3$で，3つの選択肢がある．したがって，最初に訪問する2つの都市の選び方は，合計で$4 \times 3 = 12$通りとなる．
3. 3番目に訪問する都市を選ぶ際は，すでに2つの都市を選んでいるため，残り$4-2=2$で，2つの選択肢がある．したがって，最初に訪問する3つの都市の選び方は，合計で$4 \times 3 \times 2 = 24$通りとなる．
4. 4番目に訪問する都市を選ぶ際は，すでに3つの都市を選んでいるため，残りは$4-3=1$で1つしかない．したがって，4つの都市すべての選び方は，合計で$4 \times 3 \times 2 \times 1 = 24$通りとなる．

　ここまで見て，出てくる数値のパターンに気づいただろう．すなわち，訪問する都市がN個ある場合，その巡回ルートの総数は$N \times (N-1) \times (N-2) \times \cdots \times 3 \times 2 \times 1$である．これは$N!$とも書かれ，「$N$の階乗」と呼ばれる．階乗は，$N$の増加に対して信じられないほど速く増加する．3!は6であり，コンピューターを使用しなくてもブルートフォースに全ケースを計算可能であるが，10!で300万を超え（これでもまだ最新のコンピューターでブルートフォースに計算できる），18!は6.4×10^{15}，25!で1.5×10^{25}を超え，35!ともなると，現在の技術で計算し終えるのと，宇宙の寿命が尽きるのとで，どちらが先とも言えない状況になる[4]．

　この現象は**組合せ爆発**と呼ばれる．組合せ爆発に厳密な数学的定義はないが，次のような現象を指すと考えればよいだろう．まず，一見小さく見える，ある集合を考える．そして，今度はそ

---

[4] 訳注：宇宙の寿命や死については諸説あり，宇宙内部が一様な平衡状態に達する宇宙の熱的死などの状態が考えられているが，詳しくはわかっていない．ここでは$O(10^{10})$年，またはそれ以上の時間と読み替えればよいだろう．

の集合の組合せや順列に関連した問題（巡回セールスマン問題も含まれる）を考えることにしよう．このとき，その問題の解の候補数が，もとの一見小さな集合の要素数をはるかに超え，さらにはわれわれがブルートフォースなやり方で解けるレベルではない組合せ数に達する現象である．

例えば，アメリカ合衆国北東部ニューイングランド地方にあるロードアイランド州の90個の郵便番号を巡回するルートの数は，ロードアイランドが明らかに宇宙よりもずっと小さいにもかかわらず，その宇宙の推定原子数よりもはるかに多くなるのだ．同様に，チェス盤はロードアイランド州よりもさらにずっと小さいにもかかわらず，その盤面の組合せは宇宙の原子数よりも多い．ロードアイランド州やチェス盤といった明らかに上限のある制限された状況から，限りなく無限大に値が出てくるという逆説的な状況なのだ．このような状況においては，ブルートフォースな解法を用いて問題のすべての可能な解を調査することはできないため，優れたアルゴリズムの設計がさらに重要となる．組合せ爆発を引き起こす現象に対してブルートフォースに解を計算できるコンピューターは世界に存在しない．それゆえ，巡回セールスマン問題に対し，アルゴリズムを用いた解法を検討しなければならないのだ．

最近傍アルゴリズム

最近傍アルゴリズムと呼ばれるシンプルで直感的な方法を検討しよう．リストの最初に存在する都市からアルゴリズムを開始する．次に，この都市に最も近い未訪問の都市を見つけて，その都市を2番目に訪問する．これをループするのだ．各イテレーションにおいて，自分が現在どの都市にいるかを確認し，そして次に訪問する都市として現在の都市から最も近い未訪問の都市を選択する．これにより，各イテレーションでの移動距離は最小化される．しかし，合計移動距離が最小化されるとは限らない．ブルートフォースな解法のように，考えうるすべての巡回ルートを調べるのではなく，各イテレーションで最も近い都市だけを見つけていることに注意しよう．この解法は，非常に大きな N の場合でも高速に動作する．

最近傍探索を実装する

まず，ある都市から最近傍の都市を見つける関数を作成しよう．都市の座標を指定する point 変数と，cities という都市のリストがあるとする．point と cities の j 番目の要素との間の距離は，すでに本章で紹介したピタゴラスの定理で与えられる．

```
point = [0.5,0.5]
j = 10
distance = math.sqrt((point[0] - cities[j][0])**2 + (point[1] - cities[j][1])**2)
```

cities のどの要素が point に最も近いか（これが point の最近傍である）を見つけたい場合は，リスト6.1のように，cities のすべての要素に対して反復処理を適用し，point とすべての都市の間の距離を計算し，比較する必要がある．

```
def findnearest(cities,idx,nnitinerary):
    point = cities[idx]
    mindistance = float('inf')
    minidx = - 1
    for j in range(0,len(cities)):
        distance = math.sqrt((point[0] - cities[j][0])**2 \
                             + (point[1] - cities[j][1])**2)
        if distance < mindistance and distance > 0 and j not in nnitinerary:
            mindistance = distance
            minidx = j
    return(minidx)
```

　findnearest() 関数ができたので，最近傍アルゴリズムを実装する準備が整った．ここでの目標は，最近傍アルゴリズムから出力される巡回ルート（nnitinerary）を求めることだ．cities の最初の要素が，セールスマンが都市の巡回を開始する都市であるとしよう．

```
nnitinerary = [0]
```

　巡回ルートに N 個の都市がある場合，0 から $N-1$ までの数値に対して反復処理を実行し，直近に選択された都市に最も近い都市を見つけ，その都市を巡回ルートへと追加していく．リスト 6.2 の関数 donn()（do nearest neighbor の略）を用いてこの計算を行う．この関数では，cities の最初の要素となる都市から巡回が始まり，すべての都市が巡回ルートに追加されるまで，各イテレーションにおいて直近に選択された都市に最も近い都市が次の巡回先としてルートに追加される．

リスト 6.2　今いる都市に最も近い都市を逐次的に求め，完全な巡回ルートを返す

```
def donn(cities,N):
    nnitinerary = [0]
    for j in range(0,N - 1):
        next = findnearest(cities,nnitinerary[len(nnitinerary) - 1],nnitinerary)
        nnitinerary.append(next)
    return(nnitinerary)
```

　最近傍アルゴリズムのパフォーマンスをチェックするために必要な道具は，これですべて揃った．まず，このアルゴリズムで導出される巡回ルートを描画してみよう（図 6.3）．

```
plotitinerary(cities,donn(cities,N),'TSP - Nearest Neighbor','figure6.3')
```

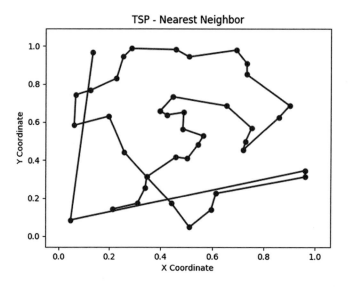

図 6.3　最近傍アルゴリズムで生成された巡回ルート

　この新しい巡回ルートにおけるセールスマンの移動距離を確認することもできる．

```
print(howfar(genlines(cities,donn(cities,N))))
```

　ランダムに生成された巡回ルートの場合 16.81 だったのに対し，ここで示した最近傍アルゴリズムでは，6.29 と短くなっていることがわかる．単位を使用していないため，これは 6.29 マイルとも，6.29 キロメートルとも，6.29 パーセク[5]とも解釈できることに注意しよう．重要なことは，単位がなんであれ，ランダムな巡回ルートの 16.81 よりも短い距離の巡回ルートを発見できたことである．非常にシンプルで直感的なアルゴリズムであることを考えれば，これは大幅な改善と言えよう．図 6.3 をひと目見れば，パフォーマンスが向上していることは明らかである．地図を横切るような無駄な移動が少なくなり，近接した都市間の移動が多くなっている．

さらなる改善を確認する

　図 6.2 や図 6.3 をよく見ることで，より良い改善策を発見できるかもしれない．これらの改善を自分で試みて，howfar() 関数を使用し，実際にうまく動作するかを確認することもできる．例えば，最初のランダムに生成した巡回ルートを見てみよう．

---

　[5] 訳注：1 パーセクは約 3.26 光年を意味する距離の単位であり，主として天文学で使われる．

```
initial_itinerary = [0,1,2,3,4,5,6,7,8,9,10,11,12,13,14,15,16,17,18,19,20,21,22, \
                     23,24,25,26,27,28,29,30,31,32,33,34,35,36,37,38,39]
```

この巡回ルートの中で，都市 6 と都市 30 を入れ替えると総移動距離が短くなると考えたとする．この入れ替えを行うためには，以下のように，それらの値を交換して（太字で表示）新しい巡回ルートを定義すればよい．

```
new_itinerary = [0,1,2,3,4,5,30,7,8,9,10,11,12,13,14,15,16,17,18,19,20,21,22,23, \
                 24,25,26,27,28,29,6,31,32,33,34,35,36,37,38,39]
```

この交換によって，合計距離が減少するかどうかを確認してみよう．

```
print(howfar(genlines(cities,initial_itinerary)))
print(howfar(genlines(cities,new_itinerary)))
```

new_itinerary が initial_itinerary よりもパフォーマンスが良い場合，initial_itinerary を使うのをやめ，new_itinerary を解とするのが良いだろう．この場合，新しい巡回ルートの合計距離は約 16.79 であることがわかる．最初の巡回ルート（16.81）をごくわずかに改善している．この 1 つの小さな改善を成し遂げたプロセスを再度実行してみよう．つまり，2 つの都市を選択して，巡回ルート中で両者を交換し，合計距離が減少したかどうかを確認するのだ．このプロセスは無期限に反復することができ，その各イテレーションで，運が良ければ合計距離を短縮する都市の組が見つかる．このプロセスを何度も繰り返せば，最後には合計距離が非常に短い巡回ルートを取得できるだろう[6]．

この 2 都市の交換とその結果の距離確認プロセスを自動的に実行できる関数は，簡単に作成できる（リスト 6.3）．

リスト 6.3　巡回ルートに小さな変更を加えて元の巡回ルートと比較し，短いほうの巡回ルートを返す

```
def perturb(cities,itinerary):
    neighborids1 = math.floor(np.random.rand() * (len(itinerary)))
    neighborids2 = math.floor(np.random.rand() * (len(itinerary)))

    itinerary2 = itinerary.copy()

    itinerary2[neighborids1] = itinerary[neighborids2]
```

---

[6] 訳注：乱数を使用しているので，確実にそうなるわけではなく，より正しく表現すると「非常に短い巡回ルートを取得できる可能性が高い」である．

```
    itinerary2[neighborids2] = itinerary[neighborids1]

    distance1 = howfar(genlines(cities,itinerary))
    distance2 = howfar(genlines(cities,itinerary2))

    itinerarytoreturn = itinerary.copy()

    if(distance1 > distance2):
        itinerarytoreturn = itinerary2.copy()

    return(itinerarytoreturn.copy())
```

perturb() 関数は，引数として都市のリストと巡回ルートを取る．次に，neighborids1 と neighborids2 の2つの変数を定義する．これらは，0 から巡回ルートの長さ（都市数）までの，ランダムに選択された整数だ．次に，itinerary2 という新しい巡回ルートを作成する．これは，neighborids1 と neighborids2 の2都市の訪問順序が入れ替わったことを除いて，元の巡回ルートと同じだ．

次に，元の巡回ルートの合計距離である distance1 と，itinerary2 の合計距離である distance2 を計算する．distance2 が distance1 より小さい場合，この関数は2都市を入れ替えた新しい巡回ルートを返す．それ以外の場合には，元の巡回ルートを返す．したがって，この関数に巡回ルートを引数として渡すと，引数と同じ巡回ルートと同等以上の効率の良い巡回ルートが常に返されるのだ．この関数を perturb() としているのは，指定された巡回ルートを改善しようとして巡回ルートに少しの変更を加えている（perturb している）ためである．

ランダムな巡回ルートに対し，perturb() 関数を繰り返し呼び出してみよう．可能な限り最短な巡回ルートを得るために，この関数を 200 万回呼び出す．

```
itinerary = [0,1,2,3,4,5,6,7,8,9,10,11,12,13,14,15,16,17,18,19,20,21,22,23,24,25, \
             26,27,28,29,30,31,32,33,34,35,36,37,38,39]

np.random.seed(random_seed)
itinerary_ps = itinerary.copy()
for n in range(0,len(itinerary) * 50000):
    itinerary_ps = perturb(cities,itinerary_ps)

print(howfar(genlines(cities,itinerary_ps)))
```

これで，しばしば**摂動探索**と呼ばれるアルゴリズムが実装できた．ブルートフォース探索のように，適切な巡回ルートが見つかることを期待して，何千もの可能な巡回ルートを試すわけだ．とはいえ，ブルートフォース探索ではすべての可能な巡回ルートが無差別に試されるのに

対し，これは総移動距離を単調に減少させる巡回ルートのみを対象とする「誘導型探索」であるため，適切な解により速く到達するだろう．この章で紹介する最も高度なアルゴリズムであるシミュレーテッドアニーリングは，実はこの摂動探索アルゴリズムにちょっとした機能を追加しただけのものである．

シミュレーテッドアニーリングのコードに入る前に，シミュレーテッドアニーリングが，これまでに説明したアルゴリズムにどのような改善をもたらすかを説明する．また，Pythonでシミュレーテッドアニーリングの機能を実装するために，温度関数を導入する．

貪欲なアルゴリズム

これまで見てきた最近傍アルゴリズムおよび摂動探索アルゴリズムは，貪欲法と呼ばれるアルゴリズムのクラスに属する．貪欲法は逐次的に更新を行っていく．各イテレーションにおいて少なくとも局所的に最適となる選択を繰り返し行っていくが，大域的には最適ではない解を選択しうる．最近傍アルゴリズムの場合，各ステップにおいて選択された都市から見て最も近い都市を次の訪問先として選択するのだ．無論，今いる都市から最も近い都市を次に訪問するということは，局所的には移動する距離を最小化する最適な解ではある．しかし，それ以外の未訪問の都市のことは考慮しないため，グローバルには最適でない可能性がある．個々のイテレーション内では最適な選択をしていても，最終的には合計距離が長くなる巡回ルートが選ばれうるのだ．

ここで言う「貪欲」とは，巡回ルートを決めていく意思決定過程において，直近の改善しか評価しないという近視眼性を指す．最適化問題に対する貪欲法のアプローチを理解するには，たくさんの凹凸のある複雑な丘陵地帯で，最も高い位置を発見しなければならない状況を考えるとよいだろう．このアナロジーでは，より「高い」位置は，より優れた解（巡回セールスマン問題におけるより短い距離の巡回ルート）に対応し，より「低い」位置は，より悪い解（巡回セールスマン問題におけるより長い距離の巡回ルート）に対応する．貪欲法のアプローチは常に丘を登り続けるので，その解はある小さな丘の頂上になる場合もある．「急がば回れ」というように，いったん小高い丘を下り，そしてより高い丘を目指して登り始めたほうがよい場合があるのだ．貪欲法のアルゴリズムは，各イテレーションにおいて常に改善（丘を登り続ける）しか許さない．これは，まさに第3章で説明した問題だ．

ここまで理解したことで，貪欲法によって生じる局所的な最適解に対処するためのアイデアを紹介する準備が，ようやく整った．そのアイデアとは，常に登るという素朴なアイデアを放棄することである．巡回セールスマン問題の場合，最終的に可能な限り最良の巡回ルートとなるように，いったんより合計距離の長い巡回ルートを経る必要があるということだ．いわば，肉を切らせて骨を断つ，である．

温度関数を導入する

　最終的により良い結果を得るために，意図的にいったん悪い状態を作り出そうとすることは，非常に繊細なタスクであり難しい．悪い状態を作り出すためにあまりに頑張りすぎると，すべてのイテレーションで下へ下へと丘を下り続け，その結果，大域的に高い位置どころか，平地にたどり着いてしまうだろう．したがって，最終的により良い結果を得るためにはどうすればよいのかを学習している状況でのみ，われわれは，頻度としてはたまに，巡回ルートとしては少しだけ効率の悪いものを試すやり方を見つける必要があるのだ．

　複雑な丘陵地帯にいる状況をもう一度想像してみよう．最も高い場所の探索を夕方に開始し，残り時間が2時間あるという状況だ．ところが，残り時間を確認するための時計がないとしよう．夕方は気温が徐々に下がるので，残りの探索時間を概算する方法として気温（温度）を使用しよう．

　残り2時間の探索の序盤，まだ気温が比較的高いときに，どんどん新しい探索を行おうとするのは自然なことである．まだ残り時間があるので，地形をより良く理解し，新しい場所をいくつか見てみるために少し丘を下ってみることも，大きなリスクではない．一方，気温が下がり，残り時間がわずかになってくると，このような大胆な探索を続けることは難しいだろう．手近に登れる方向にのみ移動するようになるし，大胆に下る意欲はすでになくなっているのだ．

　この戦略について，そしてそれが最も高い位置に到達するための最良の方法である理由について考えてみよう．なぜときどき下ったほうがよいのかについては，すでに説明した．それは「局所最適」，すなわち本当に最も高い丘ではない中途半端な高さの丘の上に着いてしまうことを避けるためである．では，いつ下るという行動をとるべきだろうか？2時間の探索時間の最後の10秒を考えてみよう．そのときは，今いる場所がどこであっても，その丘をできるだけ登るという行動をとるべきだ．最後の10秒で新しい丘陵地帯を探索して新たな高所を見つけるために下るというのは無駄な行動である．なぜなら，有望な場所を見つけたとしても，残り10秒では登る時間がないからだ．それに下り終わった時点で10秒過ぎているかもしれない．したがって，最後の10秒間は，下るのではなく常に登る行動をとればよい．

　逆に，探索時間である2時間の最初の10秒を考えよう．この10秒間では，ひたすら登り続ける必要はまったくない．最初は少し下って他の場所を探索することで，地形に関して幅広い知見が得られるかもしれないからだ．最初の10秒間で仮に間違った方向へと探索をしてしまった場合でも，あとから挽回するだけの十分な時間がある．この10秒間で学んだことを活かすという意味でも十分な時間があるのだ．最初の10秒間は，最も積極的に丘を下るべきであり，逆に登っていくことについては消極的になるべきなのだ．

　2時間のうち，これらの中間の時間帯についても，同じ考え方で理解できるだろう．終了前の10分間は，終了前の10秒間をより"マイルド"にした方針で探索すればよいだろう．この場合も探索終了が十分に近づいていると言えるので，より積極的に登るのが良さそうだ．しか

し，10分前は10秒前よりも余裕があるので，有望な丘を発見できることも期待して，下ることにもわずかながら積極的である．同じように，開始後10分間は，開始後10秒間をより"マイルド"にしたものである．2時間の全探索期間を眺めると，登る方向と下る方向への積極性・消極性の変化が見て取れる．探索の初期ほど下る意欲が強く，終盤になるほど登る意識が強くなるのだ．

このような"意識"の変化は，温度変化として捉えることができる．これをPythonでモデル化するために，関数を定義しよう．つまり，登るより下りたいと思う暑い時間に探索を始め，下るより登りたいと思う涼しい時間に探索を終えるのだ．この**温度関数**は，比較的単純に定義できる．関数は時間を表すtを引数として取る．

```
temperature = lambda t: 1/(t + 1)
```

Pythonコンソールから温度関数の形状を描画するためのコードを書こう．コードは`matplotlib`をインポートすることから始まり，そして1から99までの時間tを含んだ変数tsを定義する．最後に，各t値に対する温度を描画する．ここで，都市間の距離に単位を使わなかったことを思い出してほしい．今やろうとしていることは，温度変化の一般的な形状を示すことであり，温度の単位やその絶対的な大きさについて考える必要はない．したがって，単位を指定せず，最小温度を0，最大温度を1と定義し，99を最大時間として使用しよう．

```
import matplotlib.pyplot as plt
ts = list(range(0,100))
```

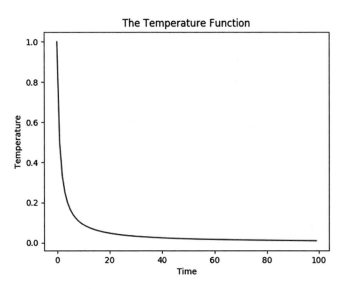

図6.4 時が経つにつれて温度が低下する様子

```
plt.plot(ts, [temperature(t) for t in ts])
plt.title('The Temperature Function')
plt.xlabel('Time')
plt.ylabel('Temperature')
plt.show()
```

このコードを実行すると，図 6.4 を得る．この描画は，最適化計算中の温度変化を示している．温度は，最適化計算の挙動を支配するスケジューラとして機能する．すなわち，丘を下ることへのある時間の積極性は，その時間の温度で決まるのだ．

これで，シミュレーテッドアニーリングを実装するために必要な道具がすべて揃った．これ以上考えすぎる前に実際に試してみよう．

シミュレーテッドアニーリング

巡回セールスマン問題，丘陵地帯での探索問題，摂動探索アルゴリズム，温度関数など，今まで説明してきた考え方をここでまとめてみよう．巡回セールスマン問題のコンテキストにおいて，最も高い頂上の探索を試みる複雑な丘陵地帯は，巡回セールスマン問題のすべての可能な解に対応する．より良い解は丘陵地帯のより高い位置に対応し，より悪い解はより低い位置に対応する．摂動探索アルゴリズムを実装した perturb() 関数を実行すると，この丘陵地帯の別の位置に（できればより高い位置に行けることを祈って！）移動する．

温度関数は，この丘陵地帯の探索をガイドしてくれるものだ．探索を始めたばかりの気温の高い状態のときには，より効率の悪い巡回ルートを選択することが多くなる．一方，探索が進むにつれて気温が下がると，悪い巡回ルートを選択する確率が低くなり，より「貪欲な」探索，すなわち下るより登ることに重点が移る．

ここで実装するシミュレーテッドアニーリングは，摂動探索アルゴリズムの改良版である．摂動探索アルゴリズムとの本質的な違いは，シミュレーテッドアニーリングでは，移動距離を増やすような巡回ルートへの変更を許容する場合があることである．目的は，局所最適解の回避だ．このより効率の悪い巡回ルートを受け入れるか否かは，その時点の気温に依存する．

ここまでの考え方を perturb() に実装しよう．そのためには，新たな引数 time を perturb() に追加する必要がある．time 引数は，シミュレーテッドアニーリングの過程がどれだけ進んでいるかを示すものである．perturb() を最初に呼び出したときに時間 1 となり，その後 perturb() を呼び出すたびに，2, 3, ... とインクリメントされていく．また，温度と乱数を指定する行を追加しよう．ここで指定した乱数が温度よりも小さい場合には，より効率の悪い巡回ルートを勇ましくも受け入れる．逆に乱数が温度よりも大きい場合，より効率の悪い巡回ルートを受け入れることはしない．こうすることで，たまにより効率の悪い巡回ルートを受け入れつつも，気温が下がる（時間が進む）につれて効率の悪い巡回ルートを受け入れる可

能性が減っていくという現象を表現できるのだ．この新しい関数を perturb_sa1() と呼ぼう．
"sa" はシミュレーテッドアニーリング（simulated annealing）の略である．リスト 6.4 に，こ
れらの変更を加えた perturb_sa1() 関数を示す．

リスト 6.4　温度と乱数を導入して perturb() を改良する

```python
def perturb_sa1(cities,itinerary,time):
    neighborids1 = math.floor(np.random.rand() * (len(itinerary)))
    neighborids2 = math.floor(np.random.rand() * (len(itinerary)))

    itinerary2 = itinerary.copy()

    itinerary2[neighborids1] = itinerary[neighborids2]
    itinerary2[neighborids2] = itinerary[neighborids1]

    distance1 = howfar(genlines(cities,itinerary))
    distance2 = howfar(genlines(cities,itinerary2))

    itinerarytoreturn = itinerary.copy()

    randomdraw = np.random.rand()
    temperature = 1/((time/1000) + 1)

    if((distance2 > distance1 and (randomdraw) < (temperature)) \
       or (distance1 > distance2)):
         itinerarytoreturn=itinerary2.copy()

    return(itinerarytoreturn.copy())
```

新しい引数，2 つの変数の定義，および新しい if 文（すべてリスト 6.4 に太字で示されてい
る）を追加するだけで，非常に単純ではあるが，シミュレーテッドアニーリングを動作させる
関数となる．ここで温度関数も少し変更している．この関数は t の値が非常に大きくなったと
きにも呼び出されるため，温度関数の分母の一部として t の代わりに time/1000 を使用する．
シミュレーテッドアニーリングのパフォーマンスを，次のように摂動探索アルゴリズムおよび
最近傍アルゴリズムと比較してみよう．

```python
itinerary = [0,1,2,3,4,5,6,7,8,9,10,11,12,13,14,15,16,17,18,19,20,21,22,23,24,25, \
             26,27,28,29,30,31,32,33,34,35,36,37,38,39]
np.random.seed(random_seed)

itinerary_sa = itinerary.copy()
for n in range(0,len(itinerary) * 50000):
    itinerary_sa = perturb_sa1(cities,itinerary_sa,n)
```

```
print(howfar(genlines(cities,itinerary)))          # ランダムな巡回ルート
print(howfar(genlines(cities,itinerary_ps)))       # 摂動探索
print(howfar(genlines(cities,itinerary_sa)))       # シミュレーテッドアニーリング
print(howfar(genlines(cities,donn(cities,N))))     # 最近傍アルゴリズム
```

　おめでとう！ これで，シミュレーテッドアニーリングを実行できる！と胸を張ってもよいだろう．すでに見たように，ランダムな巡回ルートの合計移動距離は 16.81 であるのに対し，最近傍アルゴリズムでは 6.29 であった．また，摂動探索アルゴリズムの巡回ルートでは 7.38 であり，シミュレーテッドアニーリングの巡回ルートの距離は 5.92 である．この結果から，摂動探索アルゴリズムは最初のランダムなアプローチよりもパフォーマンスが良く，また，最近傍アルゴリズムは摂動探索よりも良い．そして，シミュレーテッドアニーリングは最もパフォーマンスが良いのだ．ただし，他の乱数シードで試すと，シミュレーテッドアニーリングが最近傍に劣る場合もある．これは，シミュレーテッドアニーリングは乱数の選択に強く依存したアルゴリズムであるためであり，うまく動作させるには，種々の調整をする必要があるからだ．この調整を行ったあとは，単純な貪欲法のアルゴリズムよりも一貫して大幅に優れたパフォーマンスが得られる．

　この章の残りの部分では，可能な限り最高のパフォーマンスを得るための調整方法など，シミュレーテッドアニーリングの詳細について説明する．

メタファーベースのメタヒューリスティック

　シミュレーテッドアニーリングの特性は，その手法の起源を知っていれば容易に理解できる．アニーリング（焼きなまし）は，金属を加熱してから徐々に冷却する冶金のプロセスを意味する．金属は高温になると，金属内の原子間の結合が切断される．その後，冷えるにつれて，原子間に新しい結合が形成され，金属が今までとは異なるより望ましい特性を持つようになる．シミュレーテッドアニーリングは，温度が高いときにより悪い解を受け入れることによって状態を壊し，そして，温度が下がる過程で，最初の状態よりも良い状態へと修正されるであろうことを期待できるという意味においてアニーリング（焼きなまし）に似ている．

　このメタファーは，冶金の知識がないとわかりにくいかもしれない．シミュレーテッドアニーリングは，メタファーベースのメタヒューリスティックと呼ばれる手法の 1 つだ．最適化問題を解くために自然界や人間社会に見られる現象を活用する，多くのメタファーベースのメタヒューリスティックがある．蟻コロニー最適化，カッコウ探索，イカ最適化[7]，ネコ群最適化，シャッ

---

[7] 訳注：Cuttlefish Algorithm（CFA）とも呼ばれるようである．日本語で当該アルゴリズムに言及しているものは数少ない．

フル蛙跳びアルゴリズム，皇帝ペンギンコロニーアルゴリズム[8]，ハーモニー探索アルゴリズム（ジャズミュージシャンの即興に基づいたアイデア），雨水アルゴリズム[9]などだ．これらのアナロジーには，考案こそされたものの，あまり有用ではないものもある．しかし，本質的に難しい問題に対する洞察を得るために有用なこともある．いずれにせよ，新たな最適化手法を学ぶことは面白く，それをコーディングすることは楽しいのだ．

アルゴリズムをチューニングする

すでに述べたように，シミュレーテッドアニーリングの結果は，その温度パラメーターの設定に強く依存する．ここまではシミュレーテッドアニーリングの最も簡易なアプローチを紹介したが，以下ではより良い結果を得るためのより細かい変更を解説していこう．パフォーマンスを向上させるため，アルゴリズムの主だった部分を変更することなしにその細部やパラメーターを変更するプロセスは，「チューニング」と呼ばれる．巡回セールスマン問題などの困難な問題を解く場合には，チューニング次第でその結果に大きな違いが生じる可能性がある．

すでに見たように，perturb() 関数は，巡回ルート中の 2 つの都市の順番を交換するという小さな変更を加える．しかし，これが巡回ルートを変更する唯一の方法ではない．どのような巡回ルートの変更方法が最も効果的かを事前に知ることは不可能に近いが，2, 3 の方法を試すことはできる．

巡回ルートを変更する自然な方法の 1 つとして，そのルートの一部を逆順にすることが考えられる．つまり，都市のリストの一部を適当に選択し，その範囲の訪問順序を逆にするのである．Python では，この反転処理を 1 行で実装できる．以下のスニペットは，ある 2 つの数（small と big）により 2 つの都市を選択し，small の都市から big の 1 つ前の都市までの順序を逆にする．

```python
small = 10
big = 20
itinerary = [0,1,2,3,4,5,6,7,8,9,10,11,12,13,14,15,16,17,18,19,20,21,22,23,24,25, \
            26,27,28,29,30,31,32,33,34,35,36,37,38,39]
```

---

[8] 訳注：2019 年 2 月に発表された比較的新しいアルゴリズムであり，アカデミアでの日本語訳はまだ存在しない模様である．このアルゴリズムは，ペンギンの発する体熱の放射とコロニー内をくるくると回り続けるペンギンの特徴的な運動を最適化に活用しているようである．https://link.springer.com/article/10.1007/s12065-019-00212-x を参照．

[9] 訳注：皇帝ペンギンコロニーアルゴリズムに続いて 2019 年 3 月に発表された比較的新しいアルゴリズムであり，これもアカデミアでの日本語訳はまだ存在しない模様である．このアルゴリズムは，雨粒 1 つ 1 つに異なる質量と位置（高さ）を持たせて空から自由落下運動させた後，ある丘（原論文 Fig.1）の勾配に沿って均一に加速しながら下っていき，地面の最も低い場所を探すものである．https://aip.scitation.org/doi/abs/10.1063/1.5095305 を参照．

```
itinerary[small:big] = itinerary[small:big][::-1]
print(itinerary)
```

このスニペットを実行すると，都市 10 から都市 19 までの巡回ルートを逆順にしたものが出力されることがわかる．

```
[0, 1, 2, 3, 4, 5, 6, 7, 8, 9, 19, 18, 17, 16, 15, 14, 13, 12, 11, 10, 20, 21,
22, 23, 24, 25, 26, 27, 28, 29, 30, 31, 32, 33, 34, 35, 36, 37, 38, 39]
```

巡回ルートを変更するまた別な方法として，巡回ルートのある区間を現在の場所から移動する方法を考えることができる．例えば，次の巡回ルートを考えよう．

```
itinerary = [0,1,2,3,4,5,6,7,8,9]
```

ここで，例えば（ランダムに選択されたと見なせる）巡回ルートの区間 [1,2,3,4] を後ろに移動した，新たな巡回ルートを作るのだ．

```
itinerary = [0,5,6,7,8,1,2,3,4,9]
```

Python では，次の簡単なスニペットによりこの操作を実行できる．

```
small = 1
big = 5
itinerary = [0,1,2,3,4,5,6,7,8,9]
tempitin = itinerary[small:big]
del(itinerary[small:big])
np.random.seed(random_seed + 1)
neighborids3 = math.floor(np.random.rand() * (len(itinerary)))
for j in range(0,len(tempitin)):
    itinerary.insert(neighborids3 + j,tempitin[j])
```

perturb() 関数を，ここで紹介した 2 つの巡回ルートの変更法と，もともとの変更法をランダムに切り替えながら，最適なルートの探索を実行するように更新しよう．これを実装するためには，まず 0〜1 の数値をランダムに選択する．この数値が指定した範囲（例えば 0〜0.45）にある場合，巡回ルートの区間を後ろへ移動する．別の範囲（例えば 0.45〜0.55）にある場合，2 つの都市の場所を入れ替える．さらに，それが 0〜1 の残りの範囲（上の例では 0.55〜1）にある場合，巡回ルートの一部を逆の順序にする．これにより，perturb() 関数は 3 種類の変更

法をランダムに切り替えるようになる．このように修正した関数 perturb_sa2() をリスト 6.5
に示す．

リスト 6.5　3 つの異なる方法で巡回ルートを変更する

```python
def perturb_sa2(cities,itinerary,time):
    neighborids1 = math.floor(np.random.rand() * (len(itinerary)))
    neighborids2 = math.floor(np.random.rand() * (len(itinerary)))

    itinerary2 = itinerary.copy()

    randomdraw2 = np.random.rand()
    small = min(neighborids1,neighborids2)
    big = max(neighborids1,neighborids2)
    if(randomdraw2 >= 0.55):
        itinerary2[small:big] = itinerary2[small:big][:: - 1]
    elif(randomdraw2 < 0.45):
        tempitin = itinerary[small:big]
        del(itinerary2[small:big])
        neighborids3 = math.floor(np.random.rand() * (len(itinerary)))
        for j in range(0,len(tempitin)):
            itinerary2.insert(neighborids3 + j,tempitin[j])
    else:
        itinerary2[neighborids1] = itinerary[neighborids2]
        itinerary2[neighborids2] = itinerary[neighborids1]

    distance1 = howfar(genlines(cities,itinerary))
    distance2 = howfar(genlines(cities,itinerary2))

    itinerarytoreturn = itinerary.copy()

    randomdraw = np.random.rand()
    temperature = 1/((time/1000) + 1)

    if((distance2 > distance1 and (randomdraw) < (temperature)) \
       or (distance1 > distance2)):
        itinerarytoreturn = itinerary2.copy()

    return(itinerarytoreturn.copy())
```

　これで perturb() 関数の機能が拡張するとともに，コードは少し複雑になったが，その機
能を制御する設定の柔軟性が向上した．ランダムな数値に基づいて，複数の異なる方法で巡回
ルートに変更を加えることができるようになったのだ．ここで，関数の設定の柔軟性は，必ず
しも今追求する価値がある目標ではない．ましてや，コードをどんどん複雑にしていくことに

ついては，間違いなくわれわれの目指すべき目標ではない．この例に限らず，アルゴリズムの改善を試みるほぼすべての場合において，柔軟な設定とそのトレードオフとして生じるコードの複雑化の妥当性は，目標としているパフォーマンスの向上がその変更により実現するかどうかを評価することを通じて見極める必要がある．これがチューニングの性質なのだ．楽器の調律と同様，弦の適切な張り加減を事前に正確に知ることはできない．糸巻を微妙に動かしながら，その音色を聞いて調整する必要があるのだ．

　ともあれ，ここで行った変更（リスト 6.5 の太字箇所）が出力に与える影響を確認すると，以前に実行していたコードと比較して，そのパフォーマンスが向上していることがわかる．

巡回ルートの顕著な悪化を回避する

　シミュレーテッドアニーリングの本質は，最終的により良い結果を得るためには，いったん悪い状態も経験しておくべきだ，というものだった．ただし，あまりにも現状を悪化させるルート変更は避けたい．新しい perturb() 関数は，ランダムに選択した数値が現在の温度よりも低いと，いつでもより合計距離が長い巡回ルートを受け入れる．コードで示すと，これは次の条件だ（このスニペットは，単独で実行することを意図していない）．

```
if((distance2 > distance1 and randomdraw < temperature) \
   or (distance1 > distance2)):
```

　しかし，より悪い巡回ルートを受け入れる条件を，気温だけではなく，その巡回ルートの変更が「今の巡回ルートをどれだけ悪化させるか」にも依存させたいと思うのは当然だ．巡回ルートの悪化が少ない変更は，大幅に悪化する変更よりも許容されるべきだろう．

　このアイデアを適用するために，「新しい巡回ルートがどれだけ合計距離を長くするのか？」という指標を，巡回ルートの（一時的かもしれない）改悪を受け入れる条件に組み込もう．次に示す条件（このスニペットも，単独では実行できない）は，このアイデアを実装するシンプルなやり方である．

```
scale = 3.5
if((distance2 > distance1 and (randomdraw) < (math.exp(scale*(distance1 \
    -distance2)) * temperature)) or (distance1 > distance2)):
```

　この条件をコードに取り込んだものが，リスト 6.6 である．以下のリストでは，perturb() 関数の最後部分のみを示している．

```
--snip--
# ここに perturb() 関数が入る

scale = 3.5
```

```
if((distance2 > distance1 and (randomdraw) < (math.exp(scale * (distance1 \
        - distance2)) * temperature)) or (distance1 > distance2)):
    itinerarytoreturn = itinerary2.copy()

return(itinerarytoreturn.copy())
```

巡回ルートのリセットを許可する

　シミュレーテッドアニーリングの実行中に，明らかに悪い巡回ルートへの変更を受け入れて
しまう場合がある．その場合の対応として，これまでに発見した最良の巡回ルートとその合計
距離を記録しておき，特定の条件において，その変更を捨てて，これまでの最良の巡回ルートへ
とリセットできるようにしておくとよいだろう．リスト 6.6 に，このリセット処理を行うため
のコードを示す．このコードはスニペットではなく，シミュレーテッドアニーリングのすでに
実装した関数にリセット処理を追加した，新しい関数である．新しい箇所は太字で示している．

リスト 6.6　シミュレーテッドアニーリングを実行し，最適化された巡回ルートを返す

```
def perturb_sa3(cities,itinerary,time,maxitin):
    neighborids1 = math.floor(np.random.rand() * (len(itinerary)))
    neighborids2 = math.floor(np.random.rand() * (len(itinerary)))
    global mindistance
    global minitinerary
    global minidx
    itinerary2 = itinerary.copy()
    randomdraw = np.random.rand()

    randomdraw2 = np.random.rand()
    small = min(neighborids1,neighborids2)
    big = max(neighborids1,neighborids2)
    if(randomdraw2>=0.55):
        itinerary2[small:big] = itinerary2[small:big][::- 1 ]
    elif(randomdraw2 < 0.45):
        tempitin = itinerary[small:big]
        del(itinerary2[small:big])
        neighborids3 = math.floor(np.random.rand() * (len(itinerary)))
        for j in range(0,len(tempitin)):
            itinerary2.insert(neighborids3 + j,tempitin[j])
    else:
        itinerary2[neighborids1] = itinerary[neighborids2]
        itinerary2[neighborids2] = itinerary[neighborids1]

    temperature=1/(time/(maxitin/10)+1)

    distance1 = howfar(genlines(cities,itinerary))
```

```
distance2 = howfar(genlines(cities,itinerary2))

itinerarytoreturn = itinerary.copy()

scale = 3.5

if((distance2 > distance1 and (randomdraw) < (math.exp(scale*(distance1 \
    - distance2)) * temperature)) or (distance1 > distance2)):
    itinerarytoreturn = itinerary2.copy()

reset = True
resetthresh = 0.04
if(reset and (time - minidx) > (maxitin * resetthresh)):
    itinerarytoreturn = minitinerary
    minidx = time

if(howfar(genlines(cities,itinerarytoreturn)) < mindistance):
    mindistance = howfar(genlines(cities,itinerary2))
    minitinerary = itinerarytoreturn
    minidx = time

if(abs(time - maxitin) < = 1):
    itinerarytoreturn = minitinerary.copy()

return(itinerarytoreturn.copy())
```

　これまでに発見された最小距離（`mindistance`），そのときの巡回ルート（`minitinerary`），およびそれが見つかった時間（`minidx`）を逐次記録するためのグローバル変数を定義している．最小距離を達成した巡回ルートよりも良いものが見つからないまま長い時間が経過したら，その間に行った変更は間違いだったと結論でき，過去の最良であった巡回ルートにリセットされるようにしている．つまり，最良の巡回ルートを更新しない変更がずっと続くなら，それらを捨てるのだ．このリセットをするまでにどのくらい待つかは，`resetthresh`という変数を新たに定義し，これにより決定する．最後に，`maxitin`という新しい引数を追加している．これは，現在シミュレーテッドアニーリングの全過程のどこにいるのかを知るには，探索を終了する時刻を知る必要があるからだ．温度関数にもこの`maxitin`を使用することで，巡回ルートの変更方法に合わせて温度曲線を柔軟に調整できるようにしている．探索時間が`maxitin`に到達すると，これまでで最良の巡回ルートを返す．

パフォーマンスをテストする

　巡回ルートの変更方法に各種の改善を施したので，プロセスの全体を実行する`siman()`という関数を作成しよう．この関数は`mindistance`, `minitinerary`, `minidx`という3つのグ

ローバル変数を定義した後に，最新の perturb() 関数を繰り返し呼び出し，最終的には移動距離が非常に短い巡回ルートを発見する（リスト 6.7）．

リスト 6.7　シミュレーテッドアニーリングのプロセスの全体を実行し，移動距離が最小の最適な巡回ルートを返す

```python
def siman(itinerary,cities):
    newitinerary = itinerary.copy()
    global mindistance
    global minitinerary
    global minidx
    mindistance = howfar(genlines(cities,itinerary))
    minitinerary = itinerary
    minidx = 0

    maxitin = len(itinerary) * 50000
    for t in range(0,maxitin):
        newitinerary = perturb_sa3(cities,newitinerary,t,maxitin)

    return(newitinerary.copy())
```

siman() 関数を呼び出し，その結果を最近傍アルゴリズムの結果と比較しよう．

```python
np.random.seed(random_seed)
itinerary = list(range(N))
nnitin = donn(cities,N)
nnresult = howfar(genlines(cities,nnitin))
simanitinerary = siman(itinerary,cities)
simanresult = howfar(genlines(cities,simanitinerary))
print(nnresult)
print(simanresult)
print(simanresult/nnresult)
```

このコードを実行すると，siman() 関数が合計移動距離 5.32 の巡回ルートを生成することがわかる．最近傍アルゴリズムの距離 6.29 と比較すると，これは 15% 以上の改善である．しかし，われわれは約 10 ページも費やしてシミュレーテッドアニーリングという新しい概念に取り組んできたにもかかわらず，たった 15% 程度を改善しただけなのだから，あなたにはこれは圧倒的な改善とは思えないかもしれない．この不満は一理ある．さらに悪いことに，シミュレーテッドアニーリングが最近傍アルゴリズムよりも優れた巡回ルートを返さない可能性もある．しかし，UPS や DHL などのグローバルロジスティクス企業の CEO に，旅費を 15% 削減する方法を提案したとしよう．その削減効果は数十億ドルの規模になるのだから，彼らの目は $ マークに置き換わるだろう．ロジスティクス（物流）は世界中のすべてのビジネスにおいてコ

ストと環境汚染の主な原因であり，巡回セールスマン問題の解決に成功することは，大きな実用的な成果となるのだ．さらに，巡回セールスマン問題は，最適化手法を比較するためのベンチマークとして，また高度な理論的アイデアを研究するためのとっかかりとして，学術的に非常に重要である．

　以下のコマンドを実行することにより，シミュレーテッドアニーリングが生成した最良の巡回ルートを描画できる．

```
plotitinerary(cities,simanitinerary, \
              'Traveling Salesman Itinerary - Simulated Annealing','figure6.5')
```

　その結果が図 6.5 である．

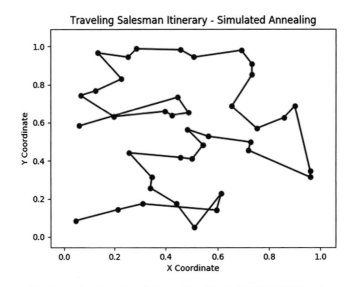

図 6.5　シミュレーテッドアニーリングによる最良の巡回ルート

　一番初めに示したランダムな解法では，ランダムに生成された点を適当に線で結んだだけの描画であった．しかし，各種の手法を使って模索してきた最適化手法が生み出す巡回ルートは，単なるランダムな線ではない．それは，ほぼ無限個ある可能性の中に潜む最も良い解を追求して，数十万回以上の反復を実行した最適化プロセスの大変美しい結果なのだ．

まとめ

　この章では，高度な最適化のケーススタディとして，巡回セールスマン問題について説明した．ブルートフォースな探索，最近傍探索，そしてシミュレーテッドアニーリングという 3 つの異なる最適化問題に対するアプローチを取り上げた．特にシミュレーテッドアニーリングは，最終的により良い解を出すために，いったん悪い状態を経由するという強力な解法であった．巡回セールスマン問題という難解な問題に取り組むことで，他の最適化問題にも適用できるスキルを習得できただろう．ビジネスと科学において，高度な最適化手法は実用的なニーズがある．

　次の章では幾何学に注目し，幾何学的な操作とその構築を可能にする強力なアルゴリズムについて見ていく．さあ，冒険を続けよう！

7

幾何学

　われわれは幾何学を直感的に把握している．家の廊下を移動したり，Pictionary[1)]で絵を描いたり，前の車がどのくらい離れているかを判断したりするたびに，われわれはある種の幾何学的な推測をしている．つまり，われわれは無意識のうちに幾何学のアルゴリズムを習得し，それに依存して行動することが多いのだ．この本をここまで読み進んだあなたは，高度な幾何学がアルゴリズムによる推論に自然に適合すると聞いても驚かないだろう．

　この章では，幾何学的アルゴリズムを用いて郵便局問題を解く．まず問題の説明から始めて，ボロノイ図を使ってどのように解くことができるかを見ていく．残りの部分では，この解をアルゴリズム的に生成する方法を説明する．

郵便局問題

　あなたがベンジャミン・フランクリンで，新しい国の最初の郵政長官に任命されたと想像してみよう．既存の郵便局は人口の増加に伴って無秩序に建てられていたので，あなたの仕事はこれらの混沌とした状態を全体に最適化することである．ある町では，図7.1のように，4つの

[1)] 訳注：カードに示されたお題を，絵で素早く描いて自チームの仲間に当ててもらい，自チームのコマをより早くゴールまで進めるゲーム．

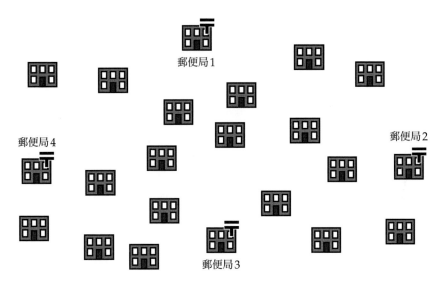

図 7.1　ある町の郵便局

郵便局が家々の間に配置されているとしよう.

　あなたの新しい国にはこれまで郵政省がなかったので,郵便の配達を最適化するための監視が行われていなかった.そのため,図 7.2 のように,郵便局 4 が郵便局 2 と郵便局 3 に近い家の配達を受け持っていたり,郵便局 2 が郵便局 4 に近い家を受け持っていたりして,非効率が生じている可能性がある.

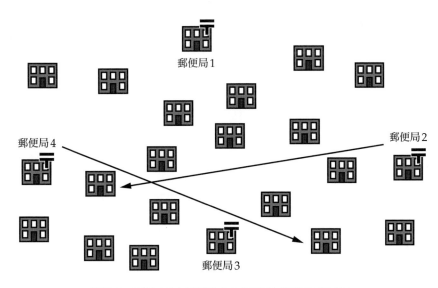

図 7.2　郵便局 2 と郵便局 4 の非効率な配達の受け持ち

それぞれの郵便局が最適な配達先を受け持つように，配達の割り当てを変更することができる．最適な割り当てには，所属する郵便配達員の人数や，配達に使う自転車やバイクの台数，住所に基づく区分けなど，さまざまな要因がからむだろう．しかし，おそらく理想的な割り当て方は，単に各郵便局にその近所のエリアを受け持たせる方法だろう．これは，配達に必要な合計移動距離を減らしたいという意味では，第6章で扱った巡回セールスマン問題に似ていることに気づくかもしれない．しかし，巡回セールスマン問題は1人のセールスマンが都市を回る順序を最適化する問題であったのに対し，こちらは多くの郵便配達員の多くのルートの割り当てを最適化する問題である．実際には，この問題と巡回セールスマン問題を連続して解くことで最良の結果を得ることができる．すなわち，どの郵便局がどの家に配達すべきかを決めた後，巡回セールスマン問題を使って，個々の郵便配達員の配達順序を決めるのだ．

　この**郵便局問題**の最も簡単な方法は，それぞれの家を順番に考え，その家と4つの郵便局の間の距離を計算し，その距離に基づいてその家を受け持つ郵便局を決める方法である．

　しかし，この方法にはいくつかの弱点がある．第1に，この方法では，新築された住宅の受け持ちを簡単に決めることができない．すべての既存の郵便局との距離を測って比較するという手間のかかるプロセスを経なければならないのだ．第2に，個々の家を基準にするやり方では，エリアをまとめて扱うことができない．例えば，ある郵便局に近く，他の郵便局からは何マイルも離れている集落があるとする．このような場合には，集落全体を1つにまとめて，その近所の郵便局が受け持つことにすると手っ取り早い．この集落のすべての家について，同じ答えを得るために何度も測定と比較を繰り返すことは，明らかに無駄なのだ．

　もし集落やエリアを一括して扱えるならば，家ごとの計算は，やらなくてもいい作業の膨大な繰り返しになる．現在世界中で見られるように，多くの郵便局があり，建設速度が速い数千万人規模のメガシティ[2]では，この方法は不必要に時間がかかり，計算リソースの負担が重くなるだろう．

　もっとエレガントな方法は，地図を各郵便局が受け持つエリアごとに区画するやり方だ．図7.3のように，2本の直線を引くだけで，これを達成できる．つまり，すべての家に対して，最も近い郵便局がその地域を共有していることになる．このように地図全体を分割すると，住宅が新築されたときも，それがどの地域にあるかを確認するだけで簡単に最寄りの郵便局を特定できる．

　このように地図を母点（この例では郵便局）への近接性により領域に細分化したダイアグラムは，**ボロノイ図**と呼ばれている[3]．ボロノイ図の歴史は古く，ルネ・デカルトにまで遡る．過

---

[2] 訳注：メガシティの定義はさまざまであるが，国際連合の統計局の定義によると，居住者が少なくとも1千万人を超える都市部だとしている．

[3] 訳注：社会での活用は，「社会，プロダクト，都市に転換できる「ボロノイ図」って何？」という記事が，参考になるかもしれない．https://amanatoh.jp/event/report/4925/ を参照．

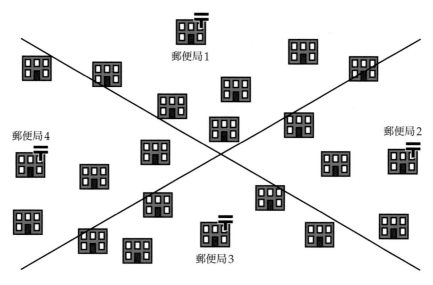

図 7.3　最適な郵便配達地域に分けるボロノイ図

去には，ロンドンの水ポンプの配置を分析して，コレラの感染拡大の経緯を示すために使用された し，現代でも物理学や材料科学で結晶構造を表現するために使用されている．この章では，任意の点の集合に対してボロノイ図を生成し，郵便局問題を解くアルゴリズムを紹介する．

三角形入門

話を戻して，これから探索するアルゴリズムの中で最も単純な要素から始めよう．本章のテーマである幾何学の中で，最も単純な要素は点である．次の例のように，点は x 座標と y 座標という 2 つの要素を持つリストとして表現される．

```
point = [0.2, 0.8]
```

次に，少し複雑にして，点を組み合わせて三角形を形成する．ここでは，三角形を 3 つの点のリストとして表現する．

```
triangle = [[0.2,0.8],[0.5,0.2],[0.8,0.7]]
```

また，3 つの点の集合を三角形に変換するヘルパー関数[4]を定義してみよう．この小さな関数は，3 つの点をリストに集めて，そのリストを返すだけである．

---

[4] 訳注：他の関数に依存することなく，特定の 1 つのタスクを行う関数.

```
def points_to_triangle(point1,point2,point3):
    triangle = [list(point1),list(point2),list(point3)]
    return(triangle)
```

　作業している三角形を視覚化できると便利だ．任意の三角形をプロットする簡単な関数を作ってみよう．

　まず，第 6 章で定義した genlines() 関数を使う．この関数は，ここでは点の集合である listpoints を引数に取り，それらを結ぶ線を itinerary で指定された順序でまとめて返す関数だ．この関数も非常にシンプルで，点を lines と呼ばれるリストに追加するだけである．

```
def genlines(listpoints,itinerary):
    lines = []
    for j in range(len(itinerary)-1):
        lines.append([listpoints[itinerary[j]],listpoints[itinerary[j+1]]])
    return(lines)
```

　次に，簡単なプロット関数を作成する．この関数は，三角形を受け取り，それを x と y の値に分割し，genlines() を呼び出してその値に基づいて線の集合を作成し，点と線をプロットし，最後に図を png ファイルに保存する．この関数はプロットのために pylab モジュールを使い，線の集合を作成するために matplotlib モジュールのコードを使う．リスト 7.1 はこの関数を示している．

リスト 7.1　三角形をプロットする

```
import pylab as pl
from matplotlib import collections as mc
def plot_triangle_simple(triangle,thename):
    fig, ax = pl.subplots()

    xs = [triangle[0][0],triangle[1][0],triangle[2][0]]
    ys = [triangle[0][1],triangle[1][1],triangle[2][1]]

    itin = [0,1,2,0]

    thelines = genlines(triangle,itin)

    lc = mc.LineCollection(genlines(triangle,itin), linewidths=2)

    ax.add_collection(lc)

    ax.margins(0.1)
```

```
    pl.scatter(xs, ys)
    pl.savefig(str(thename) + '.png')
    pl.close()
```

これで，3つの点を選択して三角形に変換し，それをプロットすることができる．

```
plot_triangle_simple(points_to_triangle((0.2,0.8),(0.5,0.2),(0.8,0.7)),'tri')
```

結果を図7.4に示す．

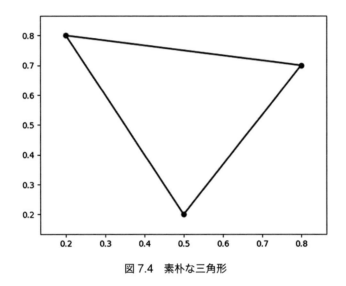

図7.4　素朴な三角形

　また，任意の2点間の距離を，ピタゴラスの定理を使って計算できる機能があると便利だろう．

```
def get_distance(point1,point2):
    distance = math.sqrt((point1[0] - point2[0])**2 + (point1[1] - point2[1])**2)
    return(distance)
```

　さて，三角形の議論のレベルを上げる前に，幾何学におけるいくつかの一般的な用語を思い出しておこう．

- **二等分線**：線分を2等分する線．2等分すると，線分の中点を見つけることができる．
- **等辺**：多角形を構成する長さが等しい辺．すべての辺の長さが等しいさまざまな多角形の形状を説明するために，この用語が使用される．

- **垂直**：90 度の角度を持つ 2 本の線を表現する方法.
- **頂点**：多角形に使われる場合は，2 本の辺が接しているか交わっている点.

大学院レベルの高度な三角形の特性

　科学者であり哲学者でもあるゴットフリート・ライプニッツは，われわれの世界は「仮説が最も単純で，現象が最も豊富」であるがゆえ，あらゆる可能性のある世界の中で最高のものであると考えた．科学の法則はいくつかの単純な法則に集約することができ，その法則が，われわれが観察している世界の複雑な多様性と美しさに繋がっていると，ライプニッツは考えていた．これは宇宙には当てはまらないかもしれないが，三角形には確かに当てはまる．仮説を立てる際には，極めて単純なもの（3 辺のある形）から始めると，非常に豊かな現象の世界に入っていくことができるのだ．

外心を探す

　三角形の世界に存在している豊かな現象の入口に立つために，次のような簡単なアルゴリズムを考えてみよう.

1. 三角形の各辺の中点を求める.
2. 三角形の各頂点から反対側の辺の中点まで線を引く.

このアルゴリズムに従うと，図 7.5 のような図が描かれる.

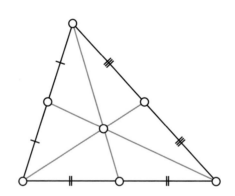

図 7.5　幾何中心（出典：Wikimedia Commons）

　驚くべきことに，描いたすべての線は，三角形の「中心」のように見える 1 点に集まっている．どのような形の三角形で試しても，3 本の線はすべて 1 点で交わる．この点は，一般的に三角形の**幾何中心**と呼ばれ，三角形の内側の中心に見える場所にある．

円をはじめとするいくつかの図形は，いかにもその図形の中心と見なせる点を 1 つだけ持つ．しかし，三角形はそうではない．幾何中心以外にも，中心と見なされる点はある．任意の三角形に対して，この新しいアルゴリズムを考えてみよう．

　　1. 三角形の各辺を 2 等分する．
　　2. 各辺の中点を通って，各辺に垂直な線を引く．

　この場合，幾何中心のような，いかにも三角形の中心に見える点で交わるとは限らない．図 7.5 と図 7.6 を比較してみよう．

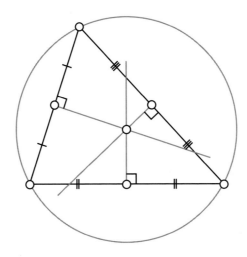

図 7.6　三角形の外心（外接円の中心）（出典：Wikimedia Commons）

　この点は幾何中心ではないが，三角形の内側にあることが多い．この点にはもう 1 つ面白い性質がある．それは，三角形の 3 つの頂点を通る唯一の円の中心になることだ．これも三角形に関連した多様な性質の 1 つである．すべての三角形には，3 つの頂点のすべてを通る 1 つの固有の円があるのだ．この円は三角形を囲む円であるため，**外接円**と呼ばれている．先ほど説明したアルゴリズムは，その外接円の中心を求めるものだ．このため，これらの 3 本の線が出会う点は**外心**と呼ばれる．

　幾何中心と同様に，外心も三角形の中心と呼ばれる可能性があるが，三角形の中心はこれらだけではない．“Encyclopedia of Triangle Centers”（https://faculty.evansville.edu/ck6/encyclopedia/ETC.html）には，何らかの理由で三角形の中心として扱われる可能性がある点が 2022 年時点で 4 万種類以上集められており，現在も増え続けている．このサイトでは，三角形の中心について，「無限と言っていいほど存在するが，そのうちのごく限られた数しか公表されない」と記載している．驚くべきことに，たった 3 つの点と辺からなる三角形の中心は，ラ

イプニッツも喜ぶような無限大のリストにまで広がるのだ.

外接円をプロットする前処理として，任意の三角形の外接円の中心（外心）と半径を求める関数を書こう. この関数は，複素数への変換を伴い，三角形を入力とし，外心と外接円の半径を出力として返す.

```python
def triangle_to_circumcenter(triangle):
    x,y,z = complex(triangle[0][0],triangle[0][1]), complex(triangle[1][0], \
            triangle[1][1]), complex(triangle[2][0],triangle[2][1])
    w = z- x
    w /= y - x
    c = (x-y) * (w-abs(w)**2)/2j/w.imag - x
    radius = abs(c + x)
    return((0 - c.real,0 - c.imag),radius)
```

この関数による外心と半径の具体的な計算方法は複雑である. ここでは触れないので，是非あなた自身がコードを触って理解してほしい.

プロット機能を改善する

任意の三角形の外心と外接円の半径を計算できるようになったので，plot_triangle() 関数を，すべてをプロットできるように改良しよう. リスト 7.2 は新しい関数を示している.

リスト 7.2 　外心と外接円をプロットするように plot_triangle() 関数を拡張する

```python
def plot_triangle(triangles,centers,radii,thename):
    fig, ax = pl.subplots()
    ax.set_xlim([0,1])
    ax.set_ylim([0,1])
    for i in range(0,len(triangles)):
        triangle = triangles[i]
        center = centers[i]
        radius = radii[i]
        itin = [0,1,2,0]
        thelines = genlines(triangle,itin)
        xs = [triangle[0][0],triangle[1][0],triangle[2][0]]
        ys = [triangle[0][1],triangle[1][1],triangle[2][1]]

        lc = mc.LineCollection(genlines(triangle,itin), linewidths = 2)

        ax.add_collection(lc)
        ax.margins(0.1)
        pl.scatter(xs, ys)
        pl.scatter(center[0],center[1])
```

```
        circle = pl.Circle(center, radius, color = 'b', fill = False)

        ax.add_artist(circle)
    pl.savefig(str(thename) + '.png')
    pl.close()
```

　このコードを説明しよう．まず，2つの新しい引数を追加している．すなわち，三角形のそれ
ぞれの外心のリストである centers 変数と，半径のリストである radii 変数だ．この関数は
1つの三角形を描くのではなく，複数の三角形を描くことを目的としているので，引数はリス
トになることに注意しよう．円を描くには，pylab の円プロット機能を使う．本章の後半では，
複数の三角形を同時に扱うことになるので，このように，複数の三角形をプロットできる機能
があると便利なのだ．そのため，ループを使って複数の三角形を連続してプロットする．
　2つの三角形を定義して，この関数を呼び出そう．

```
triangle1 = points_to_triangle((0.1,0.1),(0.3,0.6),(0.5,0.2))
center1,radius1 = triangle_to_circumcenter(triangle1)
triangle2 = points_to_triangle((0.8,0.1),(0.7,0.5),(0.8,0.9))
center2,radius2 = triangle_to_circumcenter(triangle2)
plot_triangle([triangle1,triangle2],[center1,center2],[radius1,radius2],'two')
```

　この出力を図 7.7 に示す．

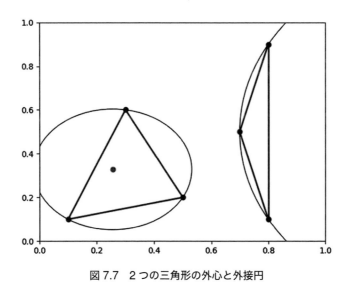

図 7.7　2つの三角形の外心と外接円

　最初の三角形は正三角形に近い．外接円は小さく，外心は三角形の中にある．2番目の三角形
は細くて薄い三角形だ．この三角形の外接円は大きく，外心はプロットの領域の外にある．す

べての三角形には，その形に応じた固有の外接円がある．いろいろな三角形を定義して，この関数でプロットしてみよう．外接円の違いは，本章の後の例で重要になってくる．

ドロネー三角形分割

この章の最初の主要なアルゴリズムの準備ができた．点の集合を入力とし，三角形の集合を出力として返すものだ．このように点の集合を三角形の集合に変換することを**三角形分割**と呼ぶ．

本章の冒頭で定義した `points_to_triangle()` 関数は，最も単純な三角形分割アルゴリズムだ．しかし，これは 3 つの点を入力した場合にしか動作しないため，制限が大きいアルゴリ

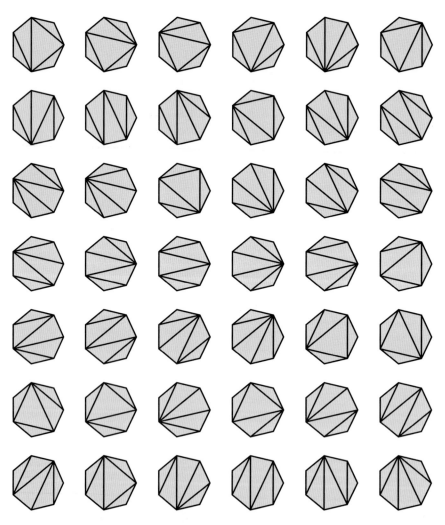

図 7.8　正七角形を三角形分割する全 42 パターン（出典：Wikipedia）

ズムと言える．3つの点を三角形分割する方法は1つしかない．それら3つの点からなる三角形を出力することである．4つ以上の点から三角形を作成する場合，その方法は当然1つだけではない．例えば，正七角形を三角形分割する方法は42通りある（図7.8）．8つ以上の点があり，それらが不規則に配置されている場合，可能な三角形分割の数は急激に増加していく．

三角形分割は，紙とペンを用意して点と点を繋げれば手動で行うことができるが，アルゴリズムを使うとより速く，より良い方法でできる．

三角形分割アルゴリズムには，いくつかの種類がある．速度や単純さを重視したものもあるし，ある特性を持つ三角形分割だけを出力するようにしたものもある．ここでは，ボウヤー–ワトソン（Bowyer-Watson）アルゴリズムと呼ばれるものを取り上げる．このアルゴリズムは，点の集合を入力とし，ドロネー三角形分割を出力するように設計されている．

ドロネー三角形分割は，薄く潰れたような三角形を避け，正三角形に近い三角形を出力する特徴がある．外接円は，三角形が正三角形に近づくにつれて小さくなり，薄く潰れていくにつれて大きくなる．このことを念頭に置いて，ドロネー三角形分割の技術的な定義を考えてみよう．ドロネー三角形分割とは，点の集合に対して，すべての点を結ぶ三角形の集合であって，どの三角形の外接円内にも他の点が入らない三角形分割を指す．薄く潰れた三角形の大きな外接円は，他の点の1つ以上を包含する可能性が高いので，どの外接円の内側にも点が入らないという規則は，薄く潰れた三角形が少ない三角形分割をもたらす．もしこの説明の意味がよくわからなくても，心配はいらない．以下で実物を見ると納得できるだろう．

逐次的ドロネー三角形分割

最終目標は，任意の点の集合に対して，完全なドロネー三角形分割を出力する関数を書くことだ．しかし，まずは簡単なことから始めよう．n 個の点に対してすでに完成しているドロネー三角形分割に新たに1点を加え，$n+1$ 点のドロネー三角形分割を出力する関数を書いてみよう．この n から $n+1$ へ拡張する関数を使えば，完全なドロネー三角形分割関数が書けるようになるのだ．

NOTE 本節で利用している例や画像は，LeatherBee さん（https://leatherbee.org/index.php/2018/10/06/terrain-generation-3-voronoi-diagrams/）の好意によるものである．

まず，図7.9に示す9点のドロネー三角形分割をすでに持っているとする．このドロネー三角形分割に10番目の点を追加する（図7.10）．ドロネー三角形分割には，どの三角形の外接円にも3点以外の点が含まれないという唯一のルールがある．そこで，既存のドロネー三角形分割のすべての外接円をチェックして，点10がその中に含まれるかどうかを確認する．すると，点10が3つの外接円に含まれることがわかる（図7.11）．これらの三角形は，もはやドロネー三角形分割に入れることはできないので，削除して図7.12のようにする．

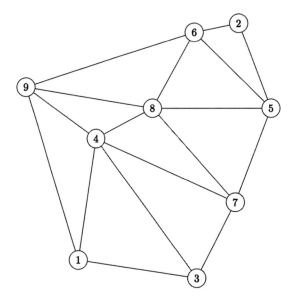

図 7.9　9 点のドロネー三角形分割

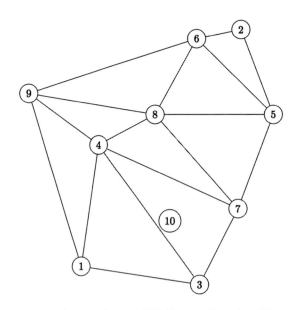

図 7.10　9 点のドロネー三角形分割に 10 番目の点を追加する

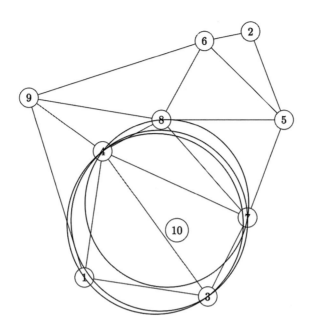

図 7.11　3 つの三角形の外接円は点 10 を囲む

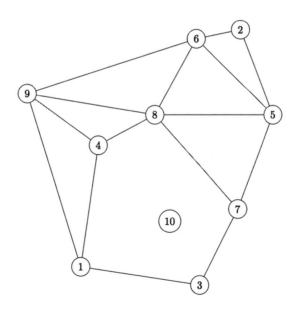

図 7.12　無効な三角形を削除する

次に，この空洞部分を埋めて，点 10 を他の点と繋いで，ドロネー三角形分割を再構築する必要がある．点 10 を結ぶ方法は，簡単に説明できる．点 10 を含む空の多角形の各頂点と点 10 を辺で結ぶのだ（図 7.13）．

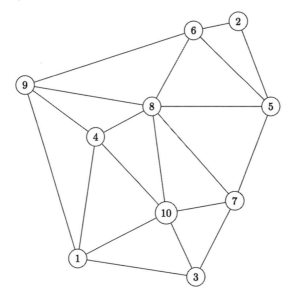

図 7.13　空の多角形内の三角形を再構成し，10 点のドロネー三角形分割を完成させる

9 点のドロネー三角形分割からスタートし，新たな点を追加して，10 点のドロネー三角形分割に再構成した．このプロセスは簡単に見えるかもしれない．しかし残念なことに，幾何学的アルゴリズムによくあることとして，人間の目には明確で直感的に見えることでも，コードを書くには厄介な場合がある．しかし，勇敢な冒険家たちよ，くじけてはいけない．

ドロネー三角形分割を実装する

まず，すでにドロネー三角形分割があると仮定して，それを delaunay と呼ぶことから始めよう．それは三角形のリストに過ぎない．以下のように，ドロネー三角形分割は 1 つの三角形でも始めることができる．

```
delaunay = [points_to_triangle((0.2,0.8),(0.5,0.2),(0.8,0.7))]
```

次に，追加したいポイントを point_to_add として定義する．

```
point_to_add = [0.5,0.5]
```

これらに対してまずすべきことは，既存のドロネー三角形分割のうち，外接円内に point_to_add が含まれて無効になった三角形を特定することである．これは以下のようにする．

1. 既存のドロネー三角形分割の 1 つ目の三角形について，その外接円の中心（外心）と半径を求める．
2. point_to_add と外心との間の距離を求める．
3. この距離が外接円の半径よりも小さければ，新しい点は三角形の外接円内にあるので，この三角形は無効であり，ドロネー三角形分割から削除する必要があると判定する．
4. 1〜3 を既存のドロネー三角形分割内の他の三角形に対して繰り返す．

　以下のコードスニペットを使用して，これらの手順を行うことができる．

```python
import math
invalid_triangles = []
delaunay_index = 0
while delaunay_index < len(delaunay):
    circumcenter,radius = triangle_to_circumcenter(delaunay[delaunay_index])
    new_distance = get_distance(circumcenter,point_to_add)
    if(new_distance < radius):
        invalid_triangles.append(delaunay[delaunay_index])
    delaunay_index += 1
```

　このスニペットは invalid_triangles という空のリストを作成し，既存のドロネー三角形分割内のすべての三角形をループして，それぞれの三角形が無効かどうかをチェックする．これは，point_to_add からそれぞれの外心までの距離が外接円の半径よりも小さいかどうかを調べることで行われる．無効な三角形があれば，それを invalid_triangles リストに追加する．

　無効な三角形のリストが完成したら，それらの三角形を削除する．後に新しい三角形をドロネー三角形分割に追加する際には，無効な三角形に含まれるすべての点のリストがあると便利である．なぜなら，これらの点から新しい有効な三角形を作るからだ．次のコードスニペットでは，ドロネー三角形分割からすべての無効な三角形を削除し，それらの三角形の頂点の集合を取得する．

```python
points_in_invalid = []

for i in range(len(invalid_triangles)):
    delaunay.remove(invalid_triangles[i])
    for j in range(0,len(invalid_triangles[i])):
        points_in_invalid.append(invalid_triangles[i][j])
```
❶ `points_in_invalid = [list(x) for x in set(tuple(x) for x in points_in_invalid)]`

最初に points_in_invalid という空のリストを作成する．次に，invalid_triangles を
ループし，python の remove() メソッドを使用して，既存のドロネー三角形分割から無効な三
角形を削除する．次に，今削除した三角形のすべての頂点をループして，points_in_invalid
リストに追加する．最後に，重複した点が points_in_invalid リストに追加された可能性があ
るので，リスト内包表記❶を使って，一意の値のみを持つ points_in_invalid を再作成する．

このアルゴリズムは，最後のステップが最も厄介だ．無効な三角形を削除した空洞に，新し
い三角形を追加しなければならない．それぞれの新しい三角形は，point_to_add を頂点の1
つとし，既存のドロネー三角形分割に含まれる2つの点を他の頂点として持つことになる．し
かし，point_to_add と既存の2つの点の組合せをすべて追加することはできない．

図 7.12 と図 7.13 では，新たに追加した三角形は，点 10 を頂点の1つとし，点 10 を囲む空
の多角形の各辺を点 10 の反対側の辺とした三角形であることに注目してほしい．これは目で見
る分には簡単そうに見えるかもしれないが，そのためのコードは一筋縄では書けない．

図 7.12 に線を追加して図 7.13 になるようにするコードを書くためには，簡単な幾何学的ルー
ルを見つける必要がある．図 7.13 の新しい三角形を生成するために利用できるルールを考えて
みよう．数学的な状況ではよくあることだが，複数の等価なルールを見つけることができる．
三角形の定義の1つは「3つの点の集合」なので，三角形の生成には点集合に関連したルールが
あるかもしれない．別の三角形の定義は，「3つの線分の集合」なので，線に関連した他のルー
ルも考えられる．われわれは理解しやすく，かつ実装しやすい最も簡単なルールを求めている．
それはどのようなルールでも構わない．この観点から考えられるルールの1つは，次のような
ものである．無効なすべての三角形のある2頂点と point_to_add を結んだすべての可能な三
角形のうち，point_to_add を含まない辺が無効な三角形のリストに1回だけ現れるもののみ
を新たに追加する三角形とする．1回だけ現れる辺は point_to_add を囲む多角形の辺である
ため，point_to_add は各三角形の外接円内に含まれなくなり，ドロネー三角形分割が成立す
るのだ（図 7.12 では，該当する辺は点 1, 4, 8, 7, 3 を結ぶ多角形の辺）．

以下のコードは，このルールを実装したものである．

```python
for i in range(len(points_in_invalid)):
    for j in range(i + 1,len(points_in_invalid)):
        # 2 点が無効な三角形にともに含まれる回数を数える
        count_occurrences = 0
        for k in range(len(invalid_triangles)):
            count_occurrences += 1 * (points_in_invalid[i] in \
                invalid_triangles[k]) * (points_in_invalid[j] in \
                invalid_triangles[k])
        if(count_occurrences == 1):
            delaunay.append(points_to_triangle(points_in_invalid[i], \
                        points_in_invalid[j], point_to_add))
```

このコードでは，points_in_invalid のすべての点をループする．その各イテレーションでは，points_in_invalid の今扱っている点以降のすべての点をループする．この二重ループにより，無効な三角形に含まれる 2 点の組合せをすべて扱うことができる．それぞれの組合せについて，すべての無効な三角形をループし，それら 2 点が無効な三角形にともに含まれる回数を数える．2 点がともに含まれる無効な三角形が 1 つだけのとき，その 2 点は新しい三角形に使うべきものだ．それら 2 点と point_to_add で構成される三角形をドロネー三角形分割に追加する．

これで，既存のドロネー三角形分割に新しい点を追加し，ドロネー三角形分割を再構成するためのステップが完成した．これにより，n 個の点を持つドロネー三角形分割に新しい点を追加して，$n+1$ 点のドロネー三角形分割を作成することができる．ここで，このステップを使用して，n 個の点の集合を取得し，0 点から n 点までのドロネー三角形分割をゼロから構築する方法を学ぶ必要がある．ドロネー三角形分割を開始したあとはとても簡単だ．すべての点を追加するまで，n 点から $n+1$ 点までのプロセスを何度も繰り返すだけである．

とはいえ，もう 1 つだけ複雑なことがある．後ほど説明する理由により，ドロネー三角形分割を生成している点の集合に，さらに 3 つの点を追加したいのだ．追加する 3 点は，選択した点（ドロネー三角形分割を生成している点集合）のはるか外側に位置することになる[5]．この 3 点は，最上点と左端の点を見つけ，この 2 点よりも高くて左に離れた新しい点を追加し，最下点と右端の点，および最下点と左端の点についても同様の処理を行うことで，適切に配置できる[6]．以上のステップをまとめて，ドロネー三角形分割を行っていく．まず，3 つの点を結ぶドロネー三角形分割を作成する．つまり，先ほどと同様に，3 点だけのドロネー三角形分割から始める．次に，これまで見てきたロジックに従って，3 点のドロネー三角形分割を 4 点のドロネー三角形分割に拡張し，さらに 5 点のドロネー三角形分割に拡張する，というように，目的の個数の点に達するまで 1 つずつ点を加えていく．

リスト 7.3 では，先ほど書いたコードを組み合わせて，gen_delaunay() という関数を作る．この関数は点集合を入力として受け取り，完全なドロネー三角形分割を出力する．

リスト 7.3　点集合を受け取り，ドロネー三角形分割を返す

```python
def gen_delaunay(points):
    delaunay = [points_to_triangle([-5,-5],[-5,10],[10,-5])]
    number_of_points = 0

    while number_of_points < len(points): ❶
    point_to_add = points[number_of_points]

    delaunay_index = 0
```

[5] 訳注：追加したこの 3 点による三角形を以降では「外部三角形」と呼ぶ．

[6] 訳注：このように，与えられた点集合を内包する架空の外部三角形を作らなければならない．なぜなら，こうしないと，すでにドロネー三角形分割されている領域の内部へ点を追加することができないからである．

```
    invalid_triangles = [] ❷
    while delaunay_index < len(delaunay):
        circumcenter,radius = triangle_to_circumcenter(delaunay[delaunay_index])
        new_distance = get_distance(circumcenter,point_to_add)
        if(new_distance < radius):
            invalid_triangles.append(delaunay[delaunay_index])
        delaunay_index += 1

    points_in_invalid = [] ❸
    for i in range(0,len(invalid_triangles)):
        delaunay.remove(invalid_triangles[i])
        for j in range(0,len(invalid_triangles[i])):
            points_in_invalid.append(invalid_triangles[i][j])
    points_in_invalid = [list(x) for x in set(tuple(x) for x in points_in_invalid)]

    for i in range(0,len(points_in_invalid)): ❹
        for j in range(i + 1,len(points_in_invalid)):
            # 2 点が無効な三角形にともに含まれる回数を数える
            count_occurrences = 0
            for k in range(0,len(invalid_triangles)):
                count_occurrences += 1 * (points_in_invalid[i] \
                    in invalid_triangles[k]) * (points_in_invalid[j] in \
                    invalid_triangles[k])
            if(count_occurrences == 1):
                delaunay.append(points_to_triangle(points_in_invalid[i], \
                            points_in_invalid[j], point_to_add))

    number_of_points += 1

return(delaunay)
```

　完全なドロネー三角形分割関数は，先に述べた外部三角形を設定することから始まる．次に，
points に含まれるすべての点をループする（❶）．各イテレーションでは，まずすべての点に
ついて，無効な三角形のリストを作成する（❷）．無効な三角形とは，ドロネー三角形分割内の
三角形のうち，現在対象としている点をその外接円内に含むものすべてである．これらの無効
な三角形をドロネー三角形分割から削除し，それらの無効な三角形の頂点のリストを作成する
（❸）．次に，これらの点を使用して，ドロネー三角形分割のルールに従った新しい三角形を追
加する（❹）．これらは，すでに紹介したコードを使って，段階的に実行される．最後に，ドロ
ネー三角形分割を構成する三角形のリスト delaunay を返す．
　この関数を呼び出すことで，任意の点の集合に対してドロネー三角形分割を簡単に生成でき
る．次のコードでは，N に数値を指定し，N 個のランダムな点（x と y の値）を生成する．そし
て，x と y の値を zip() で結合してリストにまとめて，gen_delaunay() 関数に渡し，完全な

ドロネー三角形分割を取得して，the_delaunay という変数に格納する．

```
N = 15
import numpy as np
np.random.seed(5201314)
xs = np.random.rand(N)
ys = np.random.rand(N)
points = zip(xs,ys)
listpoints = list(points)
the_delaunay = gen_delaunay(listpoints)
```

次節では，ボロノイ図を生成するためにこの the_delaunay を使用する．

ドロネー三角形分割からボロノイ図へ

前節まででドロネー三角形分割生成アルゴリズムが完成したので，ボロノイ図の生成アルゴリズムも理解できるようになった．このアルゴリズムに従うことで，点の集合からボロノイ図を作成することができる．

1. 点の集合のドロネー三角形分割を求める．
2. ドロネー三角形分割の各三角形の外心を求める．
3. 辺を共有するすべての三角形の外心を結ぶ線を引く．

ステップ 1 を実行する方法はすでにわかっている（前節で実行した）し，ステップ 2 は triangle_to_circumcenter() 関数で実行することができる．したがって，必要なのは，ステップ 3 を達成するためのコードスニペットだけだ．

ステップ 3 のコードは，プロット関数の中に書くことになる．三角形と外心の集合を入力としてこの関数に渡すことを思い出そう．このコードでは，外心を結ぶ線の集合を作成する必要がある．ただし，すべての外心を結ぶわけではなく，辺を共有する三角形の外心のみを結ぶ．

これまでのコードは，三角形を辺ではなく頂点の集合として定義しているが，2 つの三角形が 1 つの辺を共有しているかどうかをチェックすることは簡単だ．2 点を共有しているかどうかをチェックすればよいのだ．1 点しか共有していない場合は，共通の頂点はあるが，共通の辺はない．3 点を共有している場合，それらは同じ三角形なので，同じ外心を持つことになる．このコードはすべての三角形をループし，各イテレーションでは，再びすべての三角形をループし，2 つの三角形が共有する頂点の数をチェックする．共通する頂点の数が 2 つであれば，それらの三角形の外心を線で結ぶ．これらの線がボロノイ図の境界線となる．次のコードスニペットは，三角形をループする方法を示している．ただし，これはより大きいプロット関数の一部であるため，まだ実行してはいけない．

```
--snip--
for j in range(len(triangles)):
    commonpoints = 0
    for k in range(len(triangles[i])):
        for n in range(len(triangles[j])):
            if triangles[i][k] == triangles[j][n]:
                commonpoints += 1
    if commonpoints == 2:
        lines.append([list(centers[i][0]),list(centers[j][0])])
```

　ボロノイ図をプロットするという最終ゴールを目指して，このコードをプロット関数に追加
しよう．そのほかにも，プロット関数にいくつかの必要なコードを追加する（詳細はリスト 7.4
を示したあとで説明する）．

　新しいプロット関数をリスト 7.4 に示す．変更点は太字にしている．

リスト 7.4　三角形，外心，外接円，ボロノイ点，ボロノイ境界をプロットする

```
def plot_triangle_circum(triangles,centers,plotcircles,plotpoints, \
                         plottriangles,plotvoronoi,plotvpoints,thename):
    fig, ax = pl.subplots()
    ax.set_xlim([-0.1,1.1])
    ax.set_ylim([-0.1,1.1])

    lines=[]
    for i in range(0,len(triangles)):
        triangle = triangles[i]
        center = centers[i][0]
        radius = centers[i][1]
        itin = [0,1,2,0]
        thelines = genlines(triangle,itin)
        xs = [triangle[0][0],triangle[1][0],triangle[2][0]]
        ys = [triangle[0][1],triangle[1][1],triangle[2][1]]

        lc = mc.LineCollection(genlines(triangle,itin), linewidths=2)
        if(plottriangles):
            ax.add_collection(lc)
        if(plotpoints):
            pl.scatter(xs, ys)

        ax.margins(0.1)

 ❶      if(plotvpoints):
            pl.scatter(center[0],center[1])
```

```
        circle = pl.Circle(center, radius, color = 'b', fill = False)
        if(plotcircles):
            ax.add_artist(circle)

❷   if(plotvoronoi):
        for j in range(0,len(triangles)):
            commonpoints = 0
            for k in range(0,len(triangles[i])):
                for n in range(0,len(triangles[j])):
                    if triangles[i][k] == triangles[j][n]:
                        commonpoints += 1
            if commonpoints == 2:
                lines.append([list(centers[i][0]),list(centers[j][0])])

        lc = mc.LineCollection(lines, linewidths = 1)

        ax.add_collection(lc)

    pl.savefig(str(thename) + '.png')
    pl.close()
```

　まず，プロットしたいものを正確に指定する新しい引数を追加している．この章では，点，辺，三角形，外接円，外心，ドロネー三角形分割，ボロノイ境界を扱ってきたことを思い出そう．これらすべてを一緒にプロットするためのコーディングは，圧倒されるかもしれない．そこで，引数に plotcircles, plotpoints, plottriangles, plotvoronoi, plotvpoints を追加して，それぞれ外接円，点群，ドロネー三角形分割，ボロノイ境界，外心（ボロノイ図の辺の頂点）をプロットするかどうかを指定する．❶の追加コードは，ボロノイ図の頂点（三角形の外心）をプロットする（引数でプロットすることを指定している場合）．❷の追加コードは，ボロノイ辺をプロットする．また，三角形，頂点，外接円のプロットを自在にできるように，いくつかの if 文を利用した．

　このプロット関数を呼び出してボロノイ図を作成する準備はほぼ整った．しかし，まず，ドロネー三角形分割内のすべての外心を取得する必要がある．幸いにも，これはとても簡単である．以下のように，circumcenters という空のリストを作成し，そのリストにドロネー三角形分割内のすべての三角形の外心を追加する．

```
circumcenters = []
for i in range(0,len(the_delaunay)):
    circumcenters.append(triangle_to_circumcenter(the_delaunay[i]))
```

　最後に，ボロノイ境界をプロットするように指定してプロット関数を呼び出す．

```
plot_triangle_circum(the_delaunay,circumcenters,False,True,False,True,False, \
                     'final')
```

結果を図 7.14 に示す.

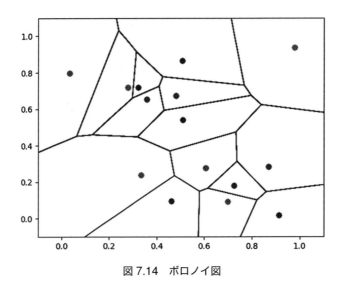

図 7.14　ボロノイ図

　点の集合からボロノイ図への変換は,わずか数秒だ.このボロノイ図の境界線は,プロット
の端まで続いていることがわかる.プロットのサイズを大きくすると,ボロノイ境界はさらに
遠くまで続くことになる.ボロノイ境界は三角形の外心を結んでいることを思い出そう.もし
ドロネー三角形分割がプロットの中心に近い少数の点だけを結んだものだったら,すべての外
心はプロットの中央の小さな領域内に集まってしまい,そうなると,ボロノイ境界はプロット
空間の端までは広がらない.これが,gen_delaunay()関数の最初の行に,外部三角形を追加
した理由だ.点がプロット領域の外側にある三角形を用意することで,マップの端まで続くボ
ロノイ図の境界線が常に描かれるようになる.郵便局問題で言えば,街の端や郊外に住宅が新
築されても,最寄りの郵便局の特定に困ることはない.

　最後に,プロット関数を使って遊んでみよう.例えば,すべての入力引数を True に設定する
と,この章で説明したすべての要素を表した,雑然としてはいるものの,美しいプロットが得
られる(図 7.15).

```
plot_triangle_circum(the_delaunay,circumcenters,True,True,True,True,True, \
                     'everything')
```

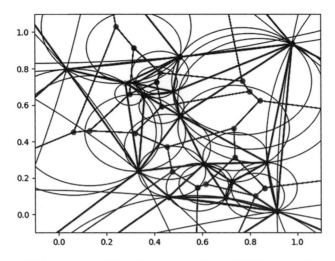

図 7.15　三角形，外心，外接円，ボロノイ点，ボロノイ境界をすべてプロットした図

　このイメージを使って，友人や家族に，あなたが CERN[7]で極秘の粒子衝突解析の仕事をしていると信じさせたり，ピート・モンドリアン[8]の後継者としてアートフェローシップに応募したりすることができるかもしれない．このボロノイ図のドロネー三角形分割と外接円を見ながら，郵便局，水ポンプ，結晶構造など，実際のビジネスや研究にボロノイ図を応用することを想像してみよう．もちろん，点，三角形，線をそのまま眺めて，幾何学の純粋な喜びを楽しむこともできる．

まとめ

　この章では，幾何学的推論を行うためのコードを書く方法を紹介した．まず，簡単な点，線，三角形を描くことから始めた．次に，三角形の中心を求めるさまざまな方法と，それによってどのような点の集合に対してもドロネー三角形分割を実行できることについて説明した．最後に，ドロネー三角形分割を使ってボロノイ図を生成する簡単な手順を説明した．ボロノイ図は郵便局問題を解決したり，他のさまざまな応用に活用することができる．これらはある意味では複雑だが，最終的には，点，線，三角形の初歩的な操作に集約される．

　次章では，言語を扱う際に利用できるアルゴリズムについて説明する．特に，スペースが欠けたテキストをアルゴリズムで修正する方法と，自然なフレーズの中で次に来るべき単語を予測するプログラムの書き方を取り扱う．

---

[7] 訳注：セルン．日本語名称は欧州原子核研究機構．スイスのジュネーヴ郊外にある世界最大規模の素粒子物理学の研究所．

[8] 訳注：20世紀の初めに抽象絵画を描いた最初の画家の一人．

8

言　語

この章では，人間の言語という厄介な分野に足を踏み入れる．まず，言語と数学の違いについて議論する．この違いが言語アルゴリズムを難しくしているのだ．次に，スペース挿入アルゴリズムを構築することで，どんな言語の文章にでもスペースを挿入できるようになる．最後に，ある作家の文体を真似したり，あるフレーズに対してその次に来そうな単語を予測したりするフレーズ補完アルゴリズムを構築する．

この章のアルゴリズムは，2つのツール「リスト内包表記」と「コーパス」に大きく依存している．リスト内包表記は，ループと反復のロジックを使って素早くリストを生成するテクニックだ．この表記法は Python で非常に高速に動作するように最適化されていて，効率的な記述方法だが，読みにくく，構文に慣れるまでに少し時間がかかる．コーパスとは，本章の用途においては，使わせたい言葉や文体をアルゴリズムに「教えてくれる」用例集である．

なぜ言語アルゴリズムは難しいのか

アルゴリズムを言語に応用することは，少なくともデカルトにまで遡る．彼は，数は無限にあるにもかかわらず，算数の初歩的な理解がありさえすれば，今までに出会ったことのない数を作成したり解釈したりする方法を誰もが知っていることに気づいた．例えば，14,326 という

数字に出会ったことがないとしよう．そんな大きな数まで数え上げたことはないし，そんな巨額のドルは営業報告書に出てこないし，キーボードでこんな数字を入力した覚えもない．それでも，あなたはそれがどれくらい大きい数字か，他のある数字がそれより大きいか小さいか，また，方程式に出てきたこの数字をどう扱うべきかを簡単に把握できるだろう．

これまで考えもしなかった数字をわれわれに簡単に理解させるアルゴリズムは，0 から 9 までの数字を順番に記憶し，それに桁の場所を組み合わせるだけのものだ．14,326 が 14,325 より 1 つ上であることがわかるのは，6 は 5 の次に来る数字であり，それ以外の桁はすべて同じだからである．数字と桁がわかれば，14,326 と 14,325 がどのように似ているのか，12 よりも大きいのか，1,000,000 よりも小さいのかはすぐにわかる．また，14,326 は 4,326 と似ている部分もあるが，大きさがだいぶ違うことも一目でわかる．

一方，言語は同じようにはいかない．英語を学習していて，初めて "stage" という言葉を目にしたとしよう．stale, stake, state, stave, stade, sage と stage の類似性は 14,326 と 14,325 の類似性に似ているが，この類似性を観察しても，stage の意味を正確に推論することはできない．また，言葉に含まれる音節や文字の個数に基づいて，bacterium（バクテリア）が elk（エルク）[1]よりも大きいと推測することもできない．複数形を形成するために "s" を追加するような，信頼できそうな英語のルールでさえも，"princes" は "princess" から何かが欠落したものと推論してしまうと，誤った方向に行ってしまうだろう．

アルゴリズムを言語に対して使うためには，本書でこれまで学んできた短い数学的アルゴリズムが機能するように言語を単純化するか，あるいは，言語が自然に発達してきたように，アルゴリズムを発展させて，言語の複雑さに対処できるようにしなければならない．以下では後者を行う．

スペース挿入アルゴリズム

あなたが，手書きの書類が倉庫いっぱいに保管されている歴史ある企業のアルゴリズム責任者だとしよう．あなたは，それらの書類をスキャンして画像ファイルにし，OCR でテキストデータに変換し，会社のデータベースに保存するプロジェクトを行っている．しかし，手書きの文字はきれいな字ばかりではなく，OCR も不完全なものだった．そのため，変換されたテキストデータの文章が間違っていることがあるのだ．あなたは，紙の書類と照合することなく，テキストデータの間違いを修正したい．

最初にデジタル化された文章は，G・K・チェスタトンの本からの引用だったとしよう．

> The one perfectly divine thing, the one glimpse of God's paradise given on earth, is to fight a losing battle – and not lose it.

---

[1] 訳注：アメリカアカシカ（北アメリカ）のこと．北アメリカ以外の地域では，エルクとはヘラジカを意味する．

これが不完全にデジタル化された文章を text 変数に保存する.

```
text = "The oneperfectly divine thing, the oneglimpse of God's paradisegiven \
       on earth, is to fight a losingbattle - and notlose it."
```

この文章は英語で書かれており，各単語のスペルは正しいが，全体的にスペースが欠けていることに気づくだろう．"oneperfectly" は実際には "one perfectly" でなければならないし，"paradisegiven" は "paradise given" でなければならない（スペースの欠落は人間には珍しいことだが，OCR はしばしばこのようなミスをする）．あなたがこのプロジェクトを達成するためには，まず，この文章の適切な場所にスペースを挿入できるようにならなければならない．英語に慣れている人にとっては，この作業を手作業で行うことは難しくないように思えるかもしれない．しかし，何百万ページに及ぶ書類のデジタルデータを素早く処理する必要があると想像してみよう．それを実行するアルゴリズムを書かなければならないことがわかるだろう[2]．

単語リストを定義し，単語を検索する

最初にやることは，アルゴリズムに英単語を教えることだ．これはそれほど難しいことではない．word_list と呼ばれるリストを定義して，それに単語を入力する．まずは，少数の単語から始めてみよう．

```
word_list = ['The','one','perfectly','divine']
```

この章では，リスト内包表記（慣れると好きになるかもしれない）を使用してリストを作成し，操作する．以下は，単語リストのコピーを作成する非常にシンプルなリスト内包表記である．

```
word_list_copy = [word for word in word_list]
```

"for word in word_list" という構文は，ループ処理に使う for 文の構文に非常に似ている．しかし，リスト内包表記では，コロンや追加の行は必要ない．このリスト内包表記は可能な限りシンプルに，word_list の各単語を新しいリスト word_list_copy に入れるように指定している．この例のように単語リストをコピーするだけでは，あまり便利に見えないかもし

---

[2] 訳注：英語にはテキストを構成する最小単位である単語間にスペースを入れる「分かち書き」という習慣がある．誤って複数の単語を 1 単語として扱っている場合には，スペースを挿入することで正しい英語に直すことができる．これを行うアルゴリズムを本書では「スペース挿入アルゴリズム」と呼んでいる．なお，日本語は単語間にスペースを入れないため，単語を切り出す形態素解析技術が重要になる．

れないが，ロジックの追加を容易にできる．例えば，単語リストの中から "n" という文字を含む単語をすべて見つけたい場合は，以下のように if 文を追加するだけだ．

```
has_n = [word for word in word_list if 'n' in word]
```

print(has_n) を実行すると，結果が期待どおりであることを確認できる．

```
['one', 'divine']
```

この章の後半では，入れ子になったループを持つものも含めて，より複雑なリスト内包表記を扱う．しかし，基本的なパターンはすべて同じだ．すなわち，反復を指定する for ループと，リストに出力したいもののロジックを記述するオプションの if 文で構成される．

文章操作ツールを使用するために Python の re モジュールを読み込む．re の便利な関数の 1 つに finditer() がある．これは text を検索して word_list 内の任意の単語の位置を見つけるものだ．リスト内包表記の中で finditer() を以下のように使う．

```
import re
locs = list(set([(m.start(),m.end()) for word in word_list for m in \
                  re.finditer(word, text)]))
```

この行は少し内容が濃いので，細かく見ていこう．"locations" の略である locs には，word_list の各単語の text 内の場所が格納される．リスト内包表記を使って，この場所のリストを手に入れるのだ．

リスト内包表記は角かっこ（[]）の中で行われる．for word in word_list を使用して，word_list 内のすべての単語を反復処理する．反復処理する各単語について，re.finditer() を呼び出す．この関数は text の中から選択された単語を見つけ，その単語が出現するすべての場所のリストを返す．次はこのリストの反復処理だ．各イテレーションで，その場所が m に格納される．m.start() と m.end() により，text におけるその単語の先頭と末尾の位置をそれぞれ取得する．この for ループの順番を逆にしないように注意しよう．そして，慣れていってほしい．

リスト内包表記の全体は，list(set()) に含まれている．これは，重複する要素を排除して一意の値のみが要素となるリストを取得する便利な方法だ．リスト内包表記だけでは要素が重複する可能性があるため，それを set に変換して重複を除去しリストに戻すことで，重複のない単語の位置のリストが得られる[3]．print(locs) を実行すると，全体の処理結果を見ることができる．

---

[3] 訳注：set の出力は set 型になり，インデックスがないため，また list 型に戻す必要がある．

[(17, 23), (7, 16), (0, 3), (35, 38), (4, 7)]

Python では，このような順序付けされた丸かっこ内の値のペアを**タプル**と呼ぶ．上例のタプルは，`word_list` の各単語の `text` における開始位置と終了位置を示している．例えば，（上例の 1 番目のタプルの数字を使って）`text[17:23]` を実行すると，"divine" だとわかる．ここでは，"d" は `text` の 18 文字目（Python の表記では `text[17]`），"i" は `text` の 19 文字目（`text[18]`），そして "divine" の最後の文字である "e" が `text` の 23 文字目になる（`text[22]`）．同様にして，他のタプルも `word_list` の単語の位置を表していることを確認できる．

`text[4:7]` は "one" であり，`text[7:16]` は "perfectly" であることに注目しよう．one の終わりと perfectly の始まりの間にスペースを挟むことなく，2 つが連続していることがわかる．`text` を読んでこのことに気づかなくても，`locs` のタプル (4, 7) と (7, 16) を見ればわかるのだ．7 は (4, 7) の 2 番目の要素であり，(7, 16) の 1 番目の要素でもあるので，ある単語の終わりが別の単語の始まりと同じインデックスだとわかる．スペースを挿入する必要がある箇所を見つけるためには，このようなタプルを探せばよい．すなわち，ある有効な単語[4]の終わりが，別の有効な単語の始まりと同じである場合だ．

複合語を扱う

しかし，2 つの有効な単語がスペースなしで連続していることが，スペースが不足している決定的な証拠にはならない．例えば butterfly という単語を考えてみよう．butter と fly はそれぞれ有効な単語であることはわかっているが，butterfly も有効な単語なので，butterfly を誤りと結論付けることはできない．そのため，複数の有効な単語が繋がったものが別の有効な単語になっていないかもチェックする必要がある．つまり，`text` では，"oneperfectly" や "paradisegiven" 自体が有効な単語かどうかをチェックしなければならない．

これを確認するためには，まず `text` 中のすべてのスペースを見つける必要がある．2 つのスペースに挟まれた文字列は「有効かもしれない単語」と見なせる．有効かもしれない単語が単語リストにない場合，それは無効な単語であると結論付けられる．それぞれの無効な単語について，それが 2 つの有効な単語の組合せで構成されているかどうかを確認し，もし有効な単語で構成されているならスペースが不足していると結論付け，それらの間にスペースを追加する．

---

[4] 訳注：「有効」とは，単語リスト（後に出てくるコーパス）に存在するという意味．

有効かもしれない単語をチェックする

再び re.finditer() を使用して，text 内のすべてのスペースを見つけ，spacestarts という リストにその位置を格納する．さらに 2 つの要素を spacestarts に追加する．1 つは text の先頭の位置，もう 1 つは末尾の位置だ．これは，最初と最後の単語はスペースに挟まれていないために行う追加処理である．最後に，spacestarts をソートするコードを追加する．

```
spacestarts = [m.start() for m in re.finditer(' ', text)]
spacestarts.append(-1)
spacestarts.append(len(text))
spacestarts.sort()
```

spacestarts リストは，リスト内包表記と re.finditer() を使って取得した，text のスペースの位置を記録する．リスト内包表記において，re.finditer() は text 中のすべてのスペースを見つけ，その場所をリストに格納する．for ループでは，それぞれの場所が m に格納され，start() 関数を使用してその開始位置を取得する．

われわれは，これらのスペースに挟まれた有効かもしれない単語を探している．そのためには，スペースの直後の文字の位置，すなわち，それぞれの有効かもしれない単語の開始位置を記録した別のリストがあると便利だ．技術的には，この新しいリストは spacestarts のアフィン変換なので，このリストを spacestarts_affine と呼ぶことにする．アフィン変換は，各位置に 1 を加えるといった線形変換を指すのによく使われる．有効かもしれない単語の開始位置を取得するために，スペースの終了位置に 1 を足す操作は，まさにこれに当てはまる．さらに，以下のコードでは有効かもしれない単語の開始位置でリストをソートする操作も行っている．

```
spacestarts_affine = [ss+1 for ss in spacestarts]
spacestarts_affine.sort()
```

次に，2 つのスペースに挟まれた文字列をすべて取得する．

```
between_spaces = [(spacestarts[k] + 1,spacestarts[k + 1]) \
                for k in range(0,len(spacestarts) - 1 )]
```

ここで作成している between_spaces 変数は，(17, 23) のように，(<部分文字列の先頭の位置>，<部分文字列の末尾の位置>) という形式のタプルを集めたリストである．これらのタプルを取得するために，リスト内包表記を k 回繰り返し処理する．k は，0 から spacestarts リストの長さより 1 小さい整数の値をとる．各イテレーションで 1 つのタプルを生成する．タプルの最初の要素は spacestarts[k]+1 であり，これは各スペースの 1 つ後ろの位置である．タプ

ルの 2 番目の要素は spacestarts[k+1] で，これは text の次のスペースの位置だ．このように，between_spaces は，text 内のすべての有効かもしれない単語の開始位置と終了位置を示すタプルのリストである．

準備が整ったので，有効かもしれない単語の中から，無効な単語（単語リストにはないもの）を見つける．

```
between_spaces_notvalid = [loc for loc in between_spaces if \
                           text[loc[0]:loc[1]] not in word_list]
```

between_spaces_notvalid は，text 内の無効な単語の位置を示す，次のようなリストとなる．

```
[(4, 16), (24, 30), (31, 34), (35, 45), (46, 48), (49, 54), (55, 68), (69,
71), (72, 78), (79, 81), (82, 84), (85, 90), (91, 92), (93, 105), (106, 107),
(108, 111), (112, 119), (120, 123)]
```

これらはすべて無効な単語だが，text でこれらの単語を確かめると，有効な単語に見えるものがある．例えば，text[103:106] は有効そうな単語 "and" を出力する．"and" が無効な単語と認識されるのは，単語リストである word_list に存在しないからだ．もちろん，手動で単語リストに追加して，有効な単語を増やしていくことも可能だ．しかし，このスペース挿入アルゴリズムは何百万ページもの書類を処理することが目的なのだ．それらの文章には，何千種類もの単語が含まれていることだろう．そのため，有効な単語の大多数が含まれている既存の単語リストをインポートできれば便利である．このような単語の集合はコーパスと呼ばれている．

インポートされたコーパスを使用して有効な単語をチェックする

幸いなことに，既存の Python モジュールがあるため，わずか数行でコーパスをインポートすることができる．まず，コーパスをダウンロードする必要がある．

```
import nltk
nltk.download('brown')
```

nltk というモジュールから brown というコーパスをダウンロードした[5]．次に，このコーパスをインポートする．

---

[5] 訳注：ブラウン大学による英語のコーパス．正しく品詞タグがついたデータもあり，教師あり学習にも適している．

```
from nltk.corpus import brown
wordlist = set(brown.words())
word_list = list(wordlist)
```

コーパスをインポートし，この単語の集合を Python のリストに変換する[6]．次に，この新しい word_list を使う前に，コロン，カンマなどの約物を削除する．

```
word_list = [word.replace('*','') for word in word_list]
word_list = [word.replace('[','') for word in word_list]
word_list = [word.replace(']','') for word in word_list]
word_list = [word.replace('?','') for word in word_list]
word_list = [word.replace('.','') for word in word_list]
word_list = [word.replace('+','') for word in word_list]
word_list = [word.replace('/','') for word in word_list]
word_list = [word.replace(';','') for word in word_list]
word_list = [word.replace(':','') for word in word_list]
word_list = [word.replace(',','') for word in word_list]
word_list = [word.replace(')','') for word in word_list]
word_list = [word.replace('(','') for word in word_list]
word_list.remove('')
```

このコードでは，remove() 関数と replace() 関数を使って約物を空の文字列に置き換え，最後にその空の文字列を削除している．これで適切な単語リストができたので，無効な単語をより正確に認識できるようになった．新しい word_list を使用して無効な単語のチェックを再実行すると，より良い結果が得られる．

```
between_spaces_notvalid = [loc for loc in between_spaces if \
                           text[loc[0]:loc[1]] not in word_list]
```

between_spaces_notvalid を出力すると，より短く，より正確なリストが得られる．

```
[(4, 16), (24, 30), (35, 45), (55, 68), (72, 78), (93, 105), (112, 119),
(120, 123)]
```

---

[6] 訳注：words() メソッドで単語リストを取得できるが，これはコーパスを単語分割するだけなので，brown.words() の要素には重複がある．そのため，set() で重複を除去し，list() で改めてリストに変換する．

text 内の無効な単語が見つかったので，これらの中に有効な単語で構成されたものがないかを単語リストで確認する．まず，スペースの直後に始まる有効な単語，つまり無効な単語の前半に潜む有効な単語を探す．

```
partial_words = [loc for loc in locs if loc[0] in spacestarts_affine and \
                 loc[1] not in spacestarts]
```

　このリスト内包表記は，text 内のすべての単語の位置を格納する locs 変数のすべての要素に対して反復処理をする．単語の先頭位置を示す loc[0] が spacestarts_affine（スペースの直後に来る文字の位置のリスト）にあるかどうかをチェックする．次に，loc[1] が spacestarts にないこと，つまり，単語のあとにスペースが来ないことを確認する．この2つが満たされたとき，この単語はスペースで挟まれていないので，partial_words 変数に入れる．この前半部分の単語の後ろにスペースを挿入すべきかもしれない．

　無効な単語の前半部をチェックしたので，次に，スペースで終わる後半部をチェックする．これらのスペースで終わる単語を見つけるために，先ほどの partial_words の抽出ロジックに少し変更を加える．

```
partial_words_end = [loc for loc in locs if loc[0] not in spacestarts_affine \
                     and loc[1] in spacestarts]
```

　これで，スペースの挿入を始められるようになった．

欠落したスペースを適切に復元する

　まず，"oneperfectly" にスペースを挿入してみよう．text 内の "oneperfectly" の位置を loc という変数に格納する．

```
loc = between_spaces_notvalid[0]
```

　次に，partial_words の中の単語が "oneperfectly" の前半に来るかどうかをチェックする必要がある．有効な単語が "oneperfectly" の前半であるためには，その単語は "oneperfectly" と text における開始位置が同じで，かつ終了位置が異なることが条件となる．以下は，"oneperfectly" と同じ開始位置を持つすべての有効な単語の終了位置を格納するリスト内包表記である．

```
endsofbeginnings = [loc2[1] for loc2 in partial_words if loc2[0] == loc[0] \
                    and (loc2[1] - loc[0]) > 1]
```

loc2[0] == loc[0] は，有効な単語の開始位置が "oneperfectly" の開始位置に一致すること
を表している．また，(loc2[1] - loc[0]) > 1 は，発見する有効な単語の長さを 2 文字以上に
限定する．後者の条件は必須ではないが，誤検出を回避するのに役立つ．avoid, aside, along,
irate, iconic といった単語を考えてみよう．これらの最初の 1 文字は 1 単語と見なせるが，た
ぶんそうすべきではない．

リスト endsofbeginnings には，"oneperfectly" と同じ開始位置を持つ有効な単語の終了位
置[7]が格納される．次に，endsofbeginnings と同様に，"oneperfectly" と同じ終了位置を持
つ有効な単語の開始位置[8]をリスト内包表記により取得し，beginningsofends に格納しよう．

```
beginningsofends = [loc2[0] for loc2 in partial_words_end if loc2[1] == loc[1] \
                    and (loc2[1] - loc[0]) > 1]
```

loc2[1] == loc[1] は，有効な単語の終了位置が "oneperfectly" の終了位置に一致すること
を表している．また，(loc2[1] - loc[0]) > 1 は，先ほどの endsofbeginnings と同様に，発
見する有効な単語の長さを 2 文字以上に限定する．

ようやく，この節のゴールである欠落したスペースを復元するコードの完成が近づいてきた．
あとは endsofbeginnings と beginningsofends の両方に含まれている位置を見つけるだけ
だ．もしこの両方に含まれていれば，その無効な単語は，2 つの有効な単語がスペースなしに繋
がってできたものだ．intersection() 関数を使って，両方のリストで共有されているすべて
の要素を探すことができる．

```
pivot = list(set(endsofbeginnings).intersection(beginningsofends))
```

両方のリストで共有されている要素から重複した値を排除するために，再び list(set()) 構
文を使用し，この結果を pivot に格納する．pivot には，複数の要素が含まれる可能性がある．
これは，無効な単語を 2 つの有効な単語に区分する方法が，複数ある場合もありうることを意味
する．候補が複数ある場合，どの単語の組合せが原文を書いた人の意図どおりなのかを判断し
なければならないが，これは非常に難しい．例えば，無効な単語 "choosespain" を考えてみよ
う．この無効な単語は，イベリア半島の旅行パンフレットにありそうな "Choose Spain!"（ス
ペインを選びなさい！）の可能性もあるが，マゾヒストについての説明文 "chooses pain"（痛
みを選ぶ）の可能性もある．どの言語にも膨大な量の単語があり，それらの単語の組合せも膨
大なので，正しいものを特定することは難しい．

---

[7] 訳注：つまり "one" の text における "e" の位置．
[8] 訳注：つまり "perfectly" の text における "p" の位置．

より洗練されたアプローチとして，文脈を考慮に入れるものがある．具体例としては，"choosespain" の周りにある他の言葉がオリーブや闘牛などなのか，それともムチや不必要な歯医者の予約などなのかによって判断するということだ．しかし，良さそうに見えるこのアプローチは，うまく実行することは難しく，ましてや完璧な実行は不可能であり，言語アルゴリズム全般の難しさを改めて示している．そのため，以下では，pivot に含まれる値が最小の要素を採用する．もちろんこの方法が正解なのではなく，簡便な選択方法を選んだに過ぎない．

```python
import numpy as np
pivot = np.min(pivot)
```

最後に，無効な単語を，間にスペースを挟んだ 2 つの有効な単語に置き換える 1 行を書けばよい．

```python
textnew = text
textnew = textnew.replace(text[loc[0]:loc[1]],text[loc[0]:pivot]+' ' \
                          +text[pivot:loc[1]])
```

この textnew を出力すると，まだ "oneperfectly" のみで，他の無効な単語はそのままだが，正しくスペースを挿入できていることがわかる．

```
The one perfectly divine thing, the oneglimpse of God's paradisegiven on
earth, is to fight a losingbattle - and notlose it.
```

リスト 8.1 に示すように，ここまでのスペース挿入アルゴリズムのすべての操作を，1 つの美しい関数にまとめることができる．この関数は for ループを使い，無効な単語を構成している 2 つの有効な単語の間にスペースを挿入する．

リスト 8.1　ここまでのコードを組み合わせて，欠落したスペースを復元する

```python
def insertspaces(text,word_list):

    locs = list(set([(m.start(),m.end()) for word in word_list for m in \
                    re.finditer(word, text)]))
    spacestarts = [m.start() for m in re.finditer(' ', text)]
    spacestarts.append(-1)
    spacestarts.append(len(text))
    spacestarts.sort()
    spacestarts_affine = [ss + 1 for ss in spacestarts]
    spacestarts_affine.sort()
    partial_words = [loc for loc in locs if loc[0] in spacestarts_affine \
                    and loc[1] not in spacestarts]
```

```
partial_words_end = [loc for loc in locs if loc[0] not in spacestarts_affine \
                    and loc[1] in spacestarts]
between_spaces = [(spacestarts[k] + 1,spacestarts[k+1]) for k in \
                  range(0,len(spacestarts) - 1)]
between_spaces_notvalid = [loc for loc in between_spaces if \
                           text[loc[0]:loc[1]] not in word_list]
textnew = text
for loc in between_spaces_notvalid:
    endsofbeginnings = [loc2[1] for loc2 in partial_words if loc2[0] == \
                        loc[0] and (loc2[1] - loc[0]) > 1]
    beginningsofends = [loc2[0] for loc2 in partial_words_end if loc2[1] == \
                        loc[1] and (loc2[1] - loc[0]) > 1]
    pivot = list(set(endsofbeginnings).intersection(beginningsofends))
    if(len(pivot) > 0):
        pivot = np.min(pivot)
        textnew = textnew.replace(text[loc[0]:loc[1]],text[loc[0]:pivot]+' \
                                  '+text[pivot:loc[1]])
textnew = textnew.replace('  ',' ')
return(textnew)
```

任意の文章に対して，以下のように insertspaces() 関数を呼び出すことができる[9]．

```
text = "The oneperfectly divine thing, the oneglimpse of God's paradisegiven on \
        earth, is to fight a losingbattle - and notlose it."
print(insertspaces(text,word_list))
```

期待どおりに，以下のようにスペースが挿入された出力が表示される．

```
The one perfectly divine thing, the one glimpse of God's paradise given on earth,
is to fight a losing battle - and not lose it.
```

これで，英語の文章に正しくスペースを挿入するコードは完成だ．考慮すべきことの 1 つは，他の言語でも同様に欠落したスペースを復元して正しい文章に修正できるかどうかだ．適切なコーパスをインポートしている限り，他の言語にも適用可能である[10]．この insertspaces() 関数は，どんな言語の文章にも正しくスペースを挿入することができる．勉強したことも見たこともない言語の文章を修正することもできる．異なる文章，異なるコーパス，異なる言語で

---

[9] 訳注：リスト 8.1 には含まれないが，コーパスをインポートして単語の集合を word_list に格納しておかなければならない．
[10] 訳注：スペースによって分かち書きがされている言語であれば．

試してみて，どのような結果が得られるかを確認してみよう．言語アルゴリズムの力を垣間見ることができるだろう．

フレーズ補完アルゴリズム

検索エンジンを使ったサービスを運営している企業に，アルゴリズムのコンサルティングをしているとしよう．彼らは，フレーズ補完によりユーザーの入力を予測して候補を提示する検索サジェスト機能を，サービスに追加したいと考えている．この機能は，ユーザーが例えば "peanut butter" と入力すると，"jelly" という単語の追加をサジェストする[11]．ユーザーが "squash" と入力すると，検索エンジンは "court" と "soup" の両方をサジェストする[12]．

フレーズ補完アルゴリズムの実装は簡単だ．前節のスペース挿入アルゴリズムと同様に，まずコーパスから始める．本節のフレーズ補完の場合，コーパスの個々の単語だけではなく，単語同士がどのように組み合わさっているかにも興味があるので，コーパスから n-gram のリストを集める．n-gram は，単に一緒に出現する n 個の単語の集まりだ．例えば，"Reality is not always probable, or likely." というフレーズは，偉大な作家であるホルヘ・ルイス・ボルヘスがかつて語った 7 つの単語から構成されている．1-gram は個々の単語を指すので，このフレーズの 1-gram は "reality"，"is"，"not"，"always"，"probable"，"or"，"likely" だ．2-gram は連続して現れる 2 つの単語を指し，"reality is"，"is not"，"not always"，"always probable" などが含まれる．3-gram は，"reality is not"，"is not always" などだ．

トークン化して n-gram を取得する

n-gram の収集を簡単にするために，nltk という Python モジュールを使う．まず，文章をトークン化する．トークン化とは，文字列を単語に分割することだ．例えば，以下のように利用する．

```
from nltk.tokenize import sent_tokenize, word_tokenize
text = "Time forks perpetually toward innumerable futures"
print(word_tokenize(text))
```

結果は以下のようになる．

```
['Time', 'forks', 'perpetually', 'toward', 'innumerable', 'futures']
```

---

[11] 訳注：Peanut Butter & Jelly Sandwich（ピーナッツバターとジェリーのサンドイッチ）は，アメリカやカナダなどのおやつ（出典：Wikipedia）．

[12] 訳注：squash（スカッシュ）はラケットを用いるインドアスポーツ，またはカボチャ．

以下のように文章をトークン化して，*n*-gram を取得することができる．

```
import nltk
from nltk.util import ngrams
token = nltk.word_tokenize(text)
bigrams = ngrams(token,2)
trigrams = ngrams(token,3)
fourgrams = ngrams(token,4)
fivegrams = ngrams(token,5)
```

あるいは，すべての *n*-gram を grams リストに格納することもできる．

```
grams = [ngrams(token,2),ngrams(token,3),ngrams(token,4),ngrams(token,5)]
```

これは，先の例の短い1文のトークン化と *n*-gram のリストを手に入れたことになる．しかし，万能なフレーズ補完ツールを作るためには，かなり大規模なコーパスが必要だ．スペース挿入アルゴリズムに使用した brown コーパスは，単語で構成されているため，その *n*-gram を取得できない．

n-gram を取得できるコーパスの例として，Google のピーター・ノーヴィグが http://norvig.com/big.txt で公開している文学の文章集合を使用することができる．本章の例では，シェイクスピアの全集を http://www.gutenberg.org/files/100/100-0.txt から無料でダウンロードし，このテキストの冒頭にあるプロジェクト・グーテンベルクの定型文を削除した．また，http://www.gutenberg.org/cache/epub/3200/pg3200.txt にあるマーク・トウェインの全集も使う．コーパスを Python に読み込ませるには，以下のようにする．

```
import requests
file = requests.get('http://www.bradfordtuckfield.com/shakespeare.txt')
file = file.text
text = file.replace('\n', '')
```

requests モジュールを使用して，シェイクスピア作品のテキストファイルを，それをホストしているウェブサイトからダウンロードし，それを text という変数で Python セッションに読み込んでいる．

選択したコーパスを読み込んだ後，grams 変数に要素を格納するコードを再実行する．以下では，シェイクスピア作品が入った新しい text 変数を使用している．

```
token = nltk.word_tokenize(text)
bigrams = ngrams(token,2)
```

```
trigrams = ngrams(token,3)
fourgrams = ngrams(token,4)
fivegrams = ngrams(token,5)
grams = [ngrams(token,2),ngrams(token,3),ngrams(token,4),ngrams(token,5)]
```

検索サジェストのための戦略

　検索サジェストで提示する単語候補を生成する戦略はシンプルだ．ユーザーが検索フレーズの入力を始めたら，そのフレーズにいくつの単語が含まれているかをチェックする．言い換えると，ユーザーがある n-gram を入力し，われわれはその n がいくつかを確認する．次に，$n+1$-gram をサジェストして，ユーザーの入力を補助するのだ．そのために，コーパスを検索して，最初の n 要素が一致する $n+1$-gram を見つける．例えば，ユーザーが "crane" という 1-gram を入力したとき，コーパスには "crane feather"，"crane operator"，"crane neck" という 2-gram が含まれているかもしれない．これらが，検索サジェストの候補だ．

　ユーザーが入力した n-gram に最初の n 個の要素が一致する $n+1$-gram のすべてをサジェストすることもできる．しかし，それらには優劣がある．例えば，産業用建設機械のマニュアル向けのカスタム検索エンジンの場合，"crane feather"（ツルの羽）よりも "crane operator"（クレーン運転士）のほうが有用なサジェストになるはずだ．どの $n+1$-gram が最良のサジェストかを判断するための最も簡単な方法は，コーパスの中での出現頻度を比較することだ．

　まとめると，ユーザーが n-gram で検索したとき，最初の n 個の要素が一致する $n+1$-gram を見つけ，さらにコーパスの中で最も頻繁に現れる $n+1$-gram をサジェストする．

$n+1$-gram の候補を探す

　サジェスト候補となる $n+1$-gram を見つけるためには，ユーザーが入力したフレーズの単語数，すなわち n を知る必要がある．入力フレーズが "life is a" だとしよう．これを補完する $n+1$-gram を探したい．以下の簡単なコードを使って，単語数を求めることができる．

```
from nltk.tokenize import sent_tokenize, word_tokenize
search_term = 'life is a'
split_term = tuple(search_term.split(' '))
search_term_length = len(search_term.split(' '))
```

　n が 3 だとわかる．最も望ましい $n+1$-gram（4-gram）をユーザーに提示するためには，いくつか見つかった $n+1$-gram の，コーパスにおける出現頻度を考慮する必要がある．そこで，Counter() と呼ばれる関数を使用して，コーパスにおける各 $n+1$-gram の出現回数をカウントする．

```
from collections import Counter
counted_grams = Counter(grams[search_term_length - 1])
```

このコードでは，変数 grams から *n*+1-gram のみを選択している．Counter() 関数を使う
と，タプルのリストが作成される．各タプルは，最初の要素として *n*+1-gram を持ち，2 番目
の要素としてコーパス内の *n*+1-gram の頻度を持つ．例として，counted_grams の最初の要
素を出力してみよう．

```
print(list(counted_grams.items()))[0])
```

この出力は，コーパス内の最初の *n*+1-gram を示し，それがコーパス全体の中で 1 度だけ現
れることを教えてくれる．

```
(('From', 'fairest', 'creatures', 'we'), 1)
```

この *n*-gram はシェイクスピアのソネット 1 番の冒頭の 4 単語だ．シェイクスピアの作
品の中からランダムに見つけられる 4-gram のいくつかを見てみるのも楽しい．例えば，
print(list(counted_grams)[10]) を実行すると，シェイクスピアの 10 番目の 4-gram は
"rose might never die" だとわかる．print(list(counted_grams)[240000]) を実行する
と，24 万番目の *n*-gram は "I shall command all" であることがわかる．323,002 番目は "far
more glorious star" で，328,004 番目は "crack my arms asunder" だ．

しかし，ここでは *n*+1-gram のブラウジングをしたいわけではなく，フレーズ補完を目的と
している．そのためには，ユーザーの入力フレーズと最初の *n* 個の要素が一致する *n*+1-gram
をすべて見つける必要がある．これは次のように行う．

```
matching_terms = [element for element in list(counted_grams.items()) if \
                  element[0][:-1] == tuple(split_term)]
```

このリスト内包表記は，先ほどコーパス中の *n*+1-gram とその出現回数を格納した
counted_grams の中で，すべての *n*+1-gram を反復処理し，各要素を呼び出す．イテレーショ
ンでは，各要素について，element[0][:-1] == tuple(split_term) をチェックする．この
等式の左辺 element[0][:-1] は，その *n*+1-gram の最初の *n* 個の要素を与える．[:-1] は，
リストの最後の要素を無視する便利な記法だ．等式の右辺 tuple(split_term) は，ユーザー
が入力した *n*-gram（"life is a"）だ．つまり，この if 文は，最初の *n* 個の要素がユーザー

の n-gram と一致する n+1-gram に対象を絞っている．それらの n-gram とその出現頻度が，matching_terms に格納される．

出現頻度に応じてサジェストを選択する

matching_terms リストには，ユーザーが入力したフレーズを最適に補完するために必要な要素がすべて含まれている．すなわち，最初の n 個の要素がユーザーの入力に一致する n+1-gram がすべて含まれ，コーパス内のそれらの出現頻度も格納している．matching_terms リストに 1 つ以上の要素があれば，コーパス内で最も頻出するものを見つけ，ユーザーに提案することができる．次のスニペットがその役目を果たしてくれる．

```
if(len(matching_terms)>0):
    frequencies = [item[1] for item in matching_terms]
    maximum_frequency = np.max(frequencies)
    highest_frequency_term = [item[0] for item in matching_terms if item[1] == \
                              maximum_frequency][0]
    combined_term = ' '.join(highest_frequency_term)
```

このスニペットは，まず frequencies リストを定義することから始めている．このリストは，コーパスの中でユーザーの入力にマッチするすべての n+1-gram の発生頻度を格納したものだ．次に，numpy モジュールの max() 関数を使用して，最も高い出現頻度を見つける．別のリスト内包表記を使用して，コーパス内で最も頻度が高い n+1-gram のうち，最初に出現するものを highest_frequency_term に格納し[13]，最後に combined_term を作成する．これは，highest_frequency_term に格納されたすべての要素をスペースで区切って繋ぎ，フレーズの形にした文字列だ．

最後に，リスト 8.2 に示すように，すべてのコードを 1 つの関数にまとめる．

リスト 8.2 　ユーザーが入力した n-gram を受け取り，それを補完する最も有望な n+1-gram をサジェストする

```
def search_suggestion(search_term, text):
    token = nltk.word_tokenize(text)
    bigrams = ngrams(token,2)
    trigrams = ngrams(token,3)
    fourgrams = ngrams(token,4)
    fivegrams = ngrams(token,5)
    grams = [ngrams(token,2),ngrams(token,3),ngrams(token,4),ngrams(token,5)]
    split_term = tuple(search_term.split(' '))
    search_term_length = len(search_term.split(' '))
```

---

[13] 訳注：同じ頻度の n+1-gram が複数存在する場合もある．

```
    counted_grams = Counter(grams[search_term_length-1])
    combined_term = 'No suggested searches'
    matching_terms = [element for element in list(counted_grams.items())) if \
                      element[0][:-1] == tuple(split_term)]
    if(len(matching_terms) > 0):
        frequencies = [item[1] for item in matching_terms]
        maximum_frequency = np.max(frequencies)
        highest_frequency_term = [item[0] for item in matching_terms if item[1] \
                                  == maximum_frequency][0]
        combined_term = ' '.join(highest_frequency_term)
    return(combined_term)
```

　この search_suggestion() 関数は，引数に n-gram を取り，$n+1$-gram を返す．この関数を呼び出してみよう．

```
file = requests.get('http://www.bradfordtuckfield.com/shakespeare.txt')
file = file=file.text
text = file.replace('\n', '')
print(search_suggestion('life is a', text))
```

　関数から返るフレーズ補完された検索サジェストは，"life is a tedious" となる．これはシェイクスピアの作品中，"life is a" で始まる 4-gram のうち最もよく出現するものだ（同じ頻度で出現する 4-gram がほかに 2 つあるが，それらのうち最初に現れた 4-gram がサジェストされる）．シェイクスピアは『シンベリン』でイモージェンが "I see a man's life is a tedious one." と言ったときに，この 4-gram を使った．『リア王』では，エドガーがグロスターに "Thy life is a miracle"（書籍によっては "Thy life's a miracle"）と言っており，この 4-gram も有効なフレーズ補完になる．

　別のコーパスを試して，異なる結果を見ることで，楽しむのもよいだろう．マーク・トウェインの作品集のコーパスを使ってみよう．

```
file = requests.get('http://www.bradfordtuckfield.com/marktwain.txt')
file = file=file.text
text = file.replace('\n', '')
```

　この新しいコーパスを使って，先ほどと同じフレーズを補完する．

```
print(search_suggestion('life is a',text))
```

この場合，補完後のフレーズは "life is a failure" であり，2 つのテキストコーパスの間に違いがあることを示している．また，シェイクスピアとマーク・トウェインの作風や文体の違いもあるかもしれない．

他の検索語も試してみるとよいだろう．例えば，マーク・トウェインのコーパスを使えば "I love" は "you" によって補完され，シェイクスピアのコーパスを使えば "thee" となり，アイデアの違いではないにしても，何世紀もの時間と大西洋[14]を越えた作風の違いがわかる．別のコーパスと他のフレーズを試してみて，どのように補完されるかを見てみよう．別の言語で書かれたコーパスを使えば，先ほど書いた search_suggestion() 関数を使って，話すこともできない言語のフレーズ補完でも行うことができる．

まとめ

本章では，人間の言語を処理するためのアルゴリズムを扱った．スキャンし OCR した文章の欠落したスペースを再現するスペース挿入アルゴリズムから始めて，コーパスの内容に合わせて入力フレーズに単語を追加するフレーズ補完アルゴリズムを実装した．これらのアルゴリズムがとったアプローチは，スペルチェッカーやインテントパーサー[15]など，他の言語アルゴリズムのアプローチに似ている．

次章では，優れたアルゴリズム研究者であれば誰もが精通しているであろう，強力かつ発展中の分野である機械学習を探求する．具体的には，決定木と呼ばれる機械学習アルゴリズムに焦点を当てる．決定木はシンプルで柔軟性に富む，正確かつ解釈可能なモデルであり，あなたのアルゴリズムの冒険をさらに意味のあるものにしてくれるだろう．

---

[14] 訳注：シェイクスピアは 16 世紀のイングランドの劇作家・詩人，マーク・トウェインは 19 世紀のアメリカ合衆国の著作家・小説家．

[15] 訳注：対象の文章がどういった意図であるかをカテゴリー分けする解析器．

9

機械学習

前章までで，あなたは多くの基本的なアルゴリズムを学び，それらの背後にある考え方を理解しただろう．あなたは今，より高度なアルゴリズムに取り組むことができる．本章では，機械学習を探求する．機械学習には幅広い手法が含まれるが，すべての手法に共通する目的がある．それは，データからパターンを見出し，それを使って予測を行うことだ．本章では，決定木と呼ばれる手法について説明し，人それぞれの幸福度を個人の特性に基づいて予測する方法を構築する．

決定木

決定木は，木に似た分岐構造を持つダイアグラムだ．その使い方は，フローチャートと同じである．フローチャートは，Yes か No かの質問に答えていくことで，最終的な意思決定，予測，またはレコメンドに到達する．最適な決定を導く決定木を生成するプロセスは，機械学習アルゴリズムの典型例だ．

決定木を使って意思決定をする実世界のシナリオを考えてみよう．救急救命室において，次々と搬送されてくる患者のトリアージを行わなければならない状況を考えよう．トリアージとは，各患者に治療の優先順位を割り当てることを意味する．重症だが治療により助かる見込みが高

い患者は，高い優先順位になる．一方，助かる見込みがない患者や，軽傷の患者は優先順位が低くなる．

　トリアージの難しさは，情報が不足し，判断の時間が限られている中で，合理的な判断を適切に下さなければならないところにある．例えば，次々と搬送されてくる患者の一人が，心臓発作の疑いがある50歳の女性だったとしよう．彼女は胸の痛みを訴えている．このときトリアージ担当者は，彼女が胸焼けか心臓発作かを判断しなければならない．トリアージ担当者の思考プロセスは，必然的に複雑になる．彼が考慮すべき要因は複数ある．患者の年齢，性別，肥満度，喫煙歴，患者が訴える症状，話し方や表情はもちろん，病院の混雑状況や他の患者のトリアージ結果など，その患者からの情報以外の要素も考慮を要する．トリアージをうまくこなすには，多くのパターンを考慮しなければならないのだ．

　トリアージの専門家の判断プロセスを理解することは簡単ではない．図9.1は，患者の診断のみに要素を限定し，その診断も簡略化した，仮想的なトリアージのプロセスを示している（医学的な根拠はないので，試してはいけない！）．

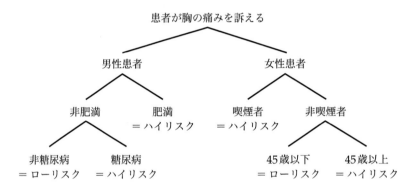

図9.1　心臓発作の疑いがある患者に対する単純なトリアージの意思決定木

　この図は上から下へと読む．患者が胸の痛みを訴えることから，心臓発作の診断プロセスが始まる．その後，患者の性別によってプロセスが分岐する．患者が男性の場合，診断プロセスは左のルートに進み，肥満であるかどうかを判断する．患者が女性の場合は，右のルートに進み，喫煙者かどうかを確認する．このように分岐をたどっていき，木構造の一番下に到達すると，患者の心臓発作のリスクの高低がわかるのだ．この2値分類プロセスは，幹が末端の枝に向かって分岐を繰り返す木に似ている．そのため，このように表された決定プロセスは「決定木」と呼ばれる．

　図9.1において，テキストがある場所はすべて決定木のノードだ．「非肥満」のようなノードは**分岐ノード**と呼ばれる．これは，木の末端に到達する前に少なくともあと1つの分岐があるからだ．「非糖尿病＝ローリスク」ノードは**終端ノード**であり，そこに到達したならば，もう分

岐はなく，決定木の最終的な分類（低リスク）がわかる．

　トリアージにおいて常に最良の決定に繋がるような，徹底的に研究された決定木を設計できたら，専門の訓練を受けていない人でもトリアージを行うことが可能になる．これが実現されれば，世界中のすべての救急救命室の費用を節約できる．なぜなら，高度な教育を受けたトリアージの専門家を雇ったり訓練したりする必要がなくなるからだ．十分に優れた決定木があれば，トリアージの専門家をロボットに置き換えることさえ可能になるかもしれないが，それが良い目標かどうかは議論の余地がある．ロボットによる代替はともかく，優れた決定木は人間の持つ無意識のバイアスを排除できるため，平均的な人間が下す意思決定よりも優れた結果を生む可能性がある．実際，これはすでに起きている．1996年と2002年に，決定木を使用して，胸の痛みを訴える患者のトリアージ結果を改善することに成功したという論文が，2つの研究チームから発表されている．

　決定木に記述された分岐する決定ステップは，アルゴリズムを構成している．このアルゴリズムの実行は非常に単純だ．到達した分岐ノードで，2つの分岐のどちらに該当するかを選択し，終端ノードに行き着くまでそれを繰り返せばよい．しかし，決定木の結果にやみくもに従ってはならない．なぜなら，決定木自体は誰でも生成でき，間違った意思決定に繋がるものもありうるからだ．決定木の難しい部分は，決定木のアルゴリズムを実行するところではなく，可能な限り最良の意思決定に繋がるように決定木を設計するところにある．以下では，決定木生成のアルゴリズム（つまり，アルゴリズムを生成するアルゴリズム）について説明し，最適な決定木の生成に向けて，ステップを踏んでアルゴリズムの実装を進める．

決定木を構築する

　人に関する情報を使って，その人がどのくらい幸せかを予測する決定木を作ってみよう．幸福の要因を見つけることは何千年もの間，何百万人もの人々を悩ませてきたが，今日，社会科学の研究者たちは大量の論文を書いて（多くの研究助成金を使い果たして），答えを追究している．いくつかの情報を利用して，ある人がどれだけ幸せかを確実に予測できる決定木があったとしたら，それは人の幸せを決める重要な手がかりを与えてくれるだろう．それは，幸せを実現する方法を構築するアイデアに繋がるかもしれない．本章が終わる頃には，このような決定木の作り方が身につくのだ．

データセットをダウンロードする

　機械学習アルゴリズムはデータから有用なパターンを見つけるので，良質なデータセットが必要だ．われわれの決定木には，European Social Survey（ESS; 欧州社会調査）のデータを使用する．使用するファイルは http://bradfordtuckfield.com/ess.csv と http://bradfordtuckfield.com/variables.csv からダウンロードできる（もともとは，無料

で公開されている https://www.kaggle.com/pascalbliem/european-social-survey-ess-8-ed21-201617 から取得されたもの). ESS は，ヨーロッパ全域の成人を対象に，2 年に 1 度実施される大規模な調査である．宗教，健康状態，社会生活，幸福度など，さまざまな意識・行動に関する質問をしている．本章で使うファイルは，CSV 形式で保存されている．ファイル拡張子 ".csv" は comma-separated values（カンマ区切りの値）の略で，Microsoft Excel や LibreOffice Calc，テキストエディター，一部の Python モジュールで開くことができるファイル形式である．データセットを保存するためには，CSV は非常に一般的でシンプルな方法だ．

上記のリンクから，ess.csv ファイルと variables.csv ファイルをダウンロードしよう．variables.csv ファイルには，アンケートの各質問の詳細な説明が含まれている．例えば，variables.csv の 103 行目に，happy という変数の説明がある．この変数には，「自分を取り巻く状況をまとめて考慮して，あなたはどのくらい幸せだと思いますか？」という質問内容と回答結果の概要が記録されている．この質問に対する答えは，1（まったく幸せではない）から 10（非常に幸せ）までの範囲である．variables.csv の他の変数も見て，さまざまな情報が得られることを確認しよう．例えば，変数 sclmeet は，回答者が友人，親戚，同僚と社交目的で面会する頻度を記録している．これは，回答者の社会生活の活発さの指標と捉えることができる．また，変数 health には主観的な健康状態が，変数 rlgdgr には回答者の宗教心の主観的な評価が記録されている．

このデータを見ると，幸福度の予測に関連した仮説を考え始めることができる．社会生活が活発で健康な人は，そうでない人よりも幸せであると合理的に推測できる．一方，性別，世帯規模，年齢などのように，仮説を立てにくい変数もある．

データを見る

まずはデータを読み込もう．pandas モジュールを使って先ほどダウンロードした ess.csv ファイルを処理する．まず，このファイルを Python セッションで ess という変数に保存しよう．

```
import pandas as pd
ess = pd.read_csv('ess.csv')
```

CSV ファイルを読み込むためには，Python を実行している場所と同じ場所にファイルを置くか，上記のスニペットの 'ess.csv' を変更し，CSV ファイルを保存しているファイルパスを含める必要がある．

pandas のデータフレームの shape 属性を使って，データの行数と列数を確認できる．

```
print(ess.shape)
```

出力は (44387, 534) となる．これは，データセットには 44,387 行（各回答者につき 1 行）
と 534 列（アンケートの各質問につき 1 列）が含まれることを示している．pandas モジュール
のスライス表記を使用して，興味のある列をより詳しく見ることができる．例えば，幸福度に
関する質問（happy 列）の最初の 5 つの回答を見てみよう．

```
print(ess.loc[:,'happy'].head())
```

データセット ess は 534 列あり，アンケートの各質問に対して 1 つの列を使用している．目
的によっては，534 列すべてを 1 度に処理したい場合があるかもしれない．しかし，ここでは
happy 列だけを使う．これが loc 属性を使用した理由だ．ここでは，loc 属性は pandas の
データフレームから happy という変数をスライスしている．言い換えれば，その列だけを取り
出し，他の 533 列を無視している．次に，head() メソッドは，その列の最初の 5 行を表示する．
最初の 5 つの回答は，5, 5, 8, 8, 5 であることがわかる．sclmeet 変数でも同じことができる．

```
print(ess.loc[:,'sclmeet'].head())
```

結果は 6, 4, 4, 4, 6 となる．happy 列と sclmeet 列の値の並び順は整合しており，例えば，
sclmeet 列の 134 番目の要素の回答者と，happy 列の 134 番目の要素の回答者は同じだ．

ESS のスタッフは，すべての調査参加者から完全な回答を得るように努力している．しかし，
回答者が回答を拒否したり，質問の意味がわからなかったりしたために，無回答の質問もある．
ESS データセットにおいて，回答が存在しない場合は，本来選択できる回答の数値範囲よりも
はるかに大きい数値が割り当てられている．例えば，1 から 10 までの数値で回答する質問に回
答者が回答しなかった場合，ESS は 77 を記録する．われわれの分析では，関心のある変数を絞
り，かつ値が欠落していない回答のみを考慮する．次のようにして，われわれが関心を持って
いる変数の不備のない回答のみを含むように，ess データを制限することができる．

```
ess = ess.loc[ess['sclmeet'] <= 10,:].copy()
ess = ess.loc[ess['rlgdgr'] <= 10,:].copy()
ess = ess.loc[ess['hhmmb'] <= 50,:].copy()
ess = ess.loc[ess['netusoft'] <= 5,:].copy()
ess = ess.loc[ess['agea'] <= 200,:].copy()
ess = ess.loc[ess['health'] <= 5,:].copy()
ess = ess.loc[ess['happy'] <= 10,:].copy()
ess = ess.loc[ess['eduyrs'] <= 100,:].copy().reset_index(drop=True)
```

データを分割する

このデータを使って，社会生活と幸福度の関係を探る方法はたくさんある．最もシンプルなアプローチの 1 つは，二分法だ．非常に活発に社会生活を送っている人と，そうでない人の幸福度を比較する．

リスト 9.1　社会生活が活発な人と活発でない人の幸福度の平均を計算する

```
import numpy as np
social = list(ess.loc[:,'sclmeet'])
happy = list(ess.loc[:,'happy'])
low_social_happiness = [hap for soc,hap in zip(social,happy) if soc <= 5]
high_social_happiness = [hap for soc,hap in zip(social,happy) if soc > 5]

meanlower = np.mean(low_social_happiness)
meanhigher = np.mean(high_social_happiness)
```

リスト 9.1 では，平均値を計算するために numpy モジュールをインポートしている．次に，ess データフレームから sclmeet 列と happy 列を loc 属性でスライスして，social と happy という 2 つの新しい変数を定義する．さらに，low_social_happiness に社会生活の活発さ評価が低い人の幸福度をリスト内包表記を使って格納し，同様に high_social_happiness に社会生活の評価が高い人の幸福度を格納する．最後に，社会生活の評価が低い人と高い人の幸福度の平均値をそれぞれ計算する．print(meanlower) と print(meanhigher) を実行すると，社会生活の評価が高い人の幸福度の評価は，社会生活の評価が低い人よりもわずかに高いことがわかる．社会生活が活発な人の平均幸福度は約 7.8 で，活発でない人は約 7.2 だ．

以上のことを簡潔に図解すると図 9.2 となる．

図 9.2　社会生活の活発さから幸福度を予測する簡単な決定木

この単純な 2 分割の図は，すでに決定木に似てきている．これは偶然の一致ではない．データセットの中で 2 分割を行い，それぞれの結果を比較することは，まさに決定木の生成アルゴリズムの中心となるプロセスだ．図 9.2 は 1 つの分岐ノードしか持たないが，実際，決定木と呼ぶのが妥当である．図 9.2 は，他人と面会する頻度（sclmeet 値）だけから構成されており，非

常に単純な幸福度の予測器として使うことができる．その人の sclmeet 値が 5 以下であれば，その人の幸福度は 7.2 であると予測できる．もし sclmeet 値が 5 より高ければ，その人の幸福度は 7.8 であると予測できる．これは完全な予測ではないが，決定木生成プロセスのスタート地点であり，ランダムに推測するよりも正確だ．

　決定木を使って，ライフスタイルなど，ある人のさまざまな特性が幸福度に与える影響について結論を導き出すことができる．例えば，社会生活の活発さの違いによる幸福度の差は約 0.6 であり，社会生活のレベルを低いほうから高いほうに上げると，10 点満点で約 0.6 の幸福度の増加が期待できると結論付けられる．もちろん，この種の結論付けには困難が伴う．活発な社会生活が幸福を引き起こすのではなく，むしろ幸福が活発な社会生活を引き起こすのかもしれない．もしかしたら，幸せな人たちは，友人に電話をかけたり，社交的なイベントを開催したりする陽気な気分になっていることが多いのかもしれない．因果関係から相関関係を切り離すことは本章の範囲を超えているが，因果関係の方向性に関係なく，少なくとも単純な決定木はデータ間の関連性を示している．漫画家のランドール・マンロー[1]が言ったように，相関関係は因果関係を意味するものではないが，因果関係を探す微妙なヒントを提供する．

　2 本の枝を持つ単純な決定木の作り方はわかった．あとは，分岐の作り方を完璧にし，より良くより完全な決定木に向けて，多くの分岐を作っていくだけだ．

よりスマートに分割する

　先ほど，活発な社会生活を送っている人とそうでない人の幸福度の比較にあたって，social 変数（もともとは sclmeet 列）の 5 を分割点として，social が 5 よりも高い人は活発な社会生活，5 以下の人は非活発な社会生活を送っているとした．5 を選んだのは，単に 1 から 10 までの評価の中間点だからだ．しかし，われわれの目標は，幸福度の正確な予測因子を構築することであることを忘れないでほしい．つまり，一見活発と非活発の境界に見える中間点を分割点にするのではなく，可能な限り最高の精度に繋がる値を分割点にするのが最善の方法なのだ．

　機械学習の精度を測定する方法はいくつかある．最も自然な方法は，誤差の合計を求めることだ．ここで関心のある誤差は，予測した幸福度と実際の幸福度の差である．決定木があなたの幸福度を 6 と予測し，実際は 8 であった場合，あなたの評価に対する決定木の誤差は 2 となる．あるグループのすべての回答者について，この誤差の合計をとると，決定木の精度を測定する総予測誤差が得られる．総予測誤差をゼロに近づけることができれば，決定木はより良いものになる（ただし，重要な注意点については次節の「オーバーフィットの問題」の項を参照）．下のスニペットは，総予測誤差を求める簡単な方法を示している．

---

　[1] 訳注：物理学とロボット工学のバックグラウンドを持つアメリカの漫画家．

```
lowererrors = [abs(lowhappy - meanlower) for lowhappy in low_social_happiness]
highererrors = [abs(highhappy - meanhigher) for highhappy in high_social_happiness]

total_error = sum(lowererrors) + sum(highererrors)
```

　このコードは，全回答者のすべての総予測誤差を取得する．非活発な社会生活をしている回答者の予測誤差を含むリストである lowererrors と，活発な社会生活をしている回答者の予測誤差を含むリストである highererrors が定義されている．総予測誤差を計算するために，負ではない数だけを加算するように絶対値をとっていることに注意しよう．このコードを実行すると，総予測誤差である total_error は約 60,224 であることがわかる．この数字は 0 よりもはるかに大きいが，2 本の枝しかない決定木を使った幸福度の予測であり，しかも 4 万人以上の回答者の総予測誤差であることを考えると，急に悪くは思えなくなる．

　予測誤差が改善されるかどうかを確認するために，異なる分割点を試すことができる．例えば，sclmeet 列が 4 よりも高い人を活発な社会生活を送っている人，4 以下を非活発な社会生活を送っている人に分類して，その結果の総予測誤差を比較するのだ．代わりに 6 を分割点とすることもできる．最高の精度を得るために，すべての分割点を順番にチェックして，可能な限り低い予測誤差に繋がる分割点を選択しよう．リスト 9.2 はこれを実現する関数だ．

リスト 9.2　決定木の変数の最適な分割点を見つける

```
def get_splitpoint(allvalues,predictedvalues):
    lowest_error = float('inf')
    best_split = None
    best_lowermean = np.mean(predictedvalues)
    best_highermean = np.mean(predictedvalues)
    for pctl in range(0,100):
        split_candidate = np.percentile(allvalues, pctl)

        loweroutcomes = [outcome for value,outcome in zip(allvalues, \
                        predictedvalues) if value <= split_candidate]
        higheroutcomes = [outcome for value,outcome in zip(allvalues, \
                        predictedvalues) if value > split_candidate]

        if np.min([len(loweroutcomes),len(higheroutcomes)]) > 0:
            meanlower = np.mean(loweroutcomes)
            meanhigher = np.mean(higheroutcomes)

            lowererrors = [abs(outcome - meanlower) for outcome in loweroutcomes]
            highererrors = [abs(outcome - meanhigher) for outcome in \
                            higheroutcomes]
```

```
        total_error = sum(lowererrors) + sum(highererrors)

        if total_error < lowest_error:
            best_split = split_candidate
            lowest_error = total_error
            best_lowermean = meanlower
            best_highermean = meanhigher
    return(best_split,lowest_error,best_lowermean,best_highermean)
```

この関数では，`pctl`（`percentile`[2]の略）と呼ばれる変数を使用して，0 から 100 までのすべての数値をループする．ループの最初の行で，データの `pctl` パーセンタイルに当たる値を，分割点の候補として `split_candidate` 変数に格納する．そのあとは，先ほど行ったのと同じ処理を行う．`loweroutcomes` に，`sclmeet` の値が `split_candidate` 以下の人の幸福度のリストを格納し，`higheroutcomes` に，`sclmeet` の値が `split_candidate` より大きい人の幸福度を格納する．そして，この `split_candidate` を使うことで生じる予測誤差をチェックする．`split_candidate` を使用したときの総予測誤差（`total_error` 変数）が，これまでのループ中での総予測誤差の最低値（`lowest_error`）よりも小さければ，`best_split` 変数に `split_candidate` を格納する．ループが完了した後，`best_split` 変数は，最高の精度をもたらした分割点となる．

この `get_splitpoint()` 関数は任意の変数に対して実行できる．次の例では，回答者の世帯人数を記録する変数 `hhmmb` に対して実行する．

```
allvalues = list(ess.loc[:,'hhmmb'])
predictedvalues = list(ess.loc[:,'happy'])
print(get_splitpoint(allvalues,predictedvalues))
```

出力されるのは，得られた適切な分割点と，その分割点によって定義された 2 つのグループの予測幸福度である．

```
(1.0, 60860.029867951016, 6.839403436723225, 7.620055170794695)
```

この出力は，まず hhmmb 変数の最適な分割点が 1.0 であることを示しており，この値により，調査回答者を 1 人暮らしの人（世帯人数 1 人）と，他の人と同居している人（世帯員が 2 人以上）の 2 つのグループに分割している．また，この 2 つのグループの平均幸福度も確認でき，それぞれ約 6.84，約 7.62 となっている．

---

[2] 訳注：パーセンタイル．データを大きさ順に並べて 100 区間に区切り，小さいほうから見てどの区間にあるかを示すもの．例えば，70 パーセンタイルは，小さいほうから 70/100 の区間にあるデータ．

分割変数を選択する

どの変数に対しても，最適な分割点を見つけることができる．ここで，図 9.1 のような決定木では，図 9.2 の例のように 1 つの変数だけの分割点を探しているわけではないことに注意しよう．男性と女性，肥満者と非肥満者，喫煙者と非喫煙者などの分割変数も存在する．当然の疑問は，各分岐ノードに割り当てる分割変数をどのようにして決めるかだ．図 9.1 のノードを並べ替えて，最初に体重で分割し，次に性別で分割したり，その際，性別は左の分岐だけで使ったり，あるいはまったく使わなかったりすることができる．各分岐にどの変数を選ぶかは，最適な決定木を生成する上で重要なので，その部分のコードを書く必要がある．

最適な分割点を得るために使用したのと同じ原理を使用して，最適な分割変数を決定しよう．変数を決める最良の方法は，予測誤差が最小になる方法だ．利用可能な各変数を繰り返し処理し，どの変数が誤差を最小にする分割に繋がるかを決定する．これはリスト 9.3 を使うことで実現できる．

リスト 9.3　すべての変数を反復処理して，最適な分割変数を見つける

```
def getsplit(data,variables,outcome_variable):
    best_var = ''
    lowest_error = float('inf')
    best_split = None
    predictedvalues = list(data.loc[:,outcome_variable])
    best_lowermean = -1
    best_highermean = -1
    for var in variables:
        allvalues = list(data.loc[:,var])
        splitted = get_splitpoint(allvalues,predictedvalues)

        if(splitted[1] < lowest_error):
            best_split = splitted[0]
            lowest_error = splitted[1]
            best_var = var
            best_lowermean = splitted[2]
            best_highermean = splitted[3]

    generated_tree = [[best_var,float('-inf'),best_split,best_lowermean], \
                      [best_var,best_split,float('inf'),best_highermean]]

    return(generated_tree)
```

リスト 9.3 で定義する関数は，すべての変数を反復処理する for ループを持っている．これらの各変数に対して，get_splitpoint() 関数を呼び出すことで最適な分割点を見つける．各変数は，最適な点で分割され，それぞれの総予測誤差が算出される．ある変数が，ループ中の

それまでに考慮したどの変数よりも低い総予測誤差になったら，その変数名を best_var に格納する．イテレーションがすべて終わると，best_var に格納された変数は，すべての変数の中で最も総予測誤差が小さい変数となる．このコードを sclmeet 以外の変数の集合に対して次のように実行する．

```
variables = ['rlgdgr','hhmmb','netusoft','agea','eduyrs']
outcome_variable = 'happy'
print(getsplit(ess,variables,outcome_variable))
```

すると，以下の出力が得られる．

```
[['netusoft', -inf, 4.0, 7.0415973337770383], ['netusoft', 4.0, inf,
7.73042471042471]]
```

getsplit() 関数は，入れ子になったリストの形をした非常に単純な「木」を出力する．この木には 2 つの枝があるだけだ．1 番目の枝は最初の入れ子リストで表され，2 番目の枝は 2 番目の入れ子リストで表されている．両方の入れ子になったリストのそれぞれの要素は，それぞれの枝についての情報を教えてくれる．最初のリストは，回答者の netusoft 列の値（インターネット利用頻度）に基づいた分岐であることを示している．具体的には，1 番目の枝は netusoft の値が $-\infty$ から 4.0 の間の人に対応している．つまり，この枝の人々は，インターネット利用頻度を 5 段階評価で 4 以下と報告している．入れ子になっている各リストの最後の要素は，予測幸福度を示している．インターネットを非常によく使っている人以外の人の幸福度は約 7.0 だ．この単純な木のプロットを図 9.3 に示す．

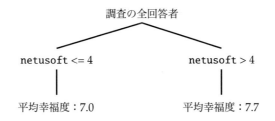

図 9.3　getsplit() 関数の最初の呼び出しで生成された木

これらの結果から，インターネット利用が著しく多くはない人の平均幸福度は約 7.0 であるのに対し，非常によく使う人の幸福度は平均で約 7.7 であり，後者のほうがより幸福であることがわかる．繰り返しになるが，このたった 1 つの事実から結論を出すことは危険である．インターネット利用は幸福度の第 1 の要因ではないかもしれないが，年齢，富，健康，教育，そ

の他の特性と強い相関関係があるため，幸福度とも相関関係があるかもしれない．通常，機械学習だけでは複雑な因果関係を確実に特定することはできないが，図 9.3 の単純な木のように，正確な予測を行うことができる．

深さを追加する

これで，最適な分割変数を見つけ，2 つの枝を持つ決定木を生成するために必要な準備が完了した．次に，1 つの分岐ノードと 2 つの終端ノードだけではなく，木を成長させる必要がある．図 9.1 には複数の分岐があった．また，最終的な予測にたどり着くまでに，最大 3 つの枝を辿る必要があった．これを深さが 3 の決定木と呼ぶ．

決定木生成プロセスの最後のステップは，到達したい深さを指定し，その深さに到達するまで新しい枝を構築していくことだ．これを実現するために，リスト 9.4 に示すように，getsplit() 関数に深さを追加しよう．

リスト 9.4　指定した深さの決定木を生成する

```python
maxdepth = 3
def getsplit(depth,data,variables,outcome_variable):
    --snip--
    generated_tree = [[best_var,float('-inf'),best_split,[]],[best_var,\
                        best_split,float('inf'),[]]]

    if depth < maxdepth:
        splitdata1=data.loc[data[best_var] <= best_split,:]
        splitdata2=data.loc[data[best_var] > best_split,:]
        if len(splitdata1.index) > 10 and len(splitdata2.index) > 10:
            generated_tree[0][3] = getsplit(depth + 1,splitdata1, \
                                            variables,outcome_variable)
            generated_tree[1][3] = getsplit(depth + 1,splitdata2, \
                                            variables,outcome_variable)
        else:
            depth = maxdepth + 1
            generated_tree[0][3] = best_lowermean
            generated_tree[1][3] = best_highermean
    else:
        generated_tree[0][3] = best_lowermean
        generated_tree[1][3] = best_highermean
    return(generated_tree)
```

この更新された getsplit() 関数では，generated_tree 変数を定義する際に，平均幸福度の代わりに空のリストを追加している（リスト 9.3 では best_lowermean や best_highermean が格納されていた）．平均幸福度を挿入するのは終端ノードのみだが，より深さのある木を作りたい場合は，各分岐内に他の分岐を挿入する必要がある（これが空リストの内容になる）．ま

た，関数の最後に長いコードの塊を含む if 文を追加している．現在の分岐の深さが指定した最大の深さに満たない場合，このコードブロックで getsplit() 関数を再帰的に呼び出して，その中に別の分岐を挿入する．この処理は，最大の深さに達するまで続く．

このコードを実行して，データセットの幸福度の予測誤差が最も少ない決定木を見つけることができる．

```
variables = ['rlgdgr','hhmmb','netusoft','agea','eduyrs']
outcome_variable = 'happy'
maxdepth = 2
print(getsplit(0,ess,variables,outcome_variable))
```

次のように，深さ2の木が出力される．

リスト 9.5　入れ子になったリストによる決定木の表現

```
[['netusoft', -inf, 4.0, [['hhmmb', -inf, 4.0, [['agea', -inf, 15.0,
8.035714285714286], ['agea', 15.0, inf, 6.997666564322997]]], ['hhmmb', 4.0, inf,
[['eduyrs', -inf, 11.0, 7.263969171483622], ['eduyrs', 11.0, inf, 8.0]]]]],
['netusoft', 4.0, inf, [['hhmmb', -inf, 1.0, [['agea', -inf, 66.0,
7.135361428970136], ['agea', 66.0, inf, 7.6219931271477766]]], ['hhmmb', 1.0, inf,
[['rlgdgr', -inf, 5.0, 7.743893678160919], ['rlgdgr', 5.0, inf,
7.9873320537428025]]]]]]
```

この出力は，互いに入れ子になったリストの集まりだ．図9.1のように読みやすくはないが，これらの入れ子になったリストは決定木を表している．図9.3の単純な木で見たように，入れ子の各レベルで，変数名と値の範囲を見つけることができる．最初のレベルの入れ子では，図9.3で見たのと同じ分岐が示されている．netusoft の値が4.0以下の回答者を表す枝だ．最初のレベルの2番目のリスト（netusoft 4.0, inf で始まるリスト）の中で入れ子になったリストは，hhmmb, -inf, 4.0 で始まる．これは，先ほど調べた枝から分岐した決定木のもう1つの枝で，世帯人数が4以下の人から構成されている．これまで入れ子にしたリストで見てきた決定木の部分を描くと，図9.4のようになる．

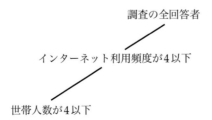

図 9.4　入れ子にしたリストの1つの枝を決定木として描いたもの

入れ子になっているリストを順に見て，決定木の枝をさらに埋めていくことができる．他の
リストの中で入れ子になっているリストは，決定木の下位にある枝に対応する．入れ子になっ
たリストは，それを含むリストから分岐するのだ．終端ノードには，さらに入れ子になったリ
ストではなく，予測幸福度がある．

　これで，相対的に低い予測誤差で幸福度を予測できる決定木の生成に成功した．出力を調べ
ると，幸福度と相関のある決定要因と，分岐ごとの幸福度がわかる．

　決定木とデータセットでできることは，もっとたくさんある．例えば，同じコードを異なる
変数，またはより多くの変数を対象にして実行してみることができる．また，異なる深さの木
を生成することもできる．変数と深さを変えた例を示そう．

```
variables = ['sclmeet','rlgdgr','hhmmb','netusoft','agea','eduyrs','health']
outcome_variable = 'happy'
maxdepth = 3
print(getsplit(0,ess,variables,outcome_variable))
```

　これらのパラメーターで実行すると，今までとは大きく異なる形の決定木になる．その出力
を以下に示す．

```
[['health', -inf, 2.0, [['sclmeet', -inf, 4.0, [['health', -inf, 1.0, [['rlgdgr',
-inf, 9.0, 7.9919636617749825], ['rlgdgr', 9.0, inf, 8.713414634146341]]],
['health', 1.0, inf, [['netusoft', -inf, 4.0, 7.195121951219512], ['netusoft',
4.0, inf, 7.565659008464329]]]]], ['sclmeet', 4.0, inf, [['eduyrs', -inf, 25.0,
[['eduyrs', -inf, 8.0, 7.9411764705882355], ['eduyrs', 8.0, inf,
7.9991697799991698]]], ['eduyrs', 25.0, inf, [['hhmmb', -inf, 1.0,
7.297872340425532], ['hhmmb', 1.0, inf, 7.9603174603174605]]]]]]], ['health', 2.0,
inf, [['sclmeet', -inf, 3.0, [['health', -inf, 3.0, [['sclmeet', -inf, 2.0,
6.049427365883062], ['sclmeet', 2.0, inf, 6.70435393258427]]], ['health', 3.0, inf,
[['sclmeet', -inf, 1.0, 4.135036496350365], ['sclmeet', 1.0, inf,
5.407051282051282]]]]], ['sclmeet', 3.0, inf, [['health', -inf, 4.0, [['rlgdgr',
-inf, 9.0, 6.9922277707173616], ['rlgdgr', 9.0, inf, 7.434662998624484]]],
['health', 4.0, inf, [['hhmmb', -inf, 1.0, 4.948717948717949], ['hhmmb', 1.0, inf,
6.132075471698113]]]]]]]]]]
```

　特に，最初の分岐で変数netusoftに代わって，変数healthが使われていることに注目して
ほしい．より深い他の分岐も，分割点や分割変数が異なる．決定木の柔軟性により，同じデー
タセットに対して同じ最終目標を持って出発しても，使用するパラメーター次第でまったく異
なる結論に到達してしまうのだ．これは機械学習の共通の特徴であり，機械学習をマスターす
るのが難しい理由の1つだ．

決定木を評価する

　前節では，決定木を生成するために，分割変数と分割点ごとに予測誤差を比較した．そして，分岐の結果，予測誤差が最も低くなるように分割変数と分割点を選択した．これらの処理を経て決定木の生成に成功したので，次は各分岐についてではなく，決定木全体で同様の予測誤差を計算するのが合理的だ．決定木全体の予測誤差を評価することで，予測タスクをどれだけ達成できたか，また，今後のタスク（例えば，胸の痛みを訴える未来の患者のトリアージ）でどれだけのパフォーマンスを発揮できるかを知ることができる．

　あなたは，これまでに生成された決定木の出力を見てきて，入れ子の長いリストをすべて読むことに，ひどい苦痛を感じたはずだ．しかし，苦労してリストを読み込んで，正しい終端ノードまで行き着く以外に，誰かの幸福度を予測する方法はなかった．そこで，ESS の回答に基づいて，ある人の予測幸福度を決定できるコードを書きたい．以下に示す `get_prediction()` 関数が，これを実現してくれる．

```python
def get_prediction(observation,tree):
    j= 0
    keepgoing = True
    prediction = - 1
    while(keepgoing):
        j=j+ 1
        variable_tocheck = tree[0][0]
        bound1 = tree[0][1]
        bound2 = tree[0][2]
        bound3 = tree[1][2]
        if observation.loc[variable_tocheck] < bound2:
            tree = tree[0][3]
        else:
            tree = tree[1][3]
        if isinstance(tree,float):
            keepgoing = False
            prediction = tree
    return(prediction)
```

　次に，データセット全体ではなく，指定した範囲だけを使い，決定木による予測幸福度を取得するループを作成する．深さが4の木を試してみよう．

```python
predictions=[]
outcome_variable = 'happy'
maxdepth = 4
thetree = getsplit(0,ess,variables,outcome_variable)
```

```
for k in range(0,30):
    observation = ess.loc[k,:]
    predictions.append(get_prediction(observation,thetree))

print(predictions)
```

このコードは，get_prediction() 関数を繰り返し呼び出し，結果を予測リストに追加していく．ここでは，ess データセットの最初の 30 行のみを使って予測を行っている[3]．

最後に，データセットの全データを使い，予測結果と実際の幸福度の差の絶対値により全体の予測誤差を計算する．

```
predictions = []

for k in range(0,len(ess.index)):
    observation = ess.loc[k,:]
    predictions.append(get_prediction(observation,thetree))

ess.loc[:,'predicted'] = predictions
errors = abs(ess.loc[:,'predicted'] - ess.loc[:,'happy'])

print(np.mean(errors))
```

これを実行すると，決定木の平均予測誤差は 1.369 であることがわかる．これは 0 よりも大きいが，他のより悪い予測方法を使用すればこれより大きくなるし，実際，われわれの決定木は，これまでのところ，かなり良い予測をしているようだ．

オーバーフィットの問題

決定木の評価方法は，現実の世界で期待される将来の予測とは違うと気がついたかもしれない．ここまでしてきたことを思い出そう．アンケートの回答を格納したデータセットの全体を使用して決定木を生成し，それらの回答をした人たちの幸福度に対して決定木の予測の正確性を評価した．しかし，アンケートに回答した人たちの幸福度を改めて予測しても意味がない．すでにわかっているので，予測する必要はまったくないのだ．トリアージの例で言えば，過去に心臓発作の疑いで搬送されてきた患者のデータセットを入手して，治療前の症状を綿密に調査し，機械学習モデルを通して過去の患者のことを教えてもらうようなものだ．過去のある患者が心臓発作だったかはすでにはっきりしているので，別の診断データで調べればよい．過去を

---

[3] 訳注：全体の総予測誤差を確認する前に個別に予測幸福度を試しに出力しているだけで，このコード自体に意味はない．

予測することは簡単だが，真の予測とは常に未来に向けたものであることを忘れてはならない．ペンシルベニア大学ウォートン校のジョセフ・シモンズ教授の言葉を借りれば，「歴史とは過去に何が起こったかについてのものであり，科学とは次に何が起こるかについてのものである」．

これは大した問題ではないと思うかもしれない．結局のところ，過去の心臓発作患者をうまく予測する決定木を作ることができれば，未来の心臓発作患者もうまく予測できると考えるのが妥当だろう．これはある程度は真実である．しかし，**オーバーフィット**と呼ばれる，油断してはいけない危険性が存在する．オーバーフィットとは，機械学習モデルがその作成に使用したデータセット（過去のデータ）に過度に適合することだ．そのため，そのデータセットに対しては予測誤差が非常に小さいが，その後，他のデータ（真に予測したい未来からのデータ）に用いると，予測誤差が予想外に大きくなる．

心臓発作の予測の例で考えてみよう．救急救命室を数日間観察していたら，たまたまかもしれないが，青色のシャツを着ているすべての患者は心臓発作であり，緑色のシャツを着ているすべての患者は単なる胸焼けであった．シャツの色を変数に含む決定木モデルは，このパターンを拾い上げてこれを分割変数として使用する．なぜなら，上記の観測から，シャツの色を頼りにすると予測精度が高いからだ．しかし，この決定木を使って，他の病院や将来の心臓発作を予測すると，この決定木モデルが間違っていることがわかる．つまり，緑のシャツを着ている人の多くが心臓発作だったり，青のシャツを着ている人の多くが単なる胸焼けだったりするのだ．

決定木モデルを構築するために使用したデータサンプルに対して予測することは**サンプル内予測**と呼ばれ，一方，モデル構築に使ったデータサンプル以外のデータに対して予測することは**サンプル外予測**と呼ばれる．オーバーフィットとは，サンプル内予測において低い予測誤差を熱心に求めた結果，サンプル外予測の予測誤差が非常に高くなってしまうことをいう．

オーバーフィットは，機械学習における深刻な問題であり，最高の機械学習の実践者でさえも悩まされる．これを回避するために，決定木の生成プロセスをより現実の予測シナリオに近いものにする，重要なステップに進もう．

現実の予測は未来を知るためのものだが，決定木を生成するときには，過去のデータしか持っていない．そこで，データセットを学習セットとテストセットの2つに分割して，後者をオーバーフィットが起きていないかの検証に使うことにしよう．つまり，学習セットは決定木の構築だけに使用し，テストセットは決定木の精度チェックだけに使用するのだ．テストセットは，他のデータと同様に過去のものだが，あたかも未来のものであるかのように扱う．すなわち，決定木の構築には使用せずに（まだ起きていないデータと見なして），構築が完全に終わってから，決定木の精度のテストに使用する．

決定木生成プロセスにおいて，学習セット・テストセットの分割を行う部分は，未知の未来を予測するという現実のシナリオを模倣するものだ．つまり，テストセットで求めた予測誤差は，実際の未来から得られる予測誤差の妥当な期待値となる．学習セットの予測誤差が非常に小さ

く，テストセットの予測誤差が非常に大きい場合，オーバーフィットしていることがわかる．
学習セットとテストセットを次のように作成する．

```
import numpy as np
np.random.seed(518)
ess_shuffled = ess.reindex(np.random.permutation(ess.index)).reset_index(drop \
                = True)
training_data = ess_shuffled.loc[0:37000,:]
test_data = ess_shuffled.loc[37001:,:].reset_index(drop = True)
```

このスニペットでは，numpy モジュールを使用してデータをシャッフルしている．言い換えれば，すべてのデータを保持しつつ，行をランダムに移動させるということだ．このシャッフルには，pandas モジュールの reindex() メソッドを用いている．reindex() メソッドによる再インデックス化は，行番号をランダムにシャッフルする．データセットをシャッフルした後，シャッフルした最初の 37,000 行を学習セットとして選択し，残りの行をテストセットとして選択する．np.random.seed(518) コマンドは必須ではないが，これを入れておけば，何度実行しても，常に同じシャッフル結果が得られる．

学習セットとテストセットを作成した後，学習セットのみを用いて決定木を生成する．

```
thetree = getsplit(0,training_data,variables,outcome_variable)
```

最後に，決定木の学習に使用しなかったテストセットの平均予測誤差をチェックする．

```
predictions = []
for k in range(0,len(test_data.index)):
    observation = test_data.loc[k,:]
    predictions.append(get_prediction(observation,thetree))

test_data.loc[:,'predicted'] = predictions
errors = abs(test_data.loc[:,'predicted'] - test_data.loc[:,'happy'])
print(np.mean(errors))
```

実行すると，テストセットの平均予測誤差は 1.371 であることがわかる．これは，学習セットとテストセットに分ける前の全データセットを使ったサンプル内予測の予測誤差 1.369 をわずかに超える程度であり，われわれのモデルがオーバーフィットを起こしていないことを示している．つまり，われわれのモデルは，過去を予測するのも未来を予測するのも，同じくらい得意なのだ．このような良いニュースは珍しく，多くの場合，モデルは期待よりも悪い．しかし，実際にモデルを使い始める前に改善していけばよく，テストの段階で悪いニュースを受け

取るのは，むしろ良いことだ．悪いニュースを受け取ったら，テストセットでの予測誤差が最小になるようにモデルを改良する．

決定木モデルの改良

作成した決定木モデルの予測精度が悪いとき，原因はオーバーフィットかもしれない．単純な機械学習モデルは複雑なモデルよりもオーバーフィットに悩まされる可能性が低いため，オーバーフィットの問題に対処する戦略の多くは，モデルの単純化に行き着く．

決定木モデルを単純化する最も簡単な方法は，木の深さを制限することだ．深さは maxdepth 変数に割り当てる数字を変えるだけで修正できるが，正しい深さを決定するためには，その変更のたびにサンプル外予測誤差をチェックしなければならない．深すぎると，オーバーフィットを起こし，予測誤差が大きくなる可能性が高くなる．一方，深さが浅すぎる場合も，アンダーフィットを起こし，やはり予測誤差が大きくなる可能性がある．アンダーフィットは，オーバーフィットの鏡像のようなものだ．オーバーフィットは，データに含まれる関連や根拠のない不適切なパターンを学習しようとすることから生じる．言い換えれば，心臓発作を判定する際のシャツの色のような，学習中のデータに含まれるノイズを「過剰」に学習することで生じる．一方，アンダーフィットとは，十分な学習ができていない状態だ．肥満や喫煙の有無のような，データ内の重要なパターンを見逃してしまうと，アンダーフィットが生じる．

繰り返しになるが，オーバーフィットは変数が多すぎたり，分岐が深すぎたりするモデルにおいて，またアンダーフィットは，変数が少なすぎたり，深さが浅すぎたりするモデルにおいて生じる傾向がある．アルゴリズム設計でよく見られるように，決定木生成を左右するこれらのパラメーターには，高すぎず低すぎず，ほど良い値を選ぶ必要がある．決定木の深さを含め，機械学習モデルで適切なパラメーターを選択することは，しばしば**チューニング**と呼ばれる．ギターやバイオリンの「チューニング」を思い浮かべると，その目的が理解できるだろう．

決定木モデルを単純化するもう1つの方法は，**剪定**と呼ばれる方法だ．決定木を設定した深さまで成長させ，予測誤差をあまり増やさずに削除できる枝を見つける．

もう1つ言及する価値のある改良は，正しい分割点と正しい分割変数を選択するために，異なる尺度を使用することだ．本章では，総予測誤差を利用して分割点をどこに置くかを決めるというアイデアを用いた．つまり，正しい分割点とは，誤差の合計を最小にするものだ．しかし，決定木の正しい分割点を決定する方法は，ジニ不純度，エントロピー，情報利得，分散削減など，ほかにもある．実際の決定木モデルの構築では，総予測誤差ではなく，これらの他の尺度，特にジニ不純度と情報利得が使用されている．それらのほうが，概して数学的特性が良いからだ．あなたが実世界の問題に取り組むときは，分割点と分割変数を選択するさまざまな方法を試してみて，対象のデータと意思決定すべき課題に最も適していると思われるものを見つけてほしい．

機械学習は未知のデータに対して正確な予測をするためのものだ．機械学習モデルを改善し

ようとしているときは，テストデータ上で予測誤差をどれだけ改善できるかを確認することで，ある変更が価値のあるものかどうかを判断することができる．そこで，改善点を探すときは，創造的な気持ちで自由に発想してみよう．テストデータの予測誤差を向上させるためには，何でも試してみる価値があるのだ．

ランダムフォレスト

決定木は有用で価値があるが，専門家からは最高の機械学習手法とは見なされていない．これは，オーバーフィットと相対的に高い予測誤差という悪評も理由の 1 つだが，加えて，**ランダムフォレスト**と呼ばれる方法が発明され，人気を博していることにもよる．ランダムフォレストは，決定木よりも明らかに性能が良いのだ．

その名が示すように，ランダムフォレストモデルは決定木モデルの集合から構成され，各決定木は，何らかのランダム性に依存する．ランダム性を導入すると，1 本の木が繰り返し現れる森ではなく，さまざまな木を持つ多様性のある森を得ることができる．ランダム性の導入は，2 つの場所で行われる．まず，学習セットがランダム化される．各決定木を構築するのに用いる学習セットは，決定木ごとにランダムに格納するデータが選択される（テストセットはプロセスの最初にランダムにデータが選択されるが，決定木ごとにランダムな再選択が行われることはない）．第 2 に，決定木に含める変数がランダム化される．各決定木が考慮する変数は，データセットの全変数の中からランダムに選択される．

これらの 2 種類のランダム性をもって構築された決定木の集合が，全体としての「ランダムフォレスト」だ．ランダムフォレストを用いて予測を行う際は，これらの決定木の個々の予測の平均をとる．決定木はデータセットと考慮する変数の両方でランダム化されているので，すべての決定木の平均をとることは，オーバーフィットの問題を回避するのに役立ち，より正確な予測に繋がることが多い．

まとめ

本章では，機械学習を紹介し，本質的でシンプルで有用な機械学習手法である決定木とその生成について説明した．決定木自体はアルゴリズムの一種であり，決定木を生成することもアルゴリズムだ．つまり，本章ではアルゴリズムを生成するためのアルゴリズムを紹介した．決定木とランダムフォレストの基本的な考え方を学ぶことで，あなたは機械学習のエキスパートになるための大きな一歩を踏み出したことになる．この章で得た知識は，ニューラルネットワークのような高度なものを含む，他の機械学習アルゴリズムを学ぶための強固な基礎となるのだ．すべての機械学習手法は，本章で行ったように，データセットに見出されたパターンに基づいて，未来の予測を試みる．

なお，本章のコードでは，データセット，リスト，ループを直接操作して，ゼ̇ロ̇から決定木を生成した．しかし，あなたが将来，決定木やランダムフォレストを扱う際には，既存の Python モジュールに頼ることができる．しかし，これらのモジュールに頼り切らないでほしい．ゼロからコーディングできるほどにアルゴリズムを理解していれば，あなたの機械学習の活用は飛躍的に有益になるのだ．

　次章では，本書の冒険の中で最も高度な取り組みの 1 つである人工知能を探求する．

10

人工知能

この書籍全体を通して，野球のボールをキャッチしたり，テキストの誤りを修正したり，胸の痛みを訴える人が心臓発作かどうかを判断したりといった，難しい行為を実現する人間の能力に注目し，これらの能力をアルゴリズムに変換する方法と，その際の課題を探ってきた．本章では，これらの課題にもう一度向き合い，人工知能（artificial intelligence; AI）のためのアルゴリズムを構築する．これから説明する AI アルゴリズムは，野球のキャッチボールのような単一の小さなタスクだけではなく，競争を伴うシナリオにも幅広く適用可能である．この応用範囲の広さこそが，AI の醍醐味だ．人間が生涯を通じて新しいスキルを学べるように，最高の AI は最小限の再構成だけで，未知の領域に適用できる．

AI という言葉には，神秘的で非常に高度なものだと思わせるオーラがある．AI によって，コンピューターが人間と同じように考えたり，感じたり，心を持ったりすることが可能になると信じている人もいる．それが可能になるかどうかは，本章の範囲をはるかに超える未解決の難しい問題だ．われわれが作る AI はもっと単純で，ゲームをうまくプレイすることはできるだろうが，心のこもった愛の詩を書いたり，落胆や欲望を感じたりすることはできないだろう（著者の知る限りでは！）．

われわれの AI は，「ドットアンドボックス」のゲームができるようになる．これは，世界中

でプレイされているシンプルだが解法が自明ではないゲームである．まず，ゲームボードを描くことから始める．次に，ゲームが進行している間にスコアを維持するための関数を作る．その次に，与えられたゲームで可能なすべての手の組合せを表すゲームツリーを生成する．最後に，わずか数行で AI を実装できる，ミニマックス法と呼ばれるエレガントな方法を紹介する．

ドットアンドボックス

　ドットアンドボックスは，フランスの数学者エドゥアール・リュカが発明したもので，「ラ・ピポピペット」とも呼ばれる．これは，図 10.1 に示されているような格子点，つまり格子状に配置された点群から始まる．

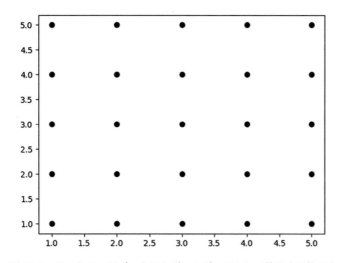

図 10.1　ドットアンドボックスのゲームボードとして使用する格子点

　格子は通常長方形であるが，どのような形状であってもよい．ターン制で，2 人のプレイヤーが交替で対戦する．各ターンで，プレイヤーは隣接する格子点を結ぶ線を引く．線の色をプレイヤーごとに変えると，どちらが引いた線か一目でわかるが，必須ではない．隣接する格子点がすべて結ばれ，線がゲームボードを埋め尽くすまで，ゲームを進めていく．図 10.2 にゲームの例を示す．

　ドットアンドボックスのプレイヤーの目標は，4 辺が描かれて四角形となったマスを対戦相手より多く作ることだ．図 10.2 では，盤面の左下に 1 マスが完成している．あるマスが完成すると，最後の辺を描いたプレイヤーが 1 ポイントを獲得する．

　図 10.2 の中央付近には，あと 1 辺で完成するマスがある．(4,4) と (4,3) の間に線を引いたプレイヤーに 1 ポイントが加算される．もし次に線を引くプレイヤーがそうせず，例えば (4,1) か

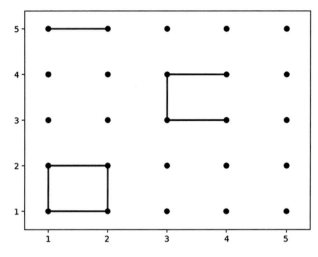

図 10.2 進行中のドットアンドボックス

ら (5,1) に線を引いたら，ここで 1 点を獲得するチャンスは，相手プレイヤーに移ってしまう．プレイヤーがポイントを獲得できるのは，ゲームボード上で可能な最小のマス，つまり 1×1 のマスだけだ．格子が完全に線で埋め尽くされたときに，獲得ポイントが多いほうのプレイヤーが勝者となる．このゲームには，異なるボード形状や，より高度なルールなど，いくつかのバリエーションがあるが，本章で構築するシンプルな AI は，ここで説明したボードとルールを用いる．

ゲームボードを描く

　本章の AI のアルゴリズムに直接的には関係しないが，ボードを描くことで議論しているアイデアが理解しやすくなる．以下に示す非常に単純なプロット関数は，x 座標と y 座標をループし，各イテレーションで Python の matplotlib モジュールの plot() 関数を使用することで，$n×n$ の格子を作成する．

```python
import matplotlib.pyplot as plt
from matplotlib import collections as mc
def drawlattice(n,name):
    for i in range(1,n + 1):
        for j in range(1,n + 1):
            plt.plot(i,j,'o',c = 'black')
    plt.savefig(name)
```

　この関数は引数として，格子の縦と横のサイズを表す n と，出力を保存するファイルパスを表す name を受け取る．plt.plot() 関数の引数 c = 'black' は，格子点の色を指定する．次の

コマンドで, 5×5 の黒い格子点を作成し, 保存することができる.

```
drawlattice(5,'lattice.png')
```

これにより, 図 10.1 に示したゲームボードが得られる.

ゲームを表現する

ドットアンドボックスは, プレイヤーが交互に引く線分で構成されるので, 引かれた順に線分を並べたリストとしてゲームを記録できる. 個々の線分 (1 手) は, これまでの章と同様に, x, y 座標の順序付きペア (線分の両端) からなるリストとして表現する. 例えば, $(1,2)$ と $(1,1)$ の間の線は, 次のリストとなる.

```
[(1,2),(1,1)]
```

ゲームの経過は, 次の例のように, 線の順序付きリストになる.

```
game = [[(1,2),(1,1)],[(3,3),(4,3)],[(1,5),(2,5)],[(1,2),(2,2)],[(2,2),(2,1)], \
        [(1,1),(2,1)],[(3,4),(3,3)],[(3,4),(4,4)]]
```

このリストで表現されているゲームは, 図 10.2 に示されているものだ. 格子全体には線が埋まっておらず, ゲームはまだ進行中である.

drawlattice() 関数に続いて, drawgame() 関数を作成する. この関数は, ゲームボードと, 現在のターンまでのゲーム内容を描画する.

リスト 10.1 ドットアンドボックスのゲームボードと経過を描画する

```
def drawgame(n,name,game):
    colors2 = []
    for k in range(0,len(game)):
        if k%2 == 0:
            colors2.append('red')
        else:
            colors2.append('blue')
    lc = mc.LineCollection(game, colors = colors2, linewidths = 2)
    fig, ax = plt.subplots()
    for i in range(1,n + 1):
        for j in range(1,n + 1):
            plt.plot(i,j,'o',c = 'black')
    ax.add_collection(lc)
```

```
        ax.autoscale()
        ax.margins(0.1)
        plt.savefig(name)
```

　この関数は，drawlattice() と同様に n と name を引数に取る．また，drawlattice() に
おける格子点の描画と同様に，入れ子になったループを含んでいる．colors2 リストは，最初
に空の状態で定義された後，線を描画する都度，その色が格納されていく．ドットアンドボッ
クスでは，2 人のプレイヤーの間で交互にターンが行われる．したがって，線の色も交互に変
えればよい．リスト 10.1 では，最初のプレイヤーは赤，2 番目のプレイヤーは青となる．空の
colors2 リスト定義後の for ループでは，ゲームが経過した分だけ，red と blue を colors2
に追加していく．それ以下のコードは，以前の章で線の集合を作成したときと同様に，現時点
で引かれている線の集合を作成し，それを描画する．

NOTE　この本はカラー印刷されていないし，そもそもドットアンドボックスをプレイするときに色を
つける必要はない．しかし，とにかく色を割り当てるコードを書いたので，コードを実行して画面で
結果を確認しよう．

　以下のように drawgame() 関数を呼び出せばよい．

```
drawgame(5,'gameinprogress.png',game)
```

　図 10.2 と同様の結果が得られる．

ゲームのスコアを計算する

　次に，ドットアンドボックスのスコア計算の関数を作成する．与えられたゲーム経過におい
て完成しているマスを見つける関数をまず作り，次にスコアを計算する関数を作る．前者の関
数は，引かれているすべての線をループして完成したマスを探し，その個数を返す．各イテレー
ションでは，その線が水平線である場合，すぐ下にそれと平行な線が引かれているか，および
右下・左下に垂直線が引かれているかをチェックすることで，その水平線を上辺とする正方形
が完成しているかどうかを判断する．リスト 10.2 の関数はこれを実現する．

リスト 10.2　ドットアンドボックスのゲームボードで完成した正方形をカウントする

```
def squarefinder(game):
    countofsquares = 0
    for line in game:
        parallel = False
        left=False
```

```
            right=False
            if line[0][1]==line[1][1]:
                if [(line[0][0],line[0][1]-1),(line[1][0],line[1][1] - 1)] in game:
                    parallel=True
                if [(line[0][0],line[0][1]),(line[1][0]-1,line[1][1] - 1)] in game:
                    left=True
                if [(line[0][0]+1,line[0][1]),(line[1][0],line[1][1] - 1)] in game:
                    right=True
                if parallel and left and right:
                    countofsquares += 1
    return(countofsquares)
```

　この squarefinder() 関数は，countofsquares の値を返す．countofsquares は，関数の先頭で0の値で初期化されている．for ループは，game に格納されたすべての線を反復処理する．各イテレーションは，対象となる線の下の平行線も，これらの平行線を結ぶ左右の線も，まだ引かれていないと仮定して開始する．対象の線が水平線である場合，その下の平行線，および左右の垂直線の存在をチェックする．チェックした3つの線がすべて存在したら，countofsquares 変数を1増加させる．このようにして，countofsquares は，描かれたマスの総数を記録する．

　次に，スコアを計算する短い関数を書こう．スコアは，[2,1] のように2つの要素を持つリストとして記録される．このリストの最初の要素は最初のプレイヤーのスコアを表し，2番目の要素は2番目のプレイヤーのスコアを表す．次のリスト 10.3 が，スコアリング関数である．

リスト 10.3　進行中のドットアンドボックスのスコアを計算する

```
def score(game):
    score = [0,0]
    progress = []
    squares = 0
    for line in game:
        progress.append(line)
        newsquares = squarefinder(progress)
        if newsquares > squares:
            if len(progress)%2 == 0:
                score[1] = score[1] + 1
            else:
                score[0] = score[0] + 1
        squares=newsquares
    return(score)
```

　このスコアリング関数は，game に格納されたすべての線をループし，各イテレーションで，そのターンまでのゲーム内容を確認する．あるターンまでに完成したマスの合計数が1ターン

前に完成したマスよりも多い場合，そのターンのプレイヤーがそのマスを完成させたのであり，得点に 1 を追加する．`print(score(game))` を実行すると，図 10.2 のゲームスコアが表示される．

ゲームツリーと勝ち方

　ここまでで，ドットアンドボックスの描き方とスコアの数え方を見てきた．次は勝ち方を考えよう．ゲームとしてのドットアンドボックスには特に興味がないかもしれないが，ドットアンドボックスで勝つ方法は，チェス，チェッカー，三目並べで勝つ方法と同じだ．これらのゲームで勝つためのアルゴリズムは，人生で遭遇するすべての競争状況について，新しい考え方を与えてくれる．勝利戦略の本質は，現在の行動から生じる将来の結果を体系的に分析し，可能な限り良い未来に繋がる行動を選択することだ．トートロジーのように聞こえるかもしれないが，これを達成する方法は，慎重かつ体系的な分析に頼ることになる．この分析結果は，第 9 章で構築した木構造で表すことができる．

　図 10.3 に示す将来起こりうる結果を考えてみよう．

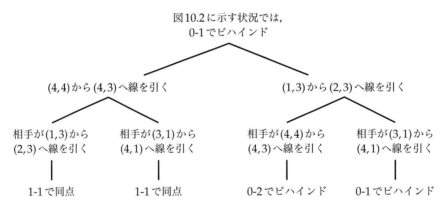

図 10.3　図 10.2 以降数ターンの可能な指し手を示すゲームツリー

　まず，ゲームツリーの最上部で現在の状況を確認しよう．スコアは 0-1 で負けていて（図 10.2 の左下のマスを対戦相手に取られている），次は自分のターンという状況である．われわれが考える手の 1 つは，ツリーの左側の枝，すなわち (4,4) から (4,3) に線を引くことだ．この手で 1 マスが完成し，1 点を得る．次に対戦相手がどの手を打っても（図 10.3 の左下の 2 つの枝），その時点で同点である．一方，右側の枝のように，自分のターンで (1,3) から (2,3) に線を引くと，対戦相手は (4,4) から (4,3) に線を引いて 1 マスを完成させて 1 点を得，0-2 でビハインドとなるか，別の線（図では (3,1) から (4,1)）を引いて 0-1 のままとなる．

これらの可能性を考慮すると，2ターン後に3つの異なるスコア1-1，0-2，0-1のいずれかとなる．このゲームツリーでは，左側の枝を選択すべきであることは明らかだ．なぜなら，この枝から成長する可能性のすべては，右側の枝から成長する可能性よりも良いスコアをもたらすからだ．この形の推論は，AIが最善の指し手を決定する方法の本質である．ゲームツリーを構築し，すべての終端ノードで結果をチェックしてから，単純な再帰的推論を使い，それぞれの決定による未来を確認して，どの指し手を選ぶかを決定するのだ．

図10.3のゲームツリーがひどく不完全であることに，あなたはおそらく気がついただろう．自分のターンで選択できる指し手は2つしかなく（左枝と右枝），次の相手のターンも同様だ．もちろん，これは間違っている．両方のプレイヤーにはより多くの選択肢がある．格子上で結べる2点は，隣接していさえすれば任意に選べることから，これはわかるはずだ．この瞬間を表す真のゲームツリーには，各プレイヤーの可能な指し手ごとに1本ずつ枝がある．これは，自分にも相手にも当てはまるし，ゲームツリーのどのレベルにも当てはまる．ゲームツリーのどのポイントにも，可能なすべての指し手に対応するだけの枝があるのだ．ゲームの終わり近くで，格子のほぼすべてが線で埋まっている場合にのみ，可能な手の数は少数になる．図10.3は，紙面に十分なスペースがなく，図の目的もゲームツリーの考え方や思考プロセスを説明することだったため，ほんの一部の枝だけを描いたのだ．

ゲームツリーの深さについては，残りのターン数によって決まることが想像できるだろう．図10.3で示された2ターン分だけではなく，それに続く自分のターン，相手のターンと，ゲームが終わるまでゲームツリーは伸びていくのだ．

ゲームツリーを構築する

本章で構築するゲームツリーは，第9章の決定木とは異なる点がある．最も重要な相違点は目標だ．決定木は特性に基づいた分類や予測を可能にするのに対し，ゲームツリーはすべての可能性を単純に記述するだけである．目標が異なるので，それを構築する方法も異なる．第9章では，決定木の各枝を決定するために分割変数と分割点を選択した．本章のゲームツリーでは，次に来るべき分岐を調べるのは簡単だ．その時点で可能なすべての指し手のリストを生成すればよいのだ．このリストは，隣接する格子点の全ペアを入れ子ループにより取得しておき，すでに線で結ばれているペアをそこから除外することで得られる．以下のコードは，その前半部分だ．

```
allpossible = []

gamesize = 5

for i in range(1,gamesize + 1):
    for j in range(2,gamesize + 1):
        allpossible.append([(i,j),(i,j - 1)])
```

```
for i in range(1,gamesize):
    for j in range(1,gamesize + 1):
        allpossible.append([(i,j),(i + 1,j)])
```

このスニペットは，allpossible という空のリストと，格子の縦と横の長さを表す gamesize 変数を定義することから始まる．次に，それぞれ入れ子のループを含む 2 つのループがある．最初のループは，垂直方向の可能な指し手を追加する．格子点の座標を表す変数 i と j のすべての可能な値に対して，この最初のループは，[(i,j),(i,j–1)] で表される指し手をリストに追加する．これは常に垂直線になる．2 番目のループも似ているが，i と j のすべての可能な組合せに対して，水平方向の指し手 [(i,j),(i+1,j)] をリストに追加する．2 つのループを終えた allpossible リストは，すべての可能な指し手を網羅する（当然だが）．

次に，すでに線で結ばれているペアを除外するコードを書こう．すでに線が引かれた格子点のペアに，さらに線を引くことはできない．ゲーム中のある時点で可能な指し手のリストは，allpossible リストから過去の指し手を削除することで得られる．これは非常に簡単だ．

```
for move in allpossible:
    if move in game:
        allpossible.remove(move)
```

このスニペットは，allpossible リストの中のすべての手を反復処理し，過去の指し手に含まれる場合はリストから削除する．これにより，現時点で可能な手だけのリストができ上がる．print(allpossible) を実行すると，残りの指し手が正しく列挙されたかどうかを確認できる．

これで可能なすべての指し手のリストを取得する仕組みができたので，これを使ってゲームツリーを作成する．ゲームツリーは，入れ子になった手のリストとして記録する．各指し手は，図 10.3 の左枝の最初の手である [(4,4),(4,3)] のように，順序付きペアのリストとして記録できる．例えば，図 10.3 の最初の 2 手だけで構成されるゲームツリーは，次のように記述できる．

```
simple_tree = [[(4,4),(4,3)],[(1,3),(2,3)]]
```

このゲームツリーは，図 10.3 の最初の分岐で選択候補としている指し手を含んでいる．対戦相手が次に選択できる指し手をこれに含めるためには，入れ子になった別の層を追加する必要がある．これを行うには，各指し手とその「子」，つまり元の手から分岐する手を一緒にリストに入れるのだ．指し手の子を格納する空のリストを追加することから始めよう．

```
simple_tree_with_children = [[[(4,4),(4,3)],[]],[[(1,3),(2,3)],[]]]
```

少し時間をとって，図 10.3 に描かれたすべての入れ子を確認しよう．各指し手はそれ自体がリストであり，（リストの子を含む）リストの最初の要素でもある．次に，これらのリストをすべてまとめて，完全なゲームツリーであるマスターリストに格納する．

この入れ子になったリスト構造で，対戦相手の次の可能な指し手を含む図 10.3 のゲームツリー全体を表現できる．

```
full_tree = [[[(4,4),(4,3)],[[(1,3),(2,3)],[(3,1),(4,1)]]],[[(1,3),(2,3)], \
             [[(4,4),(4,3)],[(3,1),(4,1)]]]]
```

角かっこは構造が入り組んでくると扱いにくくなるが，任意の手がどの手の入れ子であるかを正確に記述するために，この入れ子構造が必要だ．

手動でゲームツリーを描く代わりに，ゲームツリーを作成する関数を作ろう．この関数は可能な指し手のリストを入力として受け取り，それぞれの手をツリーに追加する．

リスト 10.4　指定された特定の深さにおけるゲームツリーを作成する

```
def generate_tree(possible_moves,depth,maxdepth):
    tree = []
    for move in possible_moves:
        move_profile = [move]
        if depth < maxdepth:
            possible_moves2 = possible_moves.copy()
            possible_moves2.remove(move)
            move_profile.append(generate_tree(possible_moves2,depth + 1,maxdepth))
        tree.append(move_profile)
    return(tree)
```

この generate_tree() 関数は，空のリスト tree を定義することから始まる．次に，この時点で可能なすべての指し手を反復処理する．各イテレーションでは，まず move_profile を作成し，今扱っている指し手を格納する．次に，処理中の深さがツリーの最大の深さに満たない場合，つまりゲームの中途の場合は，その指し手のすべての子を次の深さの枝として追加する．そのためには，possible_moves リストから今扱っている指し手を削除した上で，generate_tree() 関数を再帰的に呼び出す．ループの最後に，その指し手とすべての子を含んだ move_profile リストをツリーに追加する．

この関数は数行で簡単に呼び出すことができる．

```
allpossible = [[(4,4),(4,3)],[(4,1),(5,1)]]
thetree = generate_tree(allpossible,0,1)
print(thetree)
```

この関数を実行すると，次のようなツリーが表示される．

```
[[[(4, 4), (4, 3)], [[[(4, 1), (5, 1)]]]], [[(4, 1), (5, 1)], [[[(4, 4),
(4, 3)]]]]]
```

次に，ゲームツリーをより便利にするために，2つのコードを追加しよう．1つ目は指し手と一緒にゲームのスコアを記録するコード，2つ目は子がないときに空のリストを追加するコードだ．

リスト 10.5　空の子とゲームスコアを含むゲームツリーを生成する

```
def generate_tree(possible_moves,depth,maxdepth,game_so_far):
    tree = []
    for move in possible_moves:
        move_profile = [move]
        game2 = game_so_far.copy()
        game2.append(move)
        move_profile.append(score(game2))
        if depth < maxdepth:
            possible_moves2 = possible_moves.copy()
            possible_moves2.remove(move)
            move_profile.append(generate_tree(possible_moves2,depth + 1, \
                                              maxdepth,game2))
        else:
            move_profile.append([])
        tree.append(move_profile)
    return(tree)
```

これは次のように呼び直すことができる．

```
allpossible = [[(4,4),(4,3)],[(4,1),(5,1)]]
thetree = generate_tree(allpossible,0,1,[])
print(thetree)
```

次のような結果が得られる．

```
[[[(4, 4), (4, 3)], [0, 0], [[[(4, 1), (5, 1)], [0, 0], []]]], [[(4, 1), (5, 1)],
[0, 0], [[[(4, 4), (4, 3)], [0, 0], []]]]]
```

この出力は，指し手（[(4,4),(4,3)] など），スコア（この例ではすべて [0,0]），子のリスト（時には空）で構成されたこの深さにおける完全なゲームツリーである．

ゲームに勝つ

いよいよ，ドットアンドボックスで賢く戦う関数を作る準備が整った．コードを書く前に，その背後にある原理を考えよう．具体的には，われわれ人間は，どのようにドットアンドボックスで戦うだろうか？ より一般的には，戦略的なゲーム（チェスや三目並べのようなもの）に勝つにはどうすればよいだろうか？ どのゲームにも独特のルールや特徴があるが，ゲームツリーの分析に基づいて勝利戦略を選択するための一般的な方法がある．

勝利戦略を選択するアルゴリズムは，**ミニマックス法**（「最小」と「最大」という言葉の組合せ）と呼ばれている．このアルゴリズム名は，ゲームでスコアを最大化しようとしているとき，対戦相手はわれわれのスコアを最小化しようとしていることを言っている．こちらが行う最大化と相手が行う最小化の間で繰り返される戦いは，正しい手を選択するための戦略の重要な要素だ．

図 10.3 の単純なゲームツリーをよく見てみよう．理論的には，ゲームツリーは巨大になる．ツリーは非常に深くなるし，それぞれの深さに多くの枝があるからだ．しかし，ゲームツリーは大小を問わず，同じ要素，つまり，入れ子になっている多数の小さな枝で構成される．

図 10.3 で考えている時点では，2 つの選択肢がある．それを図 10.4 に示す．

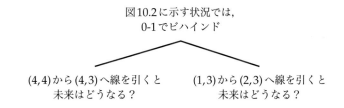

図 10.4　2 つの手のうちどちらを選ぶかを考える

われわれの目標は，自分のスコアを最大化することだ．この 2 つの手のどちらかに決めるためには，それらが何に繋がるのか，それぞれの手がどんな未来をもたらすのかを知る必要がある．そのために，ゲームツリーをさらに下に移動して，すべての可能性を確認しよう．まず，右の枝の手から始める（図 10.5）．この手は，2 つの可能性のうちどちらかをもたらす．すなわち，ツリーの終わりで，スコアは 0-1 か 0-2 となる．対戦相手が上手にプレイしていれば，自身のスコアを最大化したいと思うだろうが，それはこちらのスコアを最小化することと同じである．その場合，相手は 0-2 になる指し手を選ぶだろう．

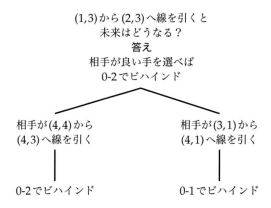

図 10.5　対戦相手がこちらのスコアを最小化しようとすると仮定することで，自分の手が
どんな未来に繋がるかがわかる

次に，他の選択肢である図 10.5 の左側の枝について考えよう．この選択肢の将来の可能性
は，図 10.6 に示すようになる．

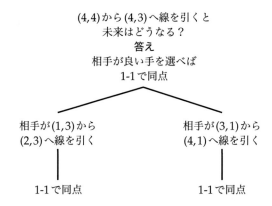

図 10.6　対戦相手がどのような選択をしても，同じ結果が予測される

この場合，対戦相手のどちらの選択も 1-1 のスコアをもたらす．ここでも，対戦相手がこち
らのスコアを最小化しようとすると仮定すると，この手はゲームが 1-1 の同点になる未来に繋
がると言える．

これで，2 つの手がどのような未来をもたらすかがわかった．図 10.4 を更新したものが図
10.7 だ．

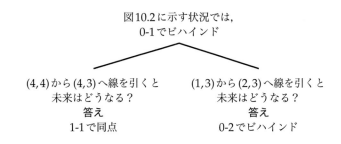

図10.7 図10.5と図10.6を使用して，各指し手が導く未来を推論し，それらを比較する

　2つの手がもたらす未来が正確にわかったので，こちらのスコアの最大化を行うことができる．ベストスコアに繋がる手は左側の枝なので，それを選択するのだ．

　先ほどの推論プロセスは，ミニマックス法として知られている．今われわれが行うべき選択は，スコアを最大化する指し手である．しかし，スコアを最大化するためには，こちらのスコアを最小化しようとする対戦相手がとりうるすべての指し手を考慮しなければならない．つまり，最良の選択は対戦相手が最小化したこちらのスコアのうち最大のスコアをもたらす指し手だ．

　ミニマックス法は，時間の流れを逆にすることに注意しよう．ゲームは現在から未来へと進んでいく．一方，ミニマックス法はある意味で時間を逆向きに進む．なぜなら，最初に未来のスコアを考慮してから，現在に戻って最善の未来に繋がる現在の選択を見つけようとするからだ．ゲームツリーのコンテキストでは，ミニマックス法のコードはツリーの一番上から始まる．このコードは，子の枝のそれぞれで再帰的に自分自身を呼び出す．子の枝では，さらにその子の枝に対してミニマックス法を再帰的に呼び出す．この再帰的な呼び出しは終端ノードまで続き，終端ノードではミニマックス法を再び呼び出す代わりに，各ノードのゲームスコアを計算する．つまり，まず終端ノードのゲームスコアが計算される．いわば遠い未来から計算が始まるのだ．そして，これらのスコアはその親ノードに渡され，次は親ノードが最適な手とそれに対応するスコアを計算できるようになる．この手順は，現在を表す親ノードにたどり着くまでゲームツリーを遡っていく．

　リスト10.6に，ミニマックス法を実現する関数を示す．

リスト10.6　ミニマックス法によりゲームツリーの中で最良の手を見つける

```
import numpy as np
def minimax(max_or_min,tree):
    allscores = []
    for move_profile in tree:
        if move_profile[2] == []:
            allscores.append(move_profile[1][0] - move_profile[1][1])
        else:
            move,score=minimax((-1) * max_or_min,move_profile[2])
```

```
        allscores.append(score)
    newlist = [score * max_or_min for score in allscores]
    bestscore = max(newlist)
    bestmove = np.argmax(newlist)
    return(bestmove,max_or_min * bestscore)
```

　この minimax() 関数は比較的短く，その多くを占めるのは，ゲームツリー内のすべての
move_profile を反復処理する for ループだ．各イテレーションでは，move_profile に子の
指し手がない場合，つまりツリーの終端ノードにいる場合は，自分のマスと相手のマスの差を
求めて，その指し手のスコアとする．move_profile に子の指し手がある場合，つまりツリー
の中途にいる場合は，それぞれの子の指し手について minimax() を呼び出し，各手のスコアを
求める．ループを終えたら，あとは，最大のスコアを持つ手を見つけるだけだ．

　minimax() 関数を呼び出すことで，進行中のゲームのどのターンにいても，残るゲームで最
良のスコアを生む手を見つけることができる．minimax() 関数を呼び出す前に，すべてが正し
く定義されていることを確認しよう．まず，game を定義し，先ほどとまったく同じコードを使
用して，可能なすべての手を取得してみよう．

```
allpossible = []

game = [[(1,2),(1,1)],[(3,3),(4,3)],[(1,5),(2,5)],[(1,2),(2,2)],[(2,2),(2,1)], \
        [(1,1),(2,1)],[(3,4),(3,3)],[(3,4),(4,4)]]

gamesize = 5

for i in range(1,gamesize + 1):
    for j in range(2,gamesize + 1):
        allpossible.append([(i,j),(i,j - 1)])

for i in range(1,gamesize):
    for j in range(1,gamesize + 1):
        allpossible.append([(i,j),(i + 1,j)])

for move in allpossible:
    if move in game:
        allpossible.remove(move)
```

　次に，深さを 3 まで拡張した完全なゲームツリーを生成する．

```
thetree = generate_tree(allpossible,0,3,game)
```

ゲームツリーができたので，minimax() 関数を呼び出す．

```
move,score = minimax(1,thetree)
```

そして最後に，次のように最善手を出力する．

```
print(thetree[move][0])
```

図 10.2 の状況からゲームに勝利するための最善手は [(4,4),(4,3)] である．われわれの AI は，ドットアンドボックスをプレイし，最善手を選択できるようになったのだ！ ゲームボードの大きさ，ゲームのシナリオ，ゲームツリーの深さを変えて，ミニマックス法がうまく機能するかどうかを確認しよう．出版予定の本書の続編では，AI が自我や悪意を持つようになったり，世界征服を企てたりすることが起こり得ないようにする方法を説明するつもりだ．

拡張機能を追加する

これで，ミニマックス法を実行できるようになった．ミニマックス法の構造はどの競争シナリオでも同じなので，あなたがプレイするかもしれないどんなゲームにも使うことができる．つまり，将来起こりうることを見通して，末端のさまざまな可能性から最良のものを選択することで，あなたの決断を助けることができる．ただし，ミニマックス法のコードを別のゲームに使用するためには，ゲームツリーを生成し，可能な手のすべてを列挙し，ゲームスコアを計算する新しいコードを書かなければならない．

ここで構築した AI が備えている機能は，非常に控えめである．ルールがシンプルな，たった 1 つのゲームしかできない．使用するプロセッサーにもよるが，このコードを実行して不合理な時間（数分以上）をかけることなく計算できるのは，おそらく数ターン分だけだ．アルゴリズムを改善して AI を強化したいと思うのは自然なことである．

間違いなく改善したいことの 1 つは，AI の速度だ．ゲームツリーのサイズが大きいために，計算が遅くなるのだ．ミニマックス法のパフォーマンスを向上させる主な方法の 1 つは，第 9 章でやった，ゲームツリーの剪定である．ある枝が例外的に貧弱であると判断した場合や，別の枝と重複していると見なされる場合に，ゲームツリーからその枝を削除する．剪定の実装は簡単ではなく，うまく行うにはさらに多くのアルゴリズムを学習する必要がある．一例として，「アルファベータ剪定アルゴリズム」がある．これは，ゲームツリーの特定の分岐がもたらす結果が，他の場所にある分岐よりも確実に悪いと判断された場合に，この分岐のチェックを停止する．

AI のもう 1 つの改善点は，さまざまなルール，さまざまなゲームでの動作を可能にすることだ．例えば，ドットアンドボックスでよく使われるルールに，ポイントを獲得したプレイヤー

は引き続きもう 1 本線を引くというものがある．これにより，1 人のプレイヤーが 1 ターンに連続して多くのマスを獲得できる場合が生じる．著者の子供の頃 "Make it, take it" と呼ばれていたこの単純なルールをわれわれの AI に適用するためには，ゲーム戦略における検討事項を変えなければならず，コードの変更が必要になるだろう．また，十字形などの特殊な形の格子の上でドットアンドボックスをプレイする AI を実装してみるのもよい．この場合も，ゲーム戦略の立て方が変わるはずだ．ミニマックス法の長所は，戦略についての精緻な理解を必要としないことだ．先を読む能力だけが必要で，もしあなたがチェスが苦手であっても，チェスで勝てるミニマックス法を実装できるのだ．

本章の範囲を超えて，AI の性能を向上させることができる強力な方法がいくつかある．これらの方法には，強化学習（例えば，チェスのプログラムを改善するために自分自身と対戦する），モンテカルロ法（将棋のプログラムで，未来の対局をランダムに生成して，可能性の理解に役立てる），ニューラルネットワーク（三目並べのプログラムで，第 9 章で説明した機械学習手法を使って，対戦相手の指し手を予測する）などがある．これらの方法は強力で注目に値するものだが，ほとんどの場合，ツリー探索とミニマックス法をより効率的にしたものに過ぎない．ツリー探索とミニマックス法は，地味ながらも，戦略的 AI の中核であり続けている．

まとめ

本章では，AI について説明した．AI はハードルが非常に高い技術を感じさせる言葉だが，`minimax()` 関数を書くのに 10 行あまりしか使わなかったことから，威圧的には見えなくなった．しかし，もちろん，これらのコードを書く準備として，ゲームのルールを学び，ゲームボードを描き，ゲームツリーを構築し，ゲーム結果を正しく計算する `minimax()` 関数を設定しなければならなかった．この本の旅でやり残していることは，アルゴリズム的思考と必要な関数のコーディングを行えるように，われわれに準備をさせるアルゴリズムを慎重に構築することだ．

次章では，アルゴリズムの世界の最先端への旅を続け，さらなるフロンティアへと突き進もうとする野心的なアルゴリズミストたちのために，次なるステップを提案する．

11

さらに冒険を続ける勇者へ

　本章まで進んできたあなたは，ソートと探索の暗い森を通り抜け，難解な数学の冷たい川を泳ぎ，険しい山道を歩き，勾配上昇法の危険な峠を越え，幾何学の底なし沼を渡り，遅い実行時間という魔物と戦い，そしてそれらをすべて乗り越えてきたのだ．おめでとう！ この冒険に疲れ果てた人は，アルゴリズムのない平凡な世界に戻っても構わない．本章は，本書を閉じたあとも冒険を続けたい勇者のためのものだ．

　アルゴリズムに関するすべてのことを 1 冊の本に集約することはできない．そもそも学ぶべきことが多すぎる上に，新たな発見が加わって拡大し続けているからだ．

　本章では，アルゴリズムをさらに活用することと，アルゴリズムをより適切かつ迅速に使用できるようにすること，そしてアルゴリズムの最も深い謎を解くことの 3 つについて説明する．まず，本書の各章の内容を教えてくれるシンプルなチャットボットを作る．次に，世界で最も困難とされている問題のいくつかと，それを解決するためのアルゴリズムの開発の進め方について説明する．最後に，高度なアルゴリズム理論を使って 100 万ドルを獲得する方法の詳細な手順など，アルゴリズムの世界の最も深い謎について説明する．

アルゴリズムをもっと使いこなす

第10章までは，多くの分野でさまざまなタスクを実行できるアルゴリズムについて説明してきた．しかし，アルゴリズムはそれら以上のことができる．アルゴリズムの冒険を続けたいなら，異なる分野に足を踏み入れ，そこで使われる重要なアルゴリズムを探求するべきだ．

例えば，情報圧縮のための多くのアルゴリズムは，分厚い本のデータをコード化してオリジナルの何分の1かのサイズで保存したり，解像度の高い写真や画像のデータを品質の劣化なく，あるいは最低限の劣化で圧縮したりする．

クレジットカード情報を他人に盗み見されることなくオンラインで安全にやりとりする技術は，暗号アルゴリズムに依存している．暗号化は，戦争に勝つために暗号コードを破った冒険者，スパイ，裏切り者，そしてオタクたちが繰り広げたスリリングな歴史があり，とても楽しく勉強できる．

最近では，並列分散コンピューティングを実行するための革新的なアルゴリズムが開発されている．分散コンピューティングアルゴリズムは，データセットへの何百万回の操作を1台のコンピューターで実行する代わりに，データセットを小さく分割して多数のコンピューターに送信し，それぞれが操作を実行して得られた結果を統合することで全体の操作結果を得る．全データを連続して処理するのではなく，分散して同時に処理することで，並列計算は膨大な時間を節約する．これは，非常に大規模なデータセットを処理する必要があるときや，単純な計算を膨大な回数こなさなければならない機械学習のアプリケーションに非常に有用だ．

何十年もの間，人々は量子コンピューティングの可能性に興奮してきた．量子コンピューターは，適切に動作するように設計できれば，今日の非量子スーパーコンピューターの処理時間のごくわずかな時間で，非常に難しい計算（最先端の暗号化を破るのに必要な計算を含む）を実行する潜在能力を持つ．量子コンピューターは標準のコンピューターとは異なるアーキテクチャーで構築されており，その異なる物理的特性を利用して，タスクをさらに高速に実行する新しいアルゴリズムを設計することができる．量子コンピューターはまだ実用化されていないため，今のところ，これは学術的な関心事に過ぎない．しかし，技術が成熟すれば，量子アルゴリズムは非常に重要なものになるだろう．

並列分散コンピューティングや量子コンピューティング分野をはじめとする他分野のアルゴリズムを学ぶ際，ゼロから始める必要はない．本書のアルゴリズムをマスターしたあなたは，アルゴリズムとは何か，どのように機能する傾向があるのか，そしてそのためのコードをどのように書けばよいのかを把握している．1つ目のアルゴリズムは習得に苦しんだかもしれないが，50番目や200番目のアルゴリズムともなれば，アルゴリズムの構造や考え方のパターンがわかっているため，最初よりはるかに簡単だ．

アルゴリズムを理解してコーディングできるようになったことを証明するために，チャットボットに関連するいくつかのアルゴリズムについて説明する．もしそれらの機能やコードの書

き方を以下の簡単な説明から理解できたら，他のあらゆる分野のアルゴリズムについても，どのように機能するのかを理解できるはずだ．

チャットボットを作る

　本書の目次についての質問に答えるシンプルなチャットボットを作ってみよう．まずは，あとで重要な役割を果たすモジュールのインポートから始める．

```
import pandas as pd
from sklearn.feature_extraction.text import TfidfVectorizer
from scipy import spatial
import numpy as np
import nltk, string
```

　チャットボットを作成するための次のステップは，自然言語のテキストを一定のルールに従う部分文字列に変換するテキストの**正規化**だ．これにより，表面的には異なるテキストを簡単に比較することができる．例えば，America と america は同じものを指していること，regeneration は regenerate と（品詞は違うが）同じ概念を表現していること，centuries は century の複数形であること，そして hello; は hello と本質的に同じであることをチャットボットに理解してもらうのだ．つまり，チャットボットには，何か理由がない限り，同じ語根の単語を同一に扱うようにしてもらう．

　次のような質問があるとする．

```
query = 'I want to learn about geometry algorithms.'
```

　最初にできることは，すべての文字を小文字に変換することだ．Python の組み込みの lower() メソッドがこれを実現する．

```
print(query.lower())
```

　出力は "i want to learn about geometry algorithms." だ．もう 1 つできることは，約物を削除することだ．これを行うには，まず「辞書」と呼ばれる Python オブジェクトを作成する．

```
remove_punctuation_map = dict((ord(char), None) for char in string.punctuation)
```

このスニペットは，すべての標準的な約物を Python オブジェクト None にマップする辞書を作成し，その辞書を remove_punctuation_map という変数に格納する．そして，この辞書を使って以下のように約物を削除する．

```
print(query.lower().translate(remove_punctuation_map))
```

ここでは，translate() メソッドを使用して，query 内に見つかったすべての約物を None に置き換えている．つまり，約物を削除する．得られる出力は，"i want to learn about geometry algorithms" だ．前との違いは，最後にピリオドがついていないことである．次に，トークン化を行う．これはテキストをまとまった部分文字列のリストに変換する．

```
print(nltk.word_tokenize(query.lower().translate(remove_punctuation_map)))
```

このスニペットは nltk のトークン化関数を使用しており，以下のような出力を与える．
['i', 'want', 'to', 'learn', 'about', 'geometry', 'algorithm']
これで，ステミングと呼ばれる処理ができるようになった．英語では，jump, jumps, jumping, jumped, jumped などの派生形の単語を使う．これらはすべて動詞の jump というステム（語幹）を共有している．派生語のわずかな違いにチャットボットが気を取られることは望ましくない．jump と jumper は厳密には異なる単語であっても，jump についての文章と jumper についての文章は同じものと考えたい．ステミングは派生語の語尾を削除し，その単語のステムに変換する．ステミングを行う関数は Python の nltk モジュールに用意されており，リスト内包表記で次のように利用することができる．

```
stemmer = nltk.stem.porter.PorterStemmer()
def stem_tokens(tokens):
    return [stemmer.stem(item) for item in tokens]
```

このスニペットでは，stem_tokens() という関数を作成している．これはトークンのリストを作成し，それらをステムに変換するために nltk の stemmer.stem() 関数を呼び出す．

```
print(stem_tokens(nltk.word_tokenize(query.lower().\
    translate(remove_punctuation_map))))
```

出力は ['i', 'want', 'to', 'learn', 'about', 'geometri', 'algorithm'] だ．このステミングは，algorithms を algorithm に，geometry を geometri に変換する．これにより，テキストの比較が容易になる．最後に，正規化の手順を normalize() という 1 つの関数にまとめる．

```
def normalize(text):
    return stem_tokens(nltk.word_tokenize(text.lower().\
                       translate(remove_punctuation_map)))
```

文書のベクトル化

これで，文書を数値ベクトルに変換する方法を学ぶ準備ができた．単語同士を比較するより
も，数値やベクトルの間で定量的な比較を行うほうが簡単だ．実際，チャットボットを機能さ
せるには，定量的な比較を行う必要がある．

ここでは，TF-IDF（term frequency-inverse document frequency）と呼ばれる簡単な方法
を使って，文書を数値ベクトルに変換する．各文書ベクトルは，コーパス内の各単語に対応す
る要素を 1 つ持っている．その要素とは，その単語の出現頻度（TF，すなわちその単語の各文
書内での出現頻度）と逆文書頻度（IDF，すなわちその単語が出現する文書の割合を逆数にして
対数をとったもの）の積である．

例えば，アメリカの歴代大統領の伝記の TF-IDF ベクトルを作成しているとしよう．TF-IDF
ベクトルを作成する文脈では，各伝記を「文書」と呼ぶ．エイブラハム・リンカーンは，イリ
ノイ州下院とアメリカ合衆国下院を経て大統領に就任しており，"representative" という言葉
が少なくとも一度は出てくるだろう．ある伝記の中で "representative" という単語が 3 回出て
くるとすると，その単語の出現頻度は 3 回となる．十数人の大統領が下院議員を経ているので，
全 44 冊の大統領伝記のうち約 20 冊が "representative" という用語を含んでいる．そこで，逆
文書頻度は次のように計算することができる．

$$\log\left(\frac{44}{20}\right) = 0.788$$

最終的に求められる値は，単語頻度に逆文書頻度を掛けたもの，すなわち $3 \times 0.788 = 2.365$
となる．次に，"Gettysburg"（ゲティスバーグ）という単語を考えてみよう．リンカーンの伝
記には 2 回出てきたとして，他のどの伝記にも出てこないので，単語頻度は 2，そして逆文書頻
度は次のようになる．

$$\log\left(\frac{44}{1}\right) = 3.784$$

"Gettysburg" のベクトル要素は，単語頻度に逆文書頻度を掛けたもの，すなわち $2 \times 3.784 = 7.568$ となる．各単語の TF-IDF 値は，文書内での重要度を反映しているはずだ．これはチャッ
トボットがユーザーの意図を判断するために重要な役割を果たす．

なお，TF-IDF を手動で計算する必要はなく，scikit-learn モジュールの関数を使えばよい．

```
vctrz = TfidfVectorizer(ngram_range = (1, 1),tokenizer = normalize, \
                        stop_words = 'english')
```

　このスニペットは，文書セットから TF-IDF ベクトルを作成できる **TfidfVectorizer()** 関数を使っている．この関数を使う際は，**ngram_range** を設定しなければならない．これは，**TfidfVectorizer()** 関数に何を単語として扱うのかを指示するものだ．このスニペットでは (1, 1) を設定しており，**TfidfVectorizer()** 関数に 1-gram（個々の単語）のみを単語として扱うように指示している．(1, 3) を設定すると，1-gram，2-gram（2 単語のフレーズ），および 3-gram（3 単語のフレーズ）を単語として扱い，それぞれに TF-IDF 要素を作成する．また，**tokenizer** には，先ほど作成した **normalize()** 関数を設定している．最後に，**stop_words** で，重要でないのでフィルタリングしたい単語の設定を行う．english というストップワードには，the, end, of などの非常に一般的な単語が含まれる．つまり，**stop_words = 'english'** を指定することで，ごく一般的な単語をフィルタリングし，あまり一般的ではない，より情報量の多い単語だけをベクトル化することになる．

　次に，チャットボットが話す内容を設定しよう．本節の目的は，各章について話すチャットボットを作ることなので，各章の簡単な説明のリストが必要だ．ここでは，リストの要素それぞれが 1 つの文書になる．

```
alldocuments = [ \
'Chapter 1. The algorithmic approach to problem solving, including Galileo and \
        baseball.',
'Chapter 2. Algorithms in history, including magic squares, Russian peasant \
        multiplication, and Egyptian methods.',
'Chapter 3. Optimization, including maximization, minimization, and the gradient \
        ascent algorithm.',
'Chapter 4. Sorting and searching, including merge sort, and algorithm runtime.',
'Chapter 5. Pure math, including algorithms for continued fractions and random \
        numbers and other mathematical ideas.',
'Chapter 6. More advanced optimization, including simulated annealing and how \
        to use it to solve the traveling salesman problem.',
'Chapter 7. Geometry, the postmaster problem, and Voronoi triangulations.',
'Chapter 8. Language, including how to insert spaces and predict phrase \
        completions.',
'Chapter 9. Machine learning, focused on decision trees and how to predict \
        happiness and heart attacks.',
'Chapter 10. Artificial intelligence, and using the minimax algorithm to win at \
         dots and boxes.',
'Chapter 11. Where to go and what to study next, and how to build a chatbot.']
```

続いて，`TfidfVectorizer()` 関数でこれらの文章群を処理する．これにより，必要なときにいつでも新しい文章の TF-IDF ベクトルを作成できるようになる．この処理は，`scikit-learn` モジュールに `fit()` メソッドがあるので，手動で行う必要はない．

```
vctrz.fit(alldocuments)
```

さて，query にソートと探索（第 4 章）について尋ねる新しい質問を格納し，各章の説明と query の TF-IDF ベクトルを作成しよう．

```
query = 'I want to read about how to search for items.'
tfidf_reports = vctrz.transform(alldocuments).todense()
tfidf_question = vctrz.transform([query]).todense()
```

新しい query は探索について尋ねる自然言語の英文だ．その次の 2 行では，`scikit-learn` モジュールの `translate()` と `todense()` メソッドを使って，各章の説明と query の TF-IDF ベクトルを作成する．

これで，必要なテキストを数値の TF-IDF ベクトルに変換することができた．われわれのシンプルなチャットボットは，query の TF-IDF ベクトルと各章の説明の TF-IDF ベクトルを比較して，ユーザーが探している章を見つける．つまり，各章の説明ベクトル（`tfidf_reports`）のうち，query のベクトル（`tfidf_question`）に最も近いベクトルを持つ章を選択する．

ベクトルの類似性

コサイン類似度と呼ばれる方法で，2 つのベクトルが類似しているかどうかを判断する．幾何学をたくさん勉強してきた人なら，任意の 2 つの数値ベクトルの角度を計算できることを知っているだろう．幾何学のルールを使えば，2 次元，3 次元だけではなく，4 次元や 5 次元，あるいは任意の多次元でもベクトル間の角度を計算することができる．2 つのベクトルが互いに似ているほど，それらの間の角度は小さくなり，より異なるほど大きくなる．英文間の「角度」を調べることによって，英文を比較できると考えるのは奇妙なことだが，これこそが数値の TF-IDF ベクトルを作成した理由だ．この TF-IDF ベクトルにより，数値でないデータでも，角度の比較が可能になる．

実際には，2 つのベクトル間の角度そのものを計算するよりも，コサインを計算するほうが簡単だ．角度をコサインで代用できるのは，2 つのベクトル間のコサインが大きければ，角度は小さく，その逆も成り立つからだ．Python の `scipy` モジュールには `spatial` というサブモジュールがあり，ベクトル間のコサインを計算する関数が含まれている．この `spatial` の機能を利用すると，各章の説明ベクトルと query ベクトルのコサインを，リスト内包表記を用いて計算することができる．

```
row_similarities = [1 - spatial.distance.cosine(tfidf_reports[x],tfidf_question) \
                    for x in range(len(tfidf_reports)) ]
```

row_similarities 変数を出力すると，次のベクトルが表示される．

```
[0.0, 0.0, 0.0, 0.3393118510377361, 0.0, 0.0, 0.0, 0.0, 0.0, 0.0, 0.0]
```

この場合，4番目の要素だけが0よりも大きく，第4章の説明ベクトルだけが query ベクトルに似ていることを示している．つまり，最もコサイン類似度が高い要素を見つけるコードを書けば，対応する章を自動的に答えることができる．

```
print(alldocuments[np.argmax(row_similarities)])
```

このように，チャットボットによって，ユーザーは探している章を得られる．

```
Chapter 4. Sorting and searching, including merge sort, and algorithm runtime.
```

次のリスト 11.1 は，チャットボットのシンプルな機能を1つの関数にまとめたものだ．

リスト 11.1　query を受け取り，それに最も類似した文書を返すシンプルなチャットボット

```
def chatbot(query,allreports):
    clf = TfidfVectorizer(ngram_range = (1, 1),tokenizer = normalize, \
                          stop_words = 'english')
    clf.fit(allreports)
    tfidf_reports = clf.transform(allreports).todense()
    tfidf_question = clf.transform([query]).todense()
    row_similarities = [1 - spatial.distance.cosine(tfidf_reports[x], \
                        tfidf_question) for x in range(len(tfidf_reports)) ]
    return(allreports[np.argmax(row_similarities)])
```

リスト 11.1 に新しいコードは含まれていない．すべて以前に見たコードだ．これで，質問を入れた query を使ってチャットボットを呼び出せるようになった．

```
print(chatbot('Please tell me which chapter I can go to if I want to read about \
             mathematics algorithms.',alldocuments))
```

次のように，出力は第5章に行くように指示している．

Chapter 5. Pure math, including algorithms for continued fractions and random numbers and other mathematical ideas.

　チャットボット全体がどのように動作するのかを確認したことで，なぜ正規化とベクトル化を行う必要があったのかを理解できただろう．単語の正規化とステミングを行うことで，ユーザーの問い合わせにある "mathematics" という単語が第5章の説明に出てこなくても，第5章をチャットボットに返させることができる．ベクトル化のほうは，コサイン類似度を使ってどの章の記述が最もマッチするかを調べるためだ．

　いくつかの小さなアルゴリズム，すなわち，テキストを正規化・ステミング・数値ベクトル化するアルゴリズム，ベクトル間のコサインを計算するアルゴリズム，query と文書のベクトルの類似性に基づいてチャットボットに回答を提供する包括的なアルゴリズムを繋ぎ合わせる必要があったが，チャットボットは完成した．これらの計算の多くが，手動ではなく自動で行われていたことに気がついたかもしれない．TF-IDF やコサインの計算は，インポートしたモジュールによって行われた．この場合，アルゴリズムを実装して使用するために，アルゴリズムの根幹を厳密に理解する必要はない．これにより，作業は加速するし，驚くほど洗練された機能を使えるようにもなる．一方，このようにアルゴリズムを理解しないままインポートして利用することは，アルゴリズムを誤用する原因になりうる．例えば，*Wired* 誌の記事では，特定の金融アルゴリズム（リスクを予測するためにガウス型コピュラ関数を使用する方法）の誤用が，「ウォール街を殺した」「何兆ドルも飲み込んだ」と言われる大不況の大きな原因となった (https://www.wired.com/2009/02/wp-quant/)．Python モジュールのインポートの容易さから，アルゴリズムの勉強を不要に感じたとしても，アルゴリズムの深い理論を勉強することを勧める．そうすることで，あなたは常により良い研究者や実践者になることができる．

　ここで作成したのは，おそらく最もシンプルなチャットボットであり，本書の各章に関連する質問にしか答えることができない．しかし，多くの拡張機能を追加して改善することができる．例えば，章の説明をより具体的にして，より幅広い query に対応できるようにしたり，TF-IDF よりも性能の良いベクトル化手法を使ったりすることなどだ．われわれのチャットボットは最先端ではないが，われわれのものであり，自分たちで作ったものだからこそ，誇りに思うことができる．あなたがチャットボットを楽に構築できれば，あなたはアルゴリズムの有能な設計者であり，実装者であると見なせる．本書の旅の中で，この最高の成果を達成できたことを祝福しよう．

より良く，より速くするために

　あなたはこの本を読み始めたときよりも，アルゴリズムを使ってより多くのことができるようになっているはずだ．しかし，あなたが野心的な冒険家なら，より良く，より速く物事を行えるようになりたいと思うだろう．

　アルゴリズムの設計や実装をより良くするために，できることはたくさんある．本書で実装した各アルゴリズムが，アルゴリズムそのもの以外の学問の理解にどのように依存していたかを考えてみよう．野球のキャッチングアルゴリズムは，物理学と少しの心理学の理解に依存している．ロシア農民の掛け算は，指数の理解と2進法を含む算術の深い特性に依存している．第7章の幾何学のアルゴリズムは，点，線，三角形の相互関係についての洞察に依存している．アルゴリズムを書こうとしている分野の理解が深ければ深いほど，アルゴリズムの設計や実装が容易になる．このように，アルゴリズムを上達させる方法は簡単だ．すべてを完璧に理解することである．

　もう1つの自然な次のステップは，プログラミングスキルを磨くことだ．第8章では，簡潔で性能の良い言語アルゴリズムを書くための Python のツールとして，リスト内包表記を紹介した．多くのプログラミング言語を学び，その機能をマスターすると，より整理された，コンパクトで強力なコードを書けるようになる．熟練したプログラマーであっても，基本に立ち返り，体の一部になるほど基本を習熟することで，さらなる進歩が可能になる．多くの有能なプログラマーは，無秩序で，文書化が不十分で，非効率なコードを書き，「プログラムが動いている」ので許されると思っている．しかし，あなたが書くコードは通常，それ単独では完結しない．それはほとんどの場合，より広範なプログラムの一部であり，チームの努力や，人々の協力や多大な時間の消費を伴う壮大なビジネスプロジェクトの一構成要素だ．このため，プランニング，口頭および書面によるコミュニケーション，交渉，チーム管理などのソフトスキルも，アルゴリズムの世界で成功する要因の1つとなる．

　あなたが完璧に最適化されたアルゴリズムを作り，その効率を最大限高めていくことを楽しく思えるなら，あなたは幸運だ．計算機科学の問題で，ブルートフォースなアルゴリズムをはるかにしのぐ，高速で効率的なアルゴリズムが知られていないものは膨大にある．次の節では，これらの問題のいくつかを紹介し，何がそんなに難しいのかを説明する．親愛なる冒険家であるあなたがこれらの問題のどれかを素早く解決するアルゴリズムを作れば，あなたは名声と富を手に入れ，世界中から感謝されるかもしれない．最も勇気のある冒険家たちのために，さっそくこれらの課題のいくつかを見てみよう．

野心的なアルゴリズム

　チェスに関連した比較的簡単な問題を考える．チェスは 8×8 の盤上で2人のプレイヤーが交互に異なる形状の駒を動かすゲームだ．駒の1つであるクイーンは，今いるマスから行，列，または対角線に沿って何マスでも動かすことができる．通常，プレイヤーは1つだけクイーン

を所有しているが，標準的なルールでは最大9つのクイーンを所有することができる．あるプレイヤーが複数のクイーンを持っている場合，2つ以上のクイーンが鉢合わせることがある．つまり，同じ行，同じ列，同じ対角線上に置かれているということだ．エイトクイーンは，標準的なチェス盤の上に8つのクイーンを，どの2つのクイーンも同じ行，列，対角線上に並ばないように配置する問題だ．図11.1は，エイトクイーンパズルの1つの答えを示している．

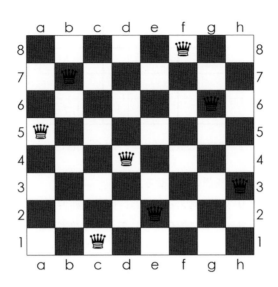

図11.1　エイトクイーンパズルの答えの1つ（出典：Wikimedia Commons）

　この図では，チェス盤上のどのクイーンも他のクイーンと鉢合わせることがない．エイトクイーンを解く最も簡単な方法は，図11.1のような1つの答えを覚えておいて，この問題が出されたらそれを再現することだ．ただし，パズルにいくつかのひねりが加えられると，この方法は不可能になる．ひねりの1つは，クイーンの数を増やし，チェス盤も大きくすることだ．**n クイーン問題**は，$n \times n$ のチェス盤上に，どのクイーンも他のクイーンと鉢合わせないように n 個のクイーンを配置する問題である．n は，自然数ならいくらでも大きくすることができる．もう1つのひねりは，n クイーン穴埋め問題だ．ゲームの初めに，あなたの対戦相手がいくつかのクイーンを配置する．それはたぶん，あなたを困らせる置き方だ．あなたは全部で n 個になるまで，どのクイーンも鉢合わせないように配置する必要がある．非常に高速にこの問題を解くアルゴリズムをあなたは設計できるだろうか？　できるのであれば，100万ドルを稼ぐことができる（次節を参照）．

　図11.1は，行と列（と対角線）の記号の一意性をチェックする必要があるため，数独を思い出させるかもしれない．数独の目標は，各行，各列，3×3 ブロックに同じ数字が入らないように，1から9までの数字を埋めていくことだ（図11.2）．数独は日本で最初に流行したパズルで，

5	3			7				
6			1	9	5			
	9	8					6	
8				6				3
4			8		3			1
7				2				6
	6					2	8	
			4	1	9			5
				8			7	9

図 11.2　未完成の数独（出典：Wikimedia Commons）

第2章で紹介した日本の魔方陣を思い出させる．

　数独を解くためのアルゴリズムを考えることは，面白い練習になる．最もシンプルだが，遅いアルゴリズムはブルートフォースに依存する．ありうる数字の組合せを順に選んでは，それが正解かどうかをチェックすることを，解が見つかるまで繰り返す．これはうまくいくのだが，エレガントさに欠け，非常に長い時間がかかる可能性がある．ごく単純なルールによりグリッドを81個の数字で埋める作業に，世界の計算リソースを限界までつぎ込むというのは，直感的に正しくないように思える．計算時間を削減するためには，ロジックに頼った，より洗練されたソリューションが必要だ．

　n クイーン穴埋め問題と数独には，もう1つ重要な特徴がある．それは，解のチェックが非常に簡単だということだ．あなたにクイーンが描かれたチェス盤を見せると，あなたはそれが n クイーン穴埋め問題の解かどうかを数秒でチェックするだろうし，81個の数字のグリッドを見せても，それが正しい数独の解かどうかを簡単に見分けるだろう．しかし，解の確認が簡単だからといって，解の生成も簡単だとは限らない．何時間もかけて解いた数独の検証に，数秒しかかからないこともある．この解生成と検証の労力のミスマッチは，人生の多くの場面で経験する．食事が美味しいかどうかはほとんど努力しなくてもわかるが，素晴らしい食事を作るには時間とリソースの投資が必要だ．同様に，美しい絵を描くのにかかる時間よりもはるかに短い時間で，絵が美しいかどうかを判断できるし，飛行機を作るのにかかる時間よりもはるかに少ない労力で，飛行機が飛べるかどうかを検証できる．

　アルゴリズムで解決することは難しいが，解を検証するのは簡単だという問題は，理論計算機科学において非常に重要，かつ最も深く最も切迫した謎だ．特に勇気ある冒険家ならば，これらの謎に飛び込もうとするかもしれない．しかし，そこには危険が待っているので注意しよう．

最も深い謎を解く

　数独の解は検証しやすいが，生成が難しいということをより正式な言葉で言うと，**多項式時間で検証できる**ということになる．言い換えれば，解の検証に必要なステップ数は，数独ボードのサイズの多項式関数だ．第4章の実行時間についての議論を思い返すと，x^2 や x^3 のような多項式は高速に増大するが，e^x のような指数関数に比べるとかなり遅い．ある問題に対して，多項式時間のアルゴリズムで解を検証できれば，その検証は簡単であると見なし，解の生成に指数関数的に増加する時間がかかる場合は，解の生成は難しいと見なす．

　解が多項式時間で検証できる問題のクラス（集合）には，複雑性クラス NP という正式な名前がある．NP とは非決定論的な多項式時間（nondeterministic polynomial time）を表すが，理論計算機科学の話を長くしなければならないため，これ以上は踏み入らない．NP は，計算機科学における2つの最も基本的な複雑性クラスの1つだ．もう1つは，多項式時間を意味する P である．複雑性クラスが P の問題には，多項式時間で実行されるアルゴリズムによって解を見つけることができるすべての問題が含まれる．つまり，P 問題は多項式時間で完全な解を見つけることができる．一方，NP 問題は多項式時間で解を検証することはできるが，それらの解を見つけるのに指数関数的に増加する時間がかかる場合がある．

　数独は NP 問題であることが知られている．提案された数独の解は，多項式時間で簡単に検証できる．数独は P 問題でもあるのだろうか？ つまり，多項式時間で数独を解くアルゴリズムはあるだろうか？ 誰も見つけたことがなく，見つけそうな人もいないようだが，それが不可能ということも証明されていない．

　NP 問題だとわかっている問題は非常に多い．巡回セールスマン問題のいくつかのバージョンは，NP 問題である．ルービックキューブの最適解や，整数線形計画法のような重要な数学的問題もそうだ．数独と同じ疑問として，これらも P 問題に含まれるのだろうか？ それらの解を多項式時間で見つけられるだろうか？ この疑問を表現する1つの方法は，P＝NP か，である．

　2000年にクレイ数学研究所は，ミレニアム懸賞問題と呼ばれるリストを公表し，各問題について，検証済みの解を公開した人には，100万ドルを贈呈すると発表した．このリストは数学領域では世界で最も重要な7つの問題で構成されており，P＝NP かどうかの問題も含まれている．まだ誰もこの問題を解いたと主張する者はいない．本書を読んでいる高貴な冒険家の1人が，ゴルディアスの結び目[1]を断ち切り，このアルゴリズムの世界で最も重要な問題を解く日が来るだろうか？ 著者は心からそうなることを願っている．

　もし解があるとすれば，それは次の2つの主張のいずれかを証明することにより得られる．P＝NP であること，または P≠NP であることの証明である．必要なのは，NP 完全問題の多

---

[1] 訳注：手に負えないような難問を誰も思いつかなかった大胆な方法で解決してしまうことのメタファー（出典：Wikipedia）．

項式時間アルゴリズムによる解だけなので，P＝NP の証明は相対的に簡単だ．**NP 完全問題**は，すべての NP 問題を迅速に NP 完全問題に還元できるという特徴を持っている特殊なタイプの NP 問題だ．言い換えれば，1 つの NP 完全問題を解くことができれば，すべての NP 問題を解くことができる．つまり，NP 完全問題を 1 つでも多項式時間で解くことができれば，すべての NP 問題を多項式時間で解くことができ，P＝NP を証明することになる．偶然にも，数独と n クイーン穴埋め問題も NP 完全だ．つまり，どちらか 1 つの問題に対して多項式時間アルゴリズムによる解法を見つけることは，既存のすべての NP 問題を解くことになり，100 万ドルの賞金と生涯にわたる世界的名声を獲得できることを意味する．さらに，数独大会でライバル全員を倒す力を得ることは言うまでもない．

　P≠NP の証明は，おそらく数独の解ほど単純ではないだろう．P≠NP という概念は，多項式時間アルゴリズムでは解けない NP 問題があることを意味する．これを証明することは否定を証明することであり，困難な問題となる．何かの存在を例示するよりも，何かが存在し得ないことを証明するほうが概念的にはるかに難しいのだ．P≠NP であることを証明するためには，本書の範囲を超えた理論計算機科学の研究が必要になる．この道はより困難であるが，研究者の間では，P≠NP であることがコンセンサスになっているようであり，もし P 対 NP の問題が解決することがあるとすれば，それはおそらく P≠NP であることの証明になるだろう．

　P 対 NP 問題以外にもアルゴリズムに関連した深い謎は存在するが，P 対 NP 問題は最も早くお金を稼げる問題だ．アルゴリズム設計という分野のどの側面にも，冒険家が踏み込むことのできるさまざまな研究分野が繋がっている．理論的，学術的な問題以外に，ビジネスの文脈においては，アルゴリズム的に適切な技術をどのように実装するかという実践的な問題もある．今すぐ生涯を通じたアルゴリズムの冒険に出発し，本書で学んだ新しいスキルを知識と実践の極限まで引き上げよう．友よ，さようなら．

謝　辞

「同じ 1 つの言葉でも，書き手が異なればそれらは異なる．ある書き手の言葉は彼のはらわたからえぐり出したものであり，別の書き手の言葉はオーバーコートのポケットから引っ張り出したものだ」．これは，シャルル・ペギーが 1 つ 1 つの言葉を綴ることを表現した文章である．これは書籍の部分部分や，書籍全体にも当てはまる．本書を執筆していて，私はオーバーコートのポケットから取り出しているだけのように感じたときもあったし，はらわたからえぐり出したようにも感じたときもあった．オーバーコートを貸してくれた人，飛び散った内臓を片付けるのを手伝ってくれた人，どちらにしても，この長いプロセスに貢献してくれたすべての人々に感謝したい．

　この本を書くのに必要な経験やスキルを得るための長い道のりで，たくさんの親切な人々が私を助けてくれた．私の両親である David と Becky は，人生や教育をはじめとするたくさんのギフトを与えてくれた．そして私を信じ，励まし，また，ここで挙げるにはあまりに多すぎるバックアップをしてくれた．Scott Robertson は，プログラミングに関して十分な資格も持っておらず，あまり得意ではなかった私に，初めてコードを書く仕事を与えてくれた．Randy Jenson は，初めてデータサイエンスの仕事を与えてくれた．この仕事に関しても，私は経験もなく，限界もあったのにだ．Kumar Kashyap は，アルゴリズムを実装する開発チームを指揮する初めての機会を与えてくれた．David Zou は，私の記事に初めてお金を払ってくれた（映画に関する 10 個の短いレビュー記事に対して，10 ドルから PayPal の手数料を引いた額）．このときの経験がとても楽しかったので，私はさらに執筆するようになったのだ．Aditya Date は本を書くことを勧めてくれた初めての人で，実際に本を書く初めての機会を与えてくれた．

　多くの先生やメンターからも励ましをもらった．David Cardon は，学術的な共同研究をする初めての機会を与えてくれ，その過程でたくさんのことを教えてくれた．Bryan Skelton と Leonard Woo は，将来なりたい大人の手本になってくれた．Wes Hutchinson は k 平均法などの重要なアルゴリズムを教えてくれ，アルゴリズムがどのように動くのかを深く理解するのを助けてくれた．Chad Emmett は，歴史や文化についての考え方を教えてくれた．本書の第 2 章は彼に捧げたものである．Uri Simonsohn は，データについて考える方法を示してくれた．

　この本を執筆する過程を楽しませてくれた人々がいる．Seshu Edala は，私が執筆できるように仕事のスケジュールを調整してくれ，常に励ましてくれた．Alex Freed は，校正プロセス

を楽しくしてくれた．Jennifer Eagar は，本書刊行の数か月前の Venmo による送金を通じ，非公式にこの本の最初の購入者になってくれた．これは，困難な時期にとてもありがたい出来事だった．Hlaing Hlaing Tun はあらゆる段階で支えや助け，厚意，そして激励を与えてくれた．

　これらの恩をすべてお返しすることはできないけれど，ともかくお礼を言うことはできる．ありがとう！

索　引

著者とレビュアーについて

著者について

Bradford Tuckfield はデータサイエンティストであり，著作家である．Kmbara（https://kmbara.com/）というデータサイエンスコンサルティング会社を経営しながら，フィクション小説のウェブサイトである Dreamtigers（http://thedreamtigers.com/）を運営している．

テクニカルレビュアーについて

Alok Malik は，インドのニューデリーを拠点とするデータサイエンティストである．Python を用いて，自然言語処理とコンピュータービジョンのディープラーニングモデルを開発している．言語モデル，画像および文章の分類，機械翻訳，音声認識，固有表現抽出やオブジェクト検出といった，さまざまなソリューションを開発，実用化してきた．さらに，機械学習に関する書籍も執筆している．時間があるときには，金融について読んだり，MOOCs[1]を受講したり，テレビゲームをしたりすることを好む．

---

[1] 訳注：Massive Open Online Courses の略．オンラインで誰もが無料で受けられる公開講座のこと．

■ 監訳者

株式会社 ホクソエム

本書の監訳を担当. マーケティング・販売促進メディア・月極・製造・医療等の事業領域において, 受託研究, データ分析顧問, 執筆活動を展開している. 修士・博士号取得者である各メンバーが AI・機械学習・データサイエンス領域にケイパビリティを持ち, アカデミアとの共同研究も展開している. 最近の執筆・翻訳・監修の実績として『前処理大全』(技術評論社, 2018),『機械学習のための特徴量エンジニアリング』(オライリー・ジャパン, 2019),『効果検証入門』(技術評論社, 2020),『施策デザインのための機械学習入門』(技術評論社, 2021) など.

※ 能管 (能の笛) を探しています. 家族・親戚・知人に蔵をお持ちの方をご紹介ください.

　　連絡先: ichikawadaisuke@gmail.com

※ 企業ホームページ: https://hoxo-m.com

■ 訳　者

武川文則 (ぶかわ ふみのり)

2007年　山形大学大学院理工学研究科修士課程修了 (物理学専攻)

現　在　LINE 株式会社にて, インターネット広告のデータ分析に携わる.

担　当　7〜11 章

川上悦子 (かわかみ えつこ)

現　在　企業にて, 広告や Web, 小売などの業界のデータ分析に関わる.

担　当　イントロダクション, 1〜5 章

高柳慎一 (たかやなぎ しんいち)

2020年　総合研究大学院大学複合科学研究科博士課程修了, 博士 (統計科学)

現　在　徳島大学デザイン型 AI 教育研究センター客員准教授

著訳書　『金融データ解析の基礎』(シリーズ Useful R, 8 巻, 共著, 共立出版, 2014),『R 言語徹底解説』(共訳, 共立出版, 2017), ほか多数.

担　当　6 章

アルゴリズムをめぐる冒険
—— 勇敢な初学者のための Python アドベンチャー

原題：*Dive Into Algorithms*
—— *A Pythonic Adventure for the Intrepid Beginner*

2022 年 9 月 15 日　初版 1 刷発行

著　者　Bradford Tuckfield
　　　　（ブラッドフォード・タックフィールド）

監訳者　株式会社 ホクソエム
訳　者　武川文則・川上悦子・高柳慎一
　　　　　　　　　　　　　　© 2022

発　行　**共立出版株式会社**/南條光章
　　　　東京都文京区小日向 4-6-19
　　　　電話 03-3947-2511（代表）
　　　　〒112-0006/振替口座 00110-2-57035
　　　　www.kyoritsu-pub.co.jp

制　作　㈱ グラベルロード
印　刷　精興社
製　本　協栄製本

一般社団法人
自然科学書協会
会員

検印廃止
NDC 007.64, 418
ISBN 978−4−320−12487−5　Printed in Japan

実用的でない

Python

プログラミング

楽しくコードを書いて賢くなろう！

Lee Vaughan 著／高島亮祐訳

B5判・定価4290円（税込）ISBN978-4-320-12461-5

\ Pythonを使って /

火星や木星や銀河の最果てを，詩人の魂を，高度な金融世界を，選挙の不正を，ゲーム・ショーのトリックを探っていく。マルコフ連鎖解析のような技術を使って俳句を詠み，モンテカルロ・シミュレーションで金融市場をモデル化するなど，さまざまなプロジェクトで楽しくPythonを学べる。すべてのコードに注釈や説明がついており，解答付きの練習問題が掲載されている。

原著：Impractical Python Projects: Playful Programming Activities to Make You Smarter

目次

www.kyoritsu-pub.co.jp

共立出版

（価格は変更される場合がございます）